Liliane E. Petrini
Orlando Petrini

Schimmelpilze
und deren Bestimmung

4. neu bearbeitete und erweiterte Auflage

mit 37 Abbildungen und 12 Tabellen

J. Cramer
in der Gebr. Borntraeger Verlagsbuchhandlung 2015

Petrini, L.E. & Petrini, O.: Schimmelpilze und deren Bestimmung, 4. Auflage

Anschrift der Verfasser:

Liliane E. Petrini
Orlando Petrini
Via al Perato

6932 Breganzona
Schweiz

liliane@petrininet.ch

Gerne nehmen wir Hinweise zum Inhalt und Bemerkungen zu diesem Buch entgegen: editors@schweizerbart.de

Die Abbildungen auf der Umschlagrückseite zeigen von oben nach unten: *Melanospora fusispora*: Fruchtkörper; *Ulocladium chartarum*: Konidienträger; Konidien; *Trichothecium roseum*: Kondidienträger, Konidien sowie *Mucor plumbeus*: Sporangien, Kolumella, Sporangiosporen.

4. neu bearb. und erweiterte Auflage, 2015
3. neu bearb. Auflage, 2010
2. überarb. Auflage, 2008
1. Auflage, 2002

ISBN 978-3-443-50039-9
Informationen zu diesem Titel: www.borntraeger-cramer.de/9783443500399

Verlag: Gebr. Borntraeger Verlagsbuchhandlung
Johannesstraße 3A, 70176 Stuttgart, Germany
mail@borntraeger-cramer.de www.borntraeger-cramer.de

∞ Gedruckt auf alterungsbeständigem Papier nach ISO 9706-1994
Druck: Strauss Offsetdruck GmbH, Mörlenbach
Printed in Germany

Vorwort zur vierten Auflage

Die vierte Auflage wurde der 2013 erschienenen, englischen Ausgabe angepasst, wobei nebst den Aktualisierungen ein kurzer Text über Mykosen im Kapitel über gesundheitliche Aspekte von Pilzen eingefügt wurde. Dermatophytengattungen wurden ebenfalls im Bestimmungsschlüssel und Gattungsverzeichnis aufgenommen.

Während den 5 Jahren seit der Drucklegung der dritten Auflage wurde intensiv an der natürlichen Einteilung der Pilze weitergeforscht, nicht zuletzt dank der nun routinemäßig verfügbaren molekularbiologischen Methoden. Entsprechend gab es viele neue Arbeiten zu zitieren. Ein kurzer Abschnitt erklärt die 2013 eingeführten neuen Nomenklaturregeln für Pilze, die nur noch einen und nicht mehr zwei Namen (einen für das Anamorph und einen für das Teleomorph) tragen dürfen. Die Pilznamen im Buch wurden aus praktischen Gründen soweit wie möglich, jedoch unter Verweis auf den gültigen Namen, beibehalten. Geringfügige Textanpassungen sowie die veränderte Reihenfolge der Kapitel sollen einer verbesserten Lesbarkeit dienen.

Prof. D.L. Hawksworth, Madrid, hat bis jetzt alle Ausgaben dieses Buches kritisch besprochen. Wir danken ihm für seine konstruktiven Kommentare, die halfen, dieses Buch laufend zu verbessern. Auch möchten wir allen Studenten danken, die sowohl Bestimmungsschlüssel als auch die anderen Kapitel auf Verwendbarkeit und Verständlichkeit während unseren Bestimmungskursen geprüft haben.

Breganzona, 31. Januar 2015

Inhaltsverzeichnis

I. Einleitung ... 1

1. Von Pilzen und Menschen ... 1
2. Verwendung dieses Buches ... 3

II. Grundzüge der Mykologie ... 5

1. Was sind Pilze? ... 5
2. Morphologie und Fortpflanzung ... 6
   - 2.1. Organe der vegetativen Phase ... 6
     - 2.1.1 Der Thallus ... 6
     - 2.1.2 Differenzierung des Myzels: Thallusorgane ... 7
   - 2.2. Organe der fruktifikativen Phase ... 10
     - 2.2.1 Asexuelle Fortpflanzung bei Pilzen mit unbeweglichen Sporen ... 11
     - 2.2.2 Sexuelle Fortpflanzung bei Pilzen mit unbeweglichen Sporen ... 13

III. Grundzüge der Pilztaxonomie und Pilznomenklatur ... 15

1. Phylogenie, Systematik, Klassifizierung, Taxonomie ... 15
2. Die 7 Reiche der Lebewesen und die neue Pilztaxonomie ... 15
3. Protista und Chromista ... 17
   - 3.1. *Oomycota* ... 17
4. Fungi ... 18
   - 4.1. *Zygomycota* ... 18
   - 4.2. *Ascomycota* ... 19
   - 4.3. *Basidiomycota* ... 20
     - 4.3.1 *Ustilagomycotina* (Brandpilze) ... 21
     - 4.3.2 *Pucciniomycotina* (v.a. Rostpilze) und *Agaricomycotina* (v.a. Hutpilze) ... 21
5. Anamorphe (mitotische Pilze) ... 22
6. Pilznomenklatur ... 22

IV. Grundzüge der Ökologie und Physiologie der Pilze ... 25

1. Direkte Beobachtung in der Umwelt ... 25
2. Isolierung in Reinkultur ... 25

2.1. Verdünnungsreihen ... 25
2.2. Ködermethoden ... 26
2.3. Einsporkulturen ... 26
2.4. Oberflächensterilisierung ... 26
3. Die Anpassung der Pilze an ihre Umwelt ... 26
3.1. Temperaturansprüche ... 27
3.2. Lichtansprüche und Anpassung der Pilze an spezielle Lichtbedingungen ... 27
4. Morphologische und physiologische Anpassung ... 28

V. Schimmelpilze und Gesundheit ... 29
1. Mykotoxine ... 29
1.1. Einleitung ... 29
1.2. Nachweis von Mykotoxinen ... 31
2. Mykotoxikosen und Gesundheitsrisiken ... 32
3. Mykosen ... 33
3.1. Hypersensitivitätsreaktionen ... 33
3.2. Mykosen ... 35

VI. Bestimmung von Schimmelpilzen ... 37
1. Allgemeines ... 37
2. Bestimmung nach morphologischen Merkmalen ... 37
3. Bestimmung nach molekularbiologischen Merkmalen ... 38
3.1. Genomik ... 38
3.2. Proteomik ... 39
3.3. Bestimmung nach chemotaxonomischen und immunologischen Merkmalen ... 39
4. Die polyphasische Taxonomie ... 40

VII. Morphologische Merkmale ... 45
1. Bestimmungsmerkmale der *Mucorales* (*Zygomycota*, Jochpilze) ... 45
2. Bestimmungsmerkmale der Teleomorphe von *Ascomycota* (Schlauchpilze) ... 48
3. Bestimmungsmerkmale der Anamorphe von *Ascomycota* und *Basidiomycota* ... 49
4. Sporenfarben und -formen ... 56

VIII. Arbeitsanleitung zur praktischen Bestimmung von Pilzen in Reinkulturen 59

1. Allgemeines 59
   1.1. Beobachtung morphologischer Merkmale 59
   1.2. Bestimmung anhand dichotomer oder synoptischer Schlüssel 60
   1.3. Sicherheitsmaßnahmen 60
2. Mikroskopische Untersuchungen 61
   2.1. Direkte Untersuchung von Schimmelbelägen 61
   2.2. Untersuchung von Reinkulturen 62
   2.3. Färbung von Pilzstrukturen 63
3. Bestimmung von Schimmelpilzen: Protokoll, Zeichnungen und photographische Aufnahmen 63

IX. Bestimmungsschlüssel 65

1. Bestimmen von in Kultur sporulierenden Pilzen 65
2. Bestimmung von Schimmelpilzen: Flussdiagramm 66
3. Hauptschlüssel 66
   3.1. *Zygomycota* (*Mucorales, Mortierellales, Zoopagales*) 67
   3.2. *Ascomycota*, Teleomorphe 74
   3.3. Anamorphe von *Ascomycota* und *Basidiomycota* 82
      3.3.1 „*Coelomycetes*“ 82
      3.3.2 „*Hyphomycetes*“ 84

X. Die wichtigsten Gattungen der Schimmelpilze 105

XI. Kulturmedien und Einschlussmittel 163

1. Kulturmedien 163
2. Einschlussmittel 165
3. Fluoreszenzmikroskopie 165
   3.1. Kernfärbung mit DAPI 165
   3.2. Färbung von Pilzzellwänden mit Calcofluor 165

XII. Lexikon zum Pilzbestimmen 167

XIII. Literatur 185

XIV. Index 209

I. Einleitung

1. Von Pilzen und Menschen

Für die meisten Menschen sind Pilze nichts anderes als die Schwämme, die man im Wald pflücken kann: einige sind essbar, einige giftig, manche sind häufiger als andere, doch alle haben als gemeinsames Merkmal einen Stiel und einen Hut mit Lamellen oder Röhren. Fast ausnahmslos denken die meisten an den Fliegenpilz (*Amanita muscaria*) oder an den Wiesen-Champignon (*Agaricus campestris*) als Hauptbeispiele für Pilze.

Die Basidiomyzeten, zu denen der Fliegenpilz und der Wiesen-Champignon gehören, sind aber nur ein kleiner Teil aller bekannten Pilze. Die Pilze umfassen eine sehr große Anzahl von Gruppen, die extrem vielfältig sind. Zu den Basidiomyzeten, zusätzlich zu den „klassischen“ Pilzen (*Agaricomycotina*), gehören z.B. die pflanzenpathogenen Rostpilze (*Pucciniomycotina*) und Brandpilze (*Uredinomycotina*), die Gallertpilze (*Tremellomycotina*), die Stinkmorchel sowie mehrere, weniger bekannte Gruppen.

Das große und sehr heterogene Reich der Pilze (siehe „Grundzüge der Pilztaxonomie und Pilznomenklatur“, S. 15) umfasst eukaryotische Organismen, die von den Bakterien, Pflanzen und Tieren klar unterscheidbar sind. Pilzzellen besitzen meistens Chitin (selten Cellulose) enthaltende Wände. Pilze sind auch physiologisch von Pflanzen und Tieren deutlich verschieden. Einige sind einzellig, andere vielzellig: in der Tat, der größte Organismus auf Erden soll ein gewöhnlicher, gefürchteter, baumpathogener Pilz, der Basidiomyzet *Armillaria ostoyae*, sein. Das von einem Individuum produzierte Myzel scheint 965 Hektar im Boden der Oregon's Blue Mountains in den USA zu besetzen!

Die meisten Pilze bilden eine vegetative Matte (das Myzel), die aus fädigen, meistens verzweigten Filamenten (den Hyphen) zusammengesetzt ist. Bei den Pilzen sind die hutförmigen Strukturen, die man in den Wäldern sieht, die Fruchtkörper („Karpophoren“). Diese sind mit den Früchten eines Obstbaumes vergleichbar: darin enthaltene Fortpflanzungsorgane (Basidien) entwickeln Sporen, die durch Wind, Wasser oder Insekten verbreitet werden können. Ähnlich den Samen von Pflanzen, können die Sporen keimen und zu einem Myzel auswachsen, das neue Substrate kolonisieren kann. Die einzelnen Hyphen sind meistens sehr klein und nur das Myzel kann manchmal als eine weiße oder gefärbte Matte auf der vom Pilz kolonisierten Oberfläche beobachtet werden. Meistens jedoch sind die vegetativen Pilzstrukturen unauffällig; häufig sind die Karpophoren mikroskopisch klein.

Pilze sind überall: sie wachsen im Boden, auf totem organischen Material oder leben in Symbiose in oder auf Pflanzen, Tieren oder anderen Pilzen. Meistens werden sie nur dann bemerkt, wenn sie Fruchtkörper bilden oder Krankheitssymptome in ihrem Wirt auslösen.

Pilze können ihre Umgebung beeinflussen und darin bedeutende, physiologische Veränderung auslösen. Im Gegenzug beeinflusst das Ökosystem das Pilzwachstum bedeutend, indem es einen starken selektiven Druck ausübt.

Ökologisch betrachtet kommt den Pilzen eine entscheidende Rolle im Stoffkreislauf und -austausch zu. Ihre Wichtigkeit als direkte Futterquelle ist unbestritten: Steinpilze, Eierschwämme und Trüffel werden sehr geschätzt. Hefen werden in der Brotherstellung als Treibmittel sowie beim Gärungsprozess in der Wein- und Bierherstellung verwendet. Verschiedene Pilze sind für die Herstellung bestimmter fermentierter Lebensmittel notwendig. Im pharmazeutischen Bereich werden Antibiotika und andere Substanzen von Pilzen extrahiert oder synthetisiert [z.B. Penicillin aus *Penicillium*; das immunsuppressive Cyclosporin A aus *Tolypocladium* (*Elaphocordyceps*); psychotropische Verbindungen und Alkaloide aus *Clavicipitaceae*]. Viele Pilze werden industriell, z.B. zur Produktion von Enzymen oder Reinigungsmitteln, verwendet. Zuletzt finden Pilze auch ihren Platz als biologische Pestizide zur Kontrolle von Unkräutern und Schadinsekten.

Am wirtschaftlich bedeutendsten ist der durch pflanzenpathogene Pilze verursachte Ertragsverlust in der Landwirtschaft. Beispiele davon sind die durch den Ascomyzeten *Magnaporthe grisea* verursachte Reisbräune oder die durch *Guignardia bidwellii* verursachte Schwarzfäule der Rebe. Einige Pilze sind am Verderben von Lebensmitteln beteiligt oder produzieren Mykotoxine und sind deshalb wirtschaftlich wichtig. Etwa 400 verschiedene, von etwa 350 Pilzarten gebildete Mykotoxine sind beschrieben. Die bedeutendsten, toxinproduzierenden Pilze sind Vertreter der Gattungen *Aspergillus*, *Fusarium* und *Penicillium*.

Bestimmte Pilze sind für Menschen, Tiere und Pflanzen schädlich. Einige Pilze wachsen schädigend auf Materialien und Gebäuden: eine hohe Pilzbelastung kann in feuchten Gebäuden auftreten, die ungenügend saniert wurden, v.a. nach massiven Wasserschäden. Inhalieren von Mykotoxinen und Sporen kann schwere asthmatische Reaktionen in geschwächten und prädisponierten Personen auslösen. Durch Pilze verursachte, allergische Reaktionen sind von Mälzereien, Käsefabriken, Bäckereien, Mühlen und Kompostieranlagen, generell von Orten mit hoher Pilzsporenbelastung berichtet worden. Schließlich sind mehr als 300 Pilzarten bekannt, die in Menschen und Tieren Infektionen (Mykosen) verursachen können.

Mehr als 70‘000 Pilzarten sind bekannt, doch die Gesamtzahl der Pilztaxa wird auf über 1.5 Millionen geschätzt. Unter diesen sind die Schimmelpilze wirtschaftlich am wichtigsten.

Schimmelpilze wachsen saprobisch auf organischen Substraten und können deren Erscheinung, Textur und (im Falle von Lebensmitteln) auch Geschmack beeinträchtigen. „Schimmelpilz“ ist kein taxonomischer, physiologischer oder biochemischer

Begriff: Schimmelpilze sind Pilze, aber nicht alle Pilze können als Schimmelpilze bezeichnet werden. Systematisch gehören sie zu verschiedenen taxonomischen Gruppen, die meisten aber zu den Ascomyzeten. Oftmals treten sie auf dem Substrat mit weißlichen oder farbigen Belägen in Erscheinung.

2. Verwendung dieses Buches

Dieser Laborführer ist als Einführung in die Bestimmung der gewöhnlichsten und wichtigsten Schimmelpilzgattungen gedacht. Es werden nur solche Gattungen berücksichtigt, die in Kultur gut sporulieren, die häufig in der Umgebung vorkommen, als Pflanzenpathogene und Lebensmittelverderber bekannt sind oder als opportunistische Krankheitserreger aus Human- und Tiergeweben isoliert werden. Dieses Buch wendet sich auch nicht an die erfahrenen Mykologen und Mikrobiologen: es ist für Studenten und Labortechniker geschrieben und soll ihnen helfen, sich in der komplizierten, taxonomischen Welt der Pilze zurechtzufinden. Hier nicht berücksichtigte Gattungen sind eher selten. Für die Artbestimmung sind spezialisierte Monographien zu konsultieren. Kapitel X, S. 105 verweist auf die relevante Literatur.

Vorkenntnisse über Pilze werden für den Gebrauch des Buches nicht vorausgesetzt. Die Kapitel II, S. 5 und III, S. 15 enthalten grundlegende Angaben zur Mykologie sowie kurze Beschreibungen der wichtigsten taxonomischen Systeme. Das Kapitel VI, S. 37 beschreibt kurz die zur Verfügung stehenden Methoden für die Pilzbestimmung, während Kapitel VII, S. 45 die Hauptmerkmale der Pilze beschreibt und Kapitel VIII, S. 59 und XI, S. 163 praktische Ratschläge über das Arbeiten mit Schimmelpilzen liefern. Sie enthalten auch praktische Informationen zu Kulturmedien und den morphologischen Merkmalen der verschiedenen Pilzgruppen.

Kapitel IV, S. 25 und V, S. 29 führen kurz in die Ökologie der Pilze und die Bedeutung der Pilze für die öffentliche Gesundheit ein.

Kapitel IX, S. 65 und X, S. 105 sind das Kernstück dieses Handbuchs. Kapitel IX enthält den Bestimmungsschlüssel zu den häufigsten Schimmelpilzgattungen, während Kapitel X die in Kapitel IX ausgeschlüsselten Gattungen unter Angabe weiterführender Bestimmungs- und anderer Literatur auflistet.

Die mykologische, taxonomische Literatur enthält reichhaltig technische Begriffe und Kapitel XII, S. 167 enthält ein Lexikon, das die wichtigsten mykologischen Begriffe erklärt.

Diejenigen, die nur an der Bestimmung interessiert sind und bereits Arbeitserfahrung mit Pilzkulturen haben, werden sich wahrscheinlich ausschließlich auf Kapitel IX und X konzentrieren. Die anderen Kapitel sind nur als eine grundlegende

Einführung in die Mykologie und das Pilzbestimmen gedacht. Sie sind keinesfalls vertiefende Abhandlungen: sie enthalten lediglich die notwendigen, weiterführenden Literaturangaben, um sich ein vertieftes Wissen in der Mykologie anzueignen.

II. Grundzüge der Mykologie

1. Was sind Pilze?

Pilze, einst zum Pflanzenreich gezählt, sind teilweise einem eigenen Reich zugeordnet worden (Reiche der Lebewesen, s. S. 15). Eine kleine Anzahl gehört nun zu den Protista. Pilze und pilzähnliche Protista grenzen sich durch morphologische, ökologische und physiologische Eigenschaften von den anderen Lebewesen ab und sind folgendermaßen charakterisiert (Tab. II.1.1.):

Tab. II.1.1: Eigenschaften von Pilzen und pilzähnlichen Protista.

Ernährung	Heterotroph (keine Photosynthese); Nährstoffe direkt absorbierend.
Thallus	Vegetationskörper eines Pilzes; bei den pilzähnlichen Protista meistens nur ein Protoplast oder eine vollständig entwickelte Struktur mit differenzierter Zellwand; er besteht zuerst aus einem ungegliederten Protoplasten oder aus einander ähnlichen, zellwandumgebenen Vegetationseinheiten, die sich weitgehend unabhängig voneinander ernähren und vermehren; später kann eine Differenzierung in verschiedene Organe stattfinden; typischerweise nicht beweglich; bewegliche Stadien (Zoosporen oder Myxamöben bei den pilzähnlichen Protisten) kommen aber auch vor.
Zellwand	Gut ausgebildet, normalerweise Chitin enthaltend (Cellulose in einigen Gruppen – regelmäßig bei *Oomycota* und wenigen *Ascomycota*).
Zellkern	Eukaryotisch (von einer Membran umschlossen), homo- oder heterokaryotisch, dikaryotisch, haploid oder diploid (letzteres allerdings gewöhnlich nur für eine begrenzte Dauer).
Fortpflanzung	Asexuell und/oder sexuell.
Sporen	Unbewegliche und bewegliche Sporen.
Fruchtkörper	Mikroskopisch oder makroskopisch sichtbar, mit beschränkter Gewebedifferenzierung.
Vorkommen	Als mutualistische oder antagonistische Symbionten (Parasiten oder Hyperparasiten) oder als Saproben.
Verbreitung	Weltweit.

Morphologie und Fortpflanzung

Pilze und pilzähnliche Protista besitzen teilweise gemeinsame Eigenschaften, wovon sie die meisten mit anderen Eukaryoten teilen. Ähnlichkeiten können auch in den morphologischen oder biochemischen Merkmalen nicht unmittelbar verwandter Taxa auftreten. Die verschiedenen Organe sind in Abb. II.2.1–3 dargestellt.

1.1. Organe der vegetativen Phase

1.1.1 Der Thallus (Abb. II.2.1)

Die Keimung der Spore erfolgt mit einem Keimschlauch, der zu einer Hyphe auswächst. Eine Ausnahme bilden die Hefen, die normalerweise sprossen, und gewisse pilzähnliche Protista, bei denen die Zoosporen aus Sporangien freigesetzt werden (indirekte Keimung).

Der Vegetationskörper der Pilze ist ein **Thallus**. Der Thallus kann verschiedenartig organisiert sein:

- Das **Myzel** ist der vegetative Teil eines Pilzes und ist aus Hyphen zusammengesetzt. Die Hyphen sind ein durchgehendes (bei *Zygomycota*) oder durch Querwände (= Septen) (bei *Ascomycota* und *Basidiomycota*) unterteiltes System von feinen, zellwandumgebenen, oftmals verzweigten Röhren. Sie können aus der Umgebung Nährstoffe und Wasser aufnehmen und diese zu den arteigenen Makromolekülen umwandeln, um Energie zu gewinnen und den Austausch von Substanzen im ganzen Thallus zu ermöglichen. Bei septierten Hyphen erfolgt der Austausch durch Septenporen.
  Eine gewisse Differenzierung erfolgt auch innerhalb des Myzels. **Substrathyphen** nehmen Nahrung auf und besorgen den Stoffaufbau; **Lufthyphen** dienen zur raschen Ausbreitung. An oder aus ihnen entwickeln sich oft die Fruktifikationsorgane. In einzelnen Fällen erfolgt die Ausbreitung mit Hilfe von **Stolonen** (Ausläuferhyphen), die ebenfalls zum Luftmyzel gehören. Stolonen kehren immer wieder zum Substrat zurück und bilden an den Berührungsstellen in das Substrat eindringende, wurzelähnliche Hyphen (**Rhizoide**), welche dann die Nahrungsaufnahme besorgen.

- Die **Sprosskolonien** sind aus Einzelzellen („Hefezellen“) zusammengesetzt. Jede Zelle ist ein Individuum, das sich selber mit Nährstoffen versorgt und sich selbständig durch Sprossung oder Zellteilung vermehrt. Einige normalerweise als Sprosskolonien wachsende Pilze (z.B. *Candida*, *Torulopsis*) können unter bestimmten Wachstumsbedingungen (z.B. auf Stärkeagar und unter Luftabschluss) auch **Pseudomyzel** bilden. Im Unterschied zu den echten Hyphen trennen sich dessen Hyphenzellen sehr leicht voneinander; sie können sich auch mit Hilfe normaler Sprosszellen vermehren. Die das Pseudomyzel bildenden **Pseudohyphen** sind eigentlich Ketten von Hefezellen und von den echten Hyphen normalerweise leicht zu unterscheiden, weil sie typische Einschnürungen bei den Querwänden und kleinere terminale Zellen zeigen. Sprosskolonien werden typischerweise von Hefen gebildet. Ausnahmsweise können auch andere filamentöse Pilze (z.B. *Rhizopus oryzae*, *Zygomycota*) in bestimmten Lebensabschnitten oder unter besonderen ökologischen Bedingungen Sprosszellen bilden und hefeartig wachsen (**Dimorphismus**).

- Als **Dimorphismus** bezeichnet man die Fähigkeit einiger Pilze, je nach Umweltbedingungen mit einem echten Myzel oder hefeartig zu wachsen. Viele dimorphe Pilze sind fakultativ human- oder tierpathogen und wachsen saprobisch in einer anderen Erscheinungsform als parasitisch. Dimorphismus kann monofaktoriell (z.B. die zwei humanpathogenen Organismen *Blastomyces dermatitidis* und *Paracoccidioides brasiliensis* wachsen als Myzel bei Temperaturen unter 37 °C, hefeartig darüber) oder multifaktoriell sein (die Hefe *Candida albicans* wächst hefeartig bei hohen Zuckerkonzentrationen **oder** Konzentration von Proteinen mit vielen SH-Gruppen). In einzelnen Fällen schaltet die Kombination zweier oder mehreren Faktoren einen Dimorphismus ein, so z.B. beim humanpathogenen *Histoplasma capsulatum* (Myzel zu Hefe bei 37 °C **und** hohen Konzentrationen von Zucker **und** Proteinen mit vielen SH-Gruppen). Einige *Mucorales*- (*Zygomycota*), *Penicillium*- und *Aspergillus*-Arten bilden unter aeroben Bedingungen ein Myzel und wachsen bei anaeroben Verhältnissen hefeartig.

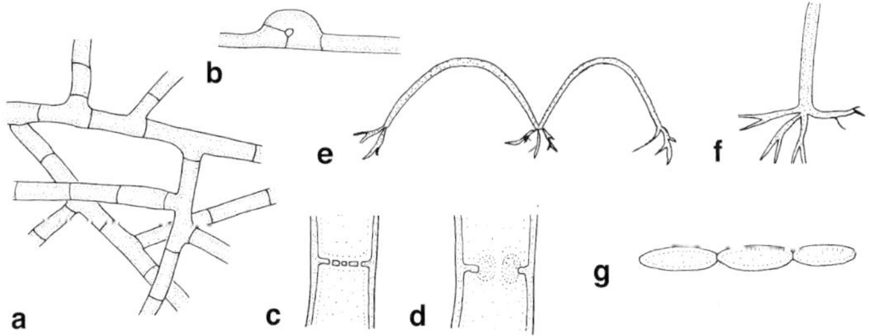

Abb. II.2.1. Organe der vegetativen Phase.

a. Septiertes Myzel, Netzwerk verzweigter Hyphen. **b.** Schnalle an Septum (nur bei *Basidiomycota*). **c, d.** Septenporen: **c.** Einfache Mikroporen. **d.** Komplex strukturierte Doliporen (*Basidiomycota*). **e.** Stolonen (Laufhyphen). **f.** Rhizoide. g. Pseudomyzel.

1.1.2 Differenzierung des Myzels: Thallusorgane (Abb. II.2.2)

Bei Veränderungen der Umweltbedingungen kann sich das Myzel verschiedenartig differenzieren (siehe Tab. II.2.2.1).

- **Aleurosporen** sind endständige Konidien, die sich zu dickwandigen Dauersporen entwickeln. Sie sind gegenüber ungünstigen ökologischen und physiologischen Bedingungen (Trockenheit, hohe Temperaturen) resistent und garantieren das Überleben des Organismus. Sie haben die gleiche Funktion wie Chlamydosporen (Abb. IX.5d, IX.13f).

Tab. II.2.2.1: Wichtigste funktionelle und morphologische Differenzierung des Thallus.

Physiologische oder ökologische Funktion	Typische Pilzorgane
Keimung	Keimhyphen; Sprosszellen.
Infektion	Infektionshyphen.
Ausbreitung, Zunahme der Biomasse	Perforationshyphen, Laufhyphen, Mikrohyphen, Lufthyphen, Rhizomorphe.
Überdauern	Aleurosporen, Chlamydosporen, Sklerotien.

- **Chlamydosporen** sind umgewandelte Hyphenzellen, die sich zu dickwandigen, oft dunkleren, in Form und Größe aber sehr unregelmäßigen Organen entwickeln. Sie speichern Reservestoffe und dienen als Dauerorgane, welche – ähnlich wie viele Sporen – das Überleben garantieren, indem sie das genetische Material vor ökologischer und chemischer Beschädigung schützen (Abb. IX.14b). Chlamydosporen sind in der Regel sehr langlebig und können ungünstige Bedingungen oft lange überstehen. Im Vergleich zu den ebenfalls ungeschlechtlich gebildeten Aleurosporen sind sie in der Form und Größe oft sehr unregelmäßig, doch ist es manchmal schwierig, eine genaue Grenze zwischen den beiden Strukturbegriffen zu ziehen.
  Bei *Zygomycota* werden Chlamydosporen endogen in den Hyphen oder Sporangien gebildet, bei *Ascomycota* kommen sowohl sich endogen als auch exogen entwickelnde Formen vor. Die exogen entstehenden, meist in Ketten auftretenden, dünnwandigen Verbreitungsorgane der *Zygomycota* werden als Gemmen bezeichnet.
- **Haare, Borsten und Setae** sind haar- oder borstenähnliche Hyphen, die meist dickwandiger als die Ernährungshyphen sind und senkrecht abstehen (Abb. VIII.8d). Haare sind nur wenig dicker als die Hyphen, Borsten und Setae dagegen deutlich dicker und am Ende oft zugespitzt, morphologisch jedoch kaum voneinander unterscheidbar; Haare, Borsten und Setae sind häufig stärker gefärbt als die Hyphen. Ihre Funktion ist nicht immer klar, möglicherweise dienen sie aber als Schutz vor Insektenfraß. Oft kommen Haare und Setae in den Fruktifikationen vor (z.B. *Chaetomium*, *Colletotrichum*). Sie sind für einige Pilzgruppen typisch und können in bestimmten Fällen als Bestimmungsmerkmale dienen (z.B. bei der pflanzenpathogenen Gattung *Colletotrichum*; vgl. Abb. IX.8d).

- **Infektions- oder Perforationshyphen** dringen in den Wirt ein. Sie überwinden die Widerstände der Kutikula und der Zellwände mechanisch (Druck entsteht nach Aufbau eines Turgors in den Pilzzellen) und enzymatisch (Bildung von Pektinasen, Cutinasen, Cellulasen und anderen Hydrolasen). In manchen Fällen wehrt sich der Wirt aktiv durch Zellwandverdickung unmittelbar unter der Stelle des Eindringens oder durch Nekrosebildung; dies kann zu einem Wettlauf zwischen Pilz und Wirt führen. Entzündungen und immunologische Reaktionen beobachtet man oft beim Eindringen von Pilzen in tierische oder menschliche Organismen.

- **Mikrohyphen** sind sehr dünne Hyphen (weniger als 0.5 µm im Durchmesser), welche von einigen pflanzenpathogenen Pilzen gebildet werden und wahrscheinlich der Penetration von Wirtszellwänden dienen.

- **Rhizomorphe** sind bis zu 1 cm im Durchmesser dicke Myzelstränge, welche aus stark verflochtenen Hyphen bestehen und dünnen Wurzeln ähneln. Sie zeigen bereits eine mehr oder weniger ausgeprägte Differenzierung in eine rindenähnliche, äußere und myzelartige, innere Schicht. Sie dienen als Absorptionsorgane, zum Transport von Nährsubstanzen und zur weiträumigen vegetativen Verbreitung. Die Rhizomorphe einiger holzzerstörender *Basidiomycota* [z.B. *Armillaria mellea* (Hallimasch) oder *Serpula lacrimans* (Hausschwamm)] vermögen ungewöhnliche Substrate wie Mauern zu durchwachsen und können mehrere Meter lang werden.

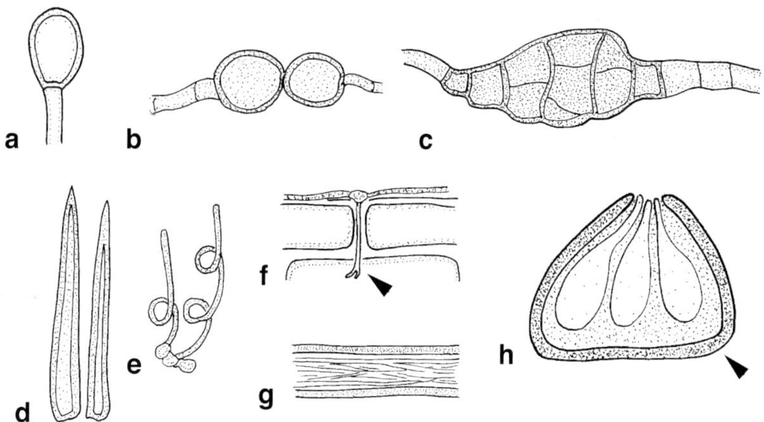

Abb. II.2.2. Thallusorgane.

a. Aleurospore. **b.** Einzellige Chlamydosporen. **c.** Mehrzellige Chlamydospore. **d.** Setae (Borsten). **e.** Haare. **f.** Infektionshyphe (Pfeil). **g.** Rhizomorphe. **h.** Stroma (Pfeil); Höhlungen: Fruchtkörper.

- **Sklerotien** sind Dauerorgane: vielzellige, harte Strukturen mit einer ausgeprägten Gewebedifferenzierung in Rinde und Speichergewebe (vgl. Abb. IX.12b, c).
- **Stromata** (Einzahl: **Stroma**) sind mehr oder weniger kompakte, aus Hyphen bestehende parenchymatische Gewebe, in welchen oder worauf ein oder mehrere Fruchtkörper eingebettet sind. Stromata treten sowohl bei asexuellen als auch bei sexuellen Fruktifikationen auf.

1.2. Organe der fruktifikativen Phase

Die genaue Beobachtung der Morphologie eines Pilzes ist der erste Schritt zu dessen Bestimmung: dies schließt die Untersuchung und Beschreibung der Fruktifikationsorgane mit ein.

Pilze vermehren sich mit Hilfe differenzierter Keime (**Sporen**). Nach der Art ihrer Entstehung ist die Sporenbildung entweder **asexuell** (ungeschlechtlich, mitotisch) oder **sexuell** (geschlechtlich, meiotisch). Die sexuelle Reproduktion ist mit Befruchtung verknüpft.

Die Pilze zeigen eine unglaubliche Formenvielfalt. Zusätzlich zu dieser Diversität, die makroskopisch wie mikroskopisch gut erkennbar ist, warten die Pilze mit einer weiteren Schwierigkeit auf. Sie sind häufig **pleomorphisch**, d.h. sie bilden verschiedene morphologische Formen aus. Der Pilz in seiner ganzen Einheit („The Whole Fungus“) wird **Holomorph** genannt und umfasst sowohl die asexuelle Fruktifikationsform, das **Anamorph** („***ana***tomic ***morph***ology”), als auch die sexuelle Fortpflanzungsform, das **Teleomorph**. Eine Pilzart kann sich entweder nur asexuell („mitosporic fungi”), nur sexuell („meiosporic fungi“) oder asexuell und sexuell vermehren. Beide Formen charakterisieren eine Pilzart (Holomorph). Einige Pilze können mehrere Anamorphe bilden, welche dann als **Synanamorphe** bezeichnet werden. Aufgrund des Vorhandenseins zweier Formen ist ein Pilz oft unter zwei (oder sogar mehrere im Falle von Synanamorphen) Namen bekannt (Abb. II.2.3): ein Name für die asexuelle (Anamorph), ein anderer für die sexuelle (Teleomorph) Form. Die neuen Nomenklaturregeln verlangen jedoch den Gebrauch nur eines Namens (s. „Pilznomenklatur“, S. 22).

Ein Holomorph besteht normalerweise aus dem Teleomorph und dem dazugehörigen Anamorph. In einigen Fällen ist jedoch nur eine Form bekannt: das Holomorph entspricht dann dem Teleomorph oder dem Anamorph. Zum Beispiel bezeichnen die Namen *Aspergillus glaucus* und *Eurotium herbariorum* den gleichen Pilz (ein Vertreter der *Ascomycota*): *A. glaucus* steht aber für die asexuelle, *E. herbariorum* für die sexuelle Sporulationsform. Man sagt in einem solchen Falle, dass *Aspergillus* das Anamorph von *Eurotium* ist. Nach den neuen Nomenklaturregeln (S. 22) ist aber *A. glaucus* der Name des Holomorphes.

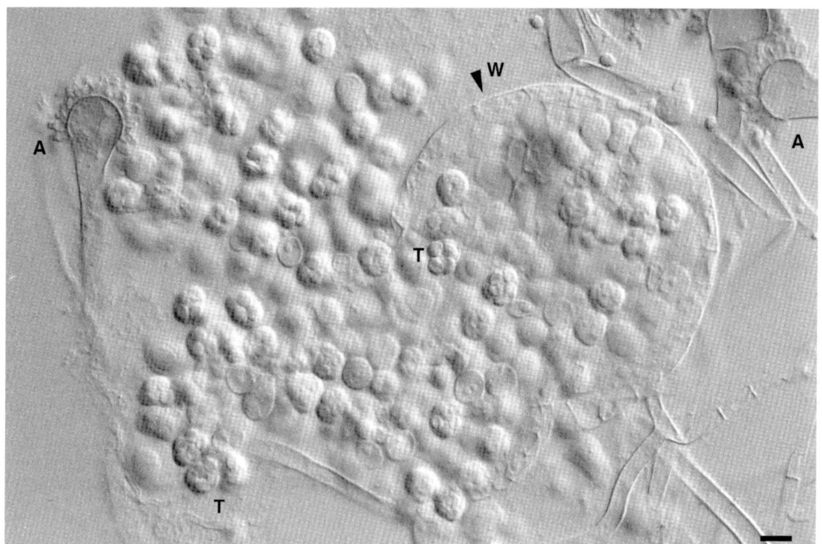

Abb. II.2.3 Anamorph-Teleomorph Beziehung: **Aspergillus glaucus** *und* **Eurotium herbariorum.**

Holomorph: **A.** Anamorph (*Aspergillus glaucus*). **T.** Teleomorph (*Eurotium herbariorum*), Asci mit Ascosporen. Fruchtkörper des die Asci (T) enthaltenden Teleomorphes, mit Peridie (W, Fruchtkörperwand, Pfeil). Maßstab: 10 µm.

1.2.1 Asexuelle Fortpflanzung bei Pilzen mit unbeweglichen Sporen (Abb. II.2.4a–e)

Die ungeschlechtliche Fortpflanzung dient hauptsächlich der Verbreitung und der Massenvermehrung. Die Sporen werden ausschließlich mitotisch gebildet (Mitosporen, mitotische Sporen).

Fruchtkörper

Conidiomata (Einzahl: Conidioma) sind Fruchtkörper, Fruchtlager oder Fruchtstände der asexuellen Phase, worin oder worauf unbewegliche, asexuell gebildete Sporen (Konidien) enthalten sind. Ihre Morphologie ist für die morphologische Differenzierung der anamorphen Formen maßgebend [**Pyknidium**: geschlossener, kugeliger oder flaschenförmiger Fruchtkörper, an dessen Innenwand Konidienträger (Konidien tragende Strukturen) oder nur konidiogene (konidienbildende) Zellen anliegen (Abb. IX.9d); **Acervulus**: offener Fruchtkörper, flach ausgebreitetes Gewebe, worauf Konidienträger sitzen (Abb. IX.9a, c, j)].

Synnemata (Einzahl: Synnema) sind zu Konidienträger differenzierte Hyphen, die sich in dünnen oder dickeren Strängen parallel neben- und übereinander lagern. Die Konidien werden meistens an deren Spitze gebildet (Abb. IX.15d).

Zwei Arten asexuell gebildeter Sporen (Mitosporen) werden unterschieden:

Zoosporen sind bewegliche (da begeißelt), asexuell gebildete Sporen (= Planosporen) der meisten, pilzähnlichen Protista (hier nicht behandelt).

Konidien sind unbewegliche (da unbegeißelt), asexuell gebildete Sporen der höheren Pilze (*Zygomycota*, *Ascomycota* und *Basidiomycota*) sowie einiger *Oomycota*.

Bei pilzähnlichen Protista verläuft die asexuelle Fortpflanzung meist verhältnismäßig einheitlich durch die endogene Bildung von Zoosporen oder in wenigen Fällen von sekundären Aplanosporen (= unbeweglichen Sporen). Dagegen haben die höheren Pilze (*Zygomycota*, *Ascomycota*, *Basidiomycota*) endogene und exogene asexuelle Fortpflanzungstypen entwickelt:

Endogene Sporenentstehung (Abb. II.2.4b, c, IX.1–4)

Bei *Zygomycota* (Köpfchenschimmel): in **Sporangien** Bildung von Sporangiosporen (z.B. bei *Mucor fuscus*, *Rhizopus* spp.). Sporangien entstehen an den Enden differenzierter Hyphen, den Sporangien**trägern** (Sporangio**phoren**), als Anschwellungen. Die Sporangiosporen differenzieren sich in ihrem Innern durch Mitose und werden freigesetzt, wenn die Sporangienwand zerreißt. Oft ragt eine sterile Blase in das Sporangium (**Kolumella**).

Exogene Sporenentstehung (Abb. II.2.4d, e, IX.8–19)

Bei *Ascomycota* und *Basidiomycota*: an **Konidienträgern** Bildung von Konidien. Konidiogene (Konidien bildende) Zellen werden direkt an den Hyphen oder an Konidienträgern (Struktur aus mehr oder weniger differenzierten Hyphen, welche die konidiogenen Zellen trägt) gebildet und entlassen einzelne Konidien direkt in die Umgebung. Die Konidienbildung (**Konidiogenese**) erfolgt verschiedenartig und wird auf S. 52 ff. beschrieben. Bei *Penicillium* verzweigen sich zum Beispiel die Konidienträger in der Scheitelregion zu einem dichten Pinsel (daher der Name Pinselschimmel); an den Enden entwickeln sich darauf Ketten von Konidien.

1.2.2 Sexuelle Fortpflanzung bei Pilzen mit unbeweglichen Sporen (Abb. II.2.4f–k)

Die geschlechtliche Fortpflanzung dient einerseits der Verbreitung und dem Überleben des individuellen Stammes, trägt andererseits mit Hilfe der Neukombination von Erbfaktoren zur genetischen Stabilisierung der Arten bei. Etwa 70% der Pilze und der pilzähnlichen Protista schließen eine sexuelle Phase in ihrer Entwicklung ein. Die Sporen werden ausschließlich durch Karyogamie mit anschließender Meiose gebildet (Meiosporen, meiotische Sporen).

Fruchtkörper

Zygosporangien sind die Fruchtkörper der *Zygomycota*. Sie enthalten eine **Zygospore**, die wegen der dicken Wand des Zygosporangiums im Mikroskop nicht sichtbar ist (Abb. IX.3e–g).

Ascomata sind Fruchtkörper der sexuellen Phase der *Ascomycota*. Darin sind Asci enthalten. Die Morphologie der Ascomata ist für die Einteilung der *Ascomycota* sehr wichtig (Abb. IX.5–7).

Basidiomata sind Fruchtkörper der sexuellen Phase der *Basidiomycota*. Die Morphologie der Basidiomata ist für die Einteilung der *Basidiomycota* maßgebend.

Die sexuell gebildeten Sporen (Meiosporen) des Pilzes werden je nach seiner Zugehörigkeit zur Abteilung im Pilzreich verschiedentlich benannt:

Zygosporen Zygosporenbildung **endogen** in einem **Zygosporangium** (Abb. IX.3e–g) (z.B. *Zygorhynchus moelleri*, *Zygomycota*).

Ascosporen Ascosporenbildung **endogen** in einem **Ascus** (Abb. IX.7j, 8a) (z.B. *Sordaria fimicola*, *Ascomycota*).

Basidiosporen Basidiosporenbildung **exogen** auf einer **Basidie** (Abb. IX.8b, c) (z.B. *Boletus edulis*, *Basidiomycota*).

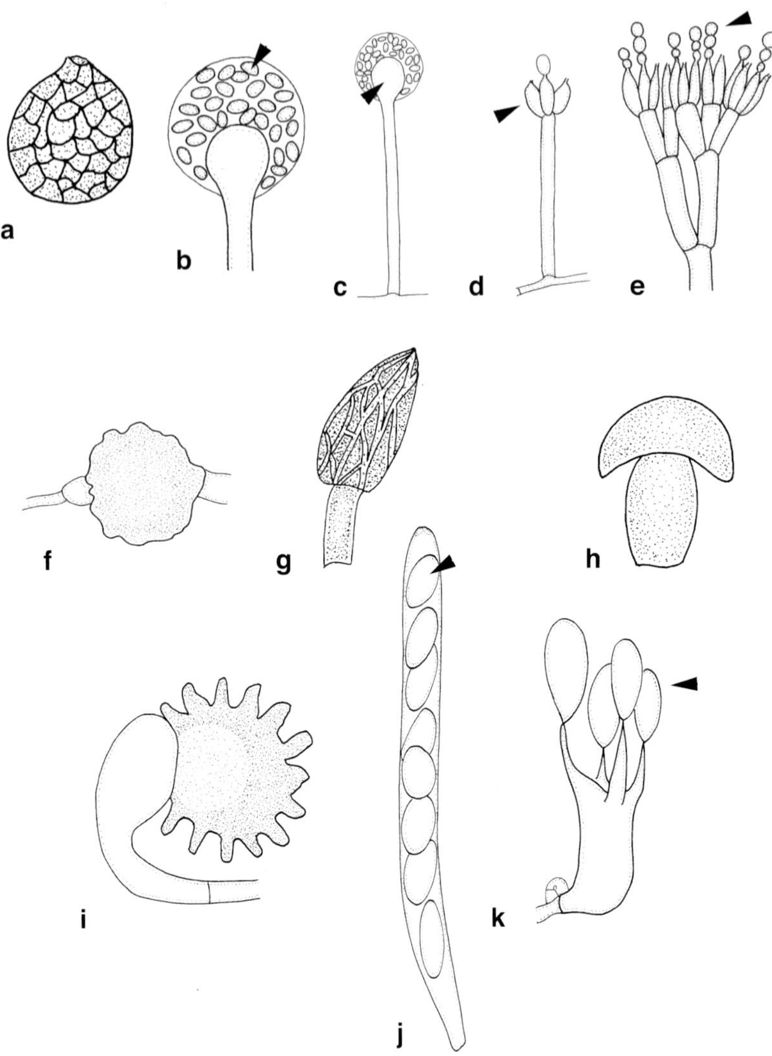

Abb. II.2.4. Organe der fruktifikativen Phase.

a–e. Organe der asexuellen Phase: **a.** Conidioma (geschlossene Form: Pyknidium). **b.** Sporangium mit Sporangiosporen (Pfeil). **c.** Sporangienträger mit Kolumella (Pfeil). **d.** Konidienträger mit konidiogenen Zellen (Pfeil). **e.** Komplex verzweigter Konidienträger von *Penicillium* mit Konidien (Pfeil).

f–k. Organe der sexuellen Phase: **f–h.** Fruchtkörper: **f.** Zygosporangium. **g.** Ascoma. **h.** Basidioma. **i–k.** Meiosporen: **i.** Zygospore in Zygosporangium, kaum differenzierbar. **j.** Ascosporen (Pfeil) in Ascus (endogene Bildung). **k.** Basidiosporen (Pfeil) auf Basidie (exogene Bildung).

III. Grundzüge der Pilztaxonomie und Pilznomenklatur

1. Phylogenie, Systematik, Klassifizierung, Taxonomie

Die Phylogenie (Abstammungslehre) beschäftigt sich mit der Aufklärung der Stammesgeschichte der Organismen und deren Verwandtschaftsbeziehungen; sie versucht, vor allem mit Sequenzierungsdaten, den „phylogenetischen Baum" darzustellen.

Die Systematik befasst sich mit der Diversität des Lebens: sie studiert und ermittelt Beziehungen zwischen Organismen und bezweckt, diese anhand ihrer Phylogenie zu ordnen. Dazu stützt sie sich als Verwandtschaftsforschung auf die Ergebnisse der morphologischen und biochemischen Untersuchungen an Organismen. Phylogenie und Systematik sind nur scheinbar identisch: die Systematik beschränkt sich auf Momentaufnahmen, während die Phylogenie auch die zeitliche Evolution der Organismen berücksichtigt. Das Gebiet der phylogenetischen Systematik versucht, die evolutionären Beziehungen zwischen lebenden und ausgestorbenen Organismen zu verstehen und kombiniert Methoden der Phylogenie und der Systematik.

Die Klassifizierung teilt die Organismen anhand bestimmter Merkmale in gut charakterisierte Gruppen (Klassen) ein.

Die Taxonomie ist an sich ein Teil der Systematik und beschäftigt sich mit der Beschreibung, Benennung und Ordnung der Organismen. Die Taxonomie kann, muss aber nicht, mit der Klassifizierung Hand in Hand gehen. Eine taxonomische Einteilung berücksichtigt nicht unbedingt phylogenetische Aspekte. Sie ist vielmehr ein Werkzeug, um Organismen zu bestimmen.

2. Die 7 Reiche der Lebewesen und die neue Pilztaxonomie

Bis 1980 betrachteten die Taxonomen die Pilze als eine kompakte, aber heterogene Gruppe. 1981 wurde ein eigenes Reich für die höher entwickelten Pilze (*Ascomycota*, *Basidiomycota*, *Zygomycota* sowie *Chytridiomycota*) vorgeschlagen (Cavalier-Smith, 1981). Die häufig Zoosporen bildenden, niedrigen Pilze wurden zu *Protista* und *Chromista* zusammengefasst. Diese neuartige Betrachtungsweise wurde später in einem wegweisenden Werk von Kendrick (1992) übersichtlich dargestellt, das nun auch im Internet veröffentlicht ist (http://www.mycolog.com/fifthtoc.html).

Das Konzept wurde im Laufe der Zeit zu detaillierteren und komplexeren Modellen weiterentwickelt (Cavalier-Smith, 1993, 1998, 2004, 2006) und die Phylogenie der Pilze formalisiert (Hibbett et al., 2007). Zur Zeit sind die Lebewesen in 7 Reiche unterteilt (*Eubacteria*, *Archaebacteria*, *Archaezoa*, *Protozoa*, *Plantae*, *Animalia*, *Fungi*). Die genaue Stellung der *Chromista* gibt immer noch Anlass zu kontroversen Diskussionen.

Aufgrund der Arbeiten von Cavalier-Smith (1993) und Hibbett et al. (2007) wurden die zuvor in einem Reich zusammengefassten Pilze folgendermaßen aufgeteilt (Abb. III.1):

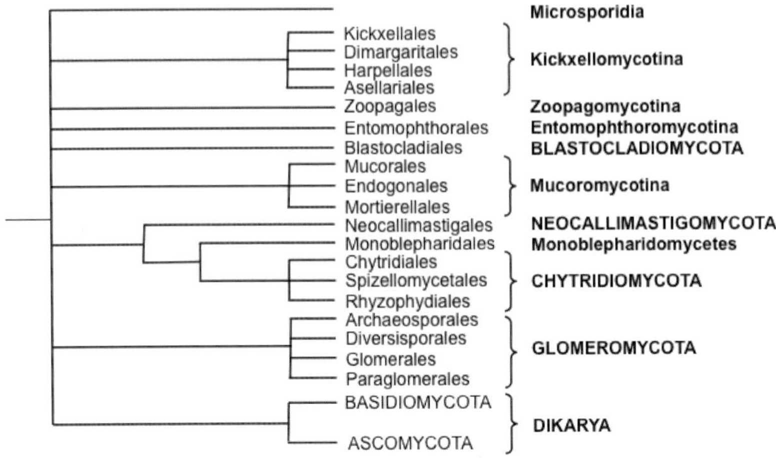

Abb. III.1. Einteilung der Pilze (vereinfacht nach Hibbett et al., 2007).

Dank molekularbiologischen Analysen weiß man heute, dass Pilze näher den Tieren als den Pflanzen stehen. Das Reich der Pilze umfasst *Ascomycota*, *Basidiomycota* (*Dikarya*), *Glomeromycota* (endogene Mykorrhiza), *Chytridiomycota*, *Neocallimastigomycota*, *Mucoromycotina* (*Zygomycota*), *Blastocladiomycota*, *Entomophthoromycotina*, *Zoopagomycotina*, *Kickxellomycotina* und *Microsporidia* (einzellige humanpathogene Parasiten). Die Schleimpilze (*Myxomycota*) wurden zu den *Protozoa* (*Amoebozoa*, *Eumycetozoa*), die Eipilze (*Oomycota*) und *Thraustochytridae* zu den *Chromista* gestellt.

Durch die Fortschritte in der Molekularbiologie ermöglicht, gingen intensive Studien der Phylogenie mittels genetischer Analysen dieser neuen Einteilung voran. Auf jeden Fall ist es bemerkenswert, dass die Resultate dieser neuen Studien mit den von Müller & Löffler (1992) durch Beobachten der Morphologie und Physiologie aufgestellten Hypothesen übereinstimmen.

Morphologie und Physiologie können einerseits wegen des Pleomorphismus der Pilze und andererseits wegen der Schwierigkeit, morphologische Homologien und Analogien zu interpretieren, zu falschen phylogenetischen Schlüssen führen. Gesicherte, phylogenetische Schlüsse können nur nach sorgfältiger molekulargenetischer Analyse aller Organismen gezogen werden.

Phylogenetische Studien von Pilzen und pilzähnlichen Organismen werden laufend unternommen und führen zur kontinuierlichen Erneuerung des phylogenetischen Systems. Die letzten Änderungen in der Pilzphylogenie und Klassifizierung können auf der Internetseite von „Tree of Life Project" eingesehen werden (http://tolweb.org/tree/).

3. Protista und Chromista

Zu dieser großen Gruppe gehören sehr viele Klassen von Mikroorganismen. Als pilzähnliche Protista werden *Myxomycota* (echte Schleimpilze), *Acrasiomycota* (zelluläre Schleimpilze), *Plasmodiophoromycota* (endoparasitische Schleimpilze) und *Labyrinthulomycota* (Netzschleimpilze, eine Gruppe mariner Saprobien) bezeichnet. *Oomycota* und *Hyphochytriomycota* gehören zu den *Chromista*. Nur die *Oomycota* werden hier vorgestellt, weil sie für die Lebensmittelwissenschaften und Pflanzenpathologie wichtig sind.

3.1. *Oomycota*

(Eipilze oder Scheinpilze, ca. 600 Arten beschrieben)

Thallus: diploides, unseptiertes (coenozytisches) Myzel.

Verdauung: exogen.

Zellwand: mit Zellulose (vereinzelt mit Chitin); Lysinsynthese über den Diaminopimelinsäureweg (wie Bakterien) und nicht über den Aminoadipinsäureweg wie die höheren Pilze.

Anamorph: Zoosporangium mit akrokont oder lateral begeißelten Zoosporen (1 Peitschengeißel und 1 Flimmergeißel) oder Konidienbildung.

Teleomorph: Befruchtung durch Oogamie, Bildung von Oogonien mit darin enthaltenen Oosporen.

Oomycota sind wichtige Pflanzenpathogene und gehören deshalb zu der wirtschaftlich wichtigsten Gruppe der *Chromista*. *Phytophthora infestans* verursacht Kraut- und Knollenfäule der Kartoffeln und hat Mitte des 19. Jahrhunderts schwere Schäden an den Kartoffelkulturen angerichtet und Hungersnöte (z.B. Irland, 1845–1849) ausgelöst.

Einige Beispiele von *Oomycota* sind in Tabelle III.3.1 aufgeführt.

Tab. III.3.1: Typische Vertreter von **Oomycota** *und ihre Bedeutung.*

Saprolegnia parasitica Coker	Fischkrankheit ("Fischschimmel"). Graue Mycelflecken auf dem Körper und den Flossen von Süßwasserfischen.
Phytophthora infestans (Mont.) de Bary	Falscher Mehltau der Kartoffel (Kraut- und Knollenfäule). Verursacht weltweit ernsthafte Verluste im Kartoffelanbau; wahrscheinlich der wichtigste Pathogene von Kartoffeln und Tomaten.
Plasmopara viticola (Berk. & Curt.) Berl. & de Toni	Falscher Mehltau* der Weinrebe.
Pythium debaryanum Hesse	Wurzelbrand von Keimlingen, Fußkrankheiten ("damping off"; z.B. Zuckerrübe, Gemüsearten); im Feld und in Gewächshäusern verbreitet, bringt frisch gewachsene Keimlinge zum Absterben.

*) Achtung: der echte Mehltau wird durch spezialisierte *Ascomycota* (*Erysiphales*) verursacht!

4. Fungi

Zwischen 70'000 und 80'000 Pilzarten sind bis jetzt beschrieben, doch die tatsächliche Zahl wird auf über 1.5 Millionen geschätzt (Hawksworth, 1991, 2004). Die Biodiversität von Pilzen ist sehr hoch und nicht nur schwierig zu quantifizieren, sondern auch zu studieren (Crous et al., 2009a). Hier werden ausschließlich die für die Lebensmittelwissenschaften, Pflanzen-, Human- und Tierpathologie wichtigsten Gruppen vorgestellt.

4.1. *Zygomycota*

(Jochpilze, ca. 700 Arten beschrieben)

Mucorales **(Abb. IX.1–4)**

Thallus: haploides, unseptiertes oder, selten, unregelmäßig septiertes Myzel.

Septenporen: Mikroporen, einfache Poren.

Zellwand: mit Chitin, Glucanen und Mannan, gelegentlich mit Chitosan.

Anamorph: Sporangien mit endogen gebildeten Sporangiosporen, gelegentlich mit Konidienbildung.

Teleomorph: Bildung von Zygosporangien mit je einer darin enthaltenen Zygospore.

Obwohl die meisten Vertreter dieser Gruppe saprobisch leben, können einige *Mucor*, *Rhizomucor*-, *Rhizopus*- und *Lichtheimia*-Arten als fakultative Parasiten (Zygomykosen) von Warmblütern vorkommen (Pfaller & Diekema, 2010).

Vertreter der *Entomophthorales*, zu denen *Entomophthora* gehört, sind Insektenpathogene.

In Tab. III.4.1 sind einige Beispiele aufgeführt.

***Tab. III.4.1: Typische Vertreter von* Zygomycota.**

Mucor mucedo L. : Fr.	Köpfchenschimmel auf Pferdemist.
Mucor plumbeus Bon.	Boden, Heu, Mist.
Rhizopus oryzae Went & Prinsen Geerlings	Pflanzenmaterial, Boden; Milchsäuregärung.
Absidia spp.	Waldboden, auf gelagertem Fleisch.
Entomophthora spp.	Insektenpathogene.
Endogone spp.	Vesikulär-arbuskuläre (VA) – Mykorrhiza (gegenwärtig besser in *Glomeromycota* platziert).

4.2. *Ascomycota* (Abb. IX.5–19)

(Schlauchpilze, ca. 32'500 Arten beschrieben)

Das Phylum *Ascomycota* ist sehr heterogen und umfangreich. Typisch ist die Ausbildung von Asci (Schläuchen) und darin (endogen) sich entwickelnde Ascosporen. Zu den *Ascomycota* gehören viele für die Lebensmittel, Pharma- und Chemieindustrie wirtschaftlich wichtige Nutzpilze (*Claviceps* spp., Hefen), wie auch menschen- (*Arthroderma* spp.) und pflanzenpathogene Schadpilze [(*Taphrina*, echter Mehltau (*Erysiphe* spp.), Apfelschorf (*Venturia inaequalis*)].

Thallus: haploides, ganz selten dikaryotisches, septiertes Myzel mit einfachen Septenporen.

Zellwand: mit Chitin, Glucan und Mannan (selten Zellulose! – vgl. *Ophiostomataceae*).

Anamorph: Konidien.

Teleomorph: Befruchtung durch Kernübertritt von männlich zu weiblich determinierten Zellen oder differenzierten Geschlechtszellen, Entwicklung eines Fruchtkörpers mit Dikaryon, Ascusbildung (im Ascus erfolgen Karyogamie, Meiose und in den meisten Fällen eine Mitose mit Differenzierung von 8 Ascosporen). Die Asci sind meist in einem Fruchtkörper (Ascoma) enthalten. Die Form des Ascomas, der Asci und der Sporen dienen der weiteren, taxonomischen Einteilung der *Ascomycota*.

Einige typische Vertreter sind in Tab. III.4.2 aufgelistet.

***Tab. III.4.2: Typische Vertreter von* Ascomycota.**

Hefen	Früchte, zuckerhaltige Säfte; alkoholische Gärungen, zur Brotherstellung (Bäckerhefe – *Saccharomyces cerevisiae*).
Taphrina deformans (Berk.) Tul.	Kräuselkrankheit von Mandel- und Pfirsichbäumen, Hexenbesen.
Blumeria (*Erysiphe*) *graminis* DC	Echter Mehltau der Getreidearten.
Uncinula necator (Schw.) Burr.	Echter Mehltau der Weinrebe.
Morchella esculenta (L.) Pers.	Speisemorchel.
Penicillium spp.	Penicillinherstellung, Käsefermentierung.
Claviceps spp.	Mutterkorn (Ergotismus – heiliges Feuer, Antoniusfeuer).
Venturia inaequalis (Cke.) Wint.	Apfelschorf.

4.3. *Basidiomycota*

(Ständerpilze und Brand-und >Rostpilze, ca. 14'000 Arten beschrieben)

Die *Basidiomycota* umfassen ca. 30% aller bekannten Pilze. Typisch ist die Ausbildung der Basidie, auf der sich exogen Basidiosporen entwickeln. Viele Arten leben zudem als Mykorrhiza und ihre Fruktifikation kann bis zu wenigen Ausnahmen [z.B. *Agaricus bisporus* (Kulturchampignon), *Pleurotus ostreatus* (Austernpilz)] kaum gesteuert werden. Taxonomisch werden 2 große Gruppen unterschieden:

4.3.1 Ustilagomycotina (Brandpilze)

Thallus: Sprosskonidien oder septiertes Myzel.

Septenporen: einfach (Abb. II.2.1.c).

Teleomorph: Bildung durch Vereinigung zweier haploider Zellen (Zygogamie), Entwicklung eines Dikaryons und daran Probasidien („Chlamydosporen", Brandsporen) und Bildung von Promyzel (an Stelle einer echten Basidie) mit exogen gebildeten Sporidien.

4.3.2 Pucciniomycotina (v.a. Rostpilze) und Agaricomycotina (v.a. Hutpilze)

Thallus: haploides oder dikaryotisches Myzel, mit oder ohne Schnallen.

Septenporen: Doliporen (Abb. II.2.1.d).

Anamorph: Konidien.

Teleomorph: Befruchtung durch Kernübertritt von männlichen zu weiblichen Zellen (diese sind morphologisch meist unspezifisch); nach der Bildung eines ernährungsphysiologisch selbständigen Dikaryons entstehen daraus Fruchtkörper oder -lager. Darauf entwickeln sich Basidien und Basidiosporen (Abb. IX.8.b, c).

In Tab. III.4.3 sind einige Beispiele aufgeführt.

***Tab. III.4.3: Typische Vertreter der* Basidiomycota.**

Brandpilze	*Ustilago tritici* (Pers.) Rostr. (Weizenflugbrand) *Ustilago maydis* (DC) Corda (Maisbeulenbrand)
Rostpilze	*Puccinia graminis* Pers. (Schwarzrost des Getreides) *Puccinia glumarum* (Schm.) Eriks. & Henn. (Braunrost des Weizens) *Uromyces appendiculatus* (Pers.) Lk. (Rost auf Bohnen)
Hutpilze	*Amanita muscaria* (L.) Lam. (Fliegenpilz) *Boletus edulis* Bull. : Fr. (Steinpilz) *Agaricus bisporus* (Lge.) Imbach (Kulturchampignon)

5. Anamorphe (mitotische Pilze; Abb. IX.8–19)

Anamorphe (früher als Deuteromycetes oder „Fungi imperfecti" bezeichnet) sind asexuell gebildete Pilzfruktifikationen oder Organismen, deren sexuelle Form häufig nicht bekannt ist (deshalb der alte Name „fungi imperfecti" – unvollkommene Pilze).

Häufig dürfte es sich um Formen handeln, die nicht mehr zur sexuellen Fruktifikation befähigt sind. Aus praktischen und historischen Gründen werden in der Bestimmungsliteratur in dieser Gruppe aber auch Anamorphe von *Asco-* und *Basidiomycota* behandelt, da früher die asexuelle und sexuelle Fruktifikationsformen unabhängig voneinander beschrieben wurden und deren Zusammengehörigkeit erst nach und nach erkannt wurde. Deshalb werden viele Pilze unter zwei Namen aufgeführt: einem für das Anamorph und einem für das Teleomorph (siehe auch Abb. II.2.3, S. 11). Zudem bilden die meisten Pilze in Kultur nur das Anamorph. Deshalb wird diese Gruppe aus rein praktischen Gründen separat behandelt.

Einige typische Vertreter sind in Tab. III.4.4 aufgelistet.

Tab. III.4.4: Typische anamorphe Formen.

Alternaria alternata (Fr.) Keissler	Schwarzfleckenkrankheit auf mehr als 380 Wirtspflanzen.
Alternaria solani (Ell. & Mart.) Sor.	Tomatenfäule.
Botrytis cinerea Pers.	Graufäule auf Trauben, anderen Früchten und Gemüsen.
Colletotrichum spp.	Pflanzenpathogene Pilze verschiedener Pflanzen (Anthraknose).

6. Pilznomenklatur

Unter Nomenklatur versteht man die Benennung der Pilze mit Gattungs- und Artnamen, gemäß dem bei allen Organismen angewendeten, binomialen System.

Der Pleomorphismus von Pilzen, v.a. der *Ascomycota* und *Basidiomycota*, beeinflusste seit jeher die Namensgebung und führte zur dualen Nomenklatur, wobei ein Name für das Teleomorph und einer für das Anamorph benutzt wurden, weil in der Vergangenheit die morphologische Beurteilung eines Organismus oftmals zur unabhängigen Beschreibung zweier Taxa führte, je nachdem ob das Anamorph oder das Teleomorph vorlag. Deshalb existieren z.T. mehrere Namen für den gleichen Pilz, je nachdem, ob sich der Name auf eine anamorphe oder die teleomorphe Form bezieht. Viele Pilze, und dementsprechend viele Schimmelpilze, bilden nur das

Anamorph in Kultur. Sie wurden deshalb früher in der Literatur mit dem Namen des Teleomorphes nur dann aufgeführt, wenn es aus früheren Untersuchungen bekannt war. Nach den damaligen Nomenklaturregeln hatte der Name des Teleomorphes aber gegenüber dem Namen des Anamorphes Vorrang, auch wenn das Teleomorph später als das Anamorph beschrieben worden war.

Molekularbiologische Methoden erlauben nun, die Verwandtschaft von Pilzen unabhängig von der in Kultur gebildeten Fruktifikationsform festzustellen. Das hat zu Neuklassifizierungen und Neuzuordnungen geführt, die den gegenwärtigen Wissensstand reflektieren (Hibbett & Taylor, 2013). Um nun die Kommunikation zu erleichtern, sollte seit 2011 jeder Pilz nur noch einen Namen haben.

Nach eingehenden Konsultationen unter Mykologen (Hawksworth et al., 2011) wurde am botanischen Kongress in Melbourne der entsprechende, sich auf Pilznomenklatur beziehende Paragraph geändert (Hibbett & Taylor, 2013; McNeill et al., 2012; Norvell, 2011). Die dualen Namen wurden abgeschafft und seither hat der ältere Name jeweils Priorität, gleichgültig, ob er für die anamorphe oder teleomorphe Form kreiert wurde. Die „Ein-Pilz-ein-Name" Nomenklaturregel wird bereits in den jüngsten phylogenetischen Untersuchungen angewendet (z.B. Houbraken & Samson, 2011; Houbraken et al., 2014b; Hubka et al., 2013; Samson et al., 2011c, 2014) aber nicht einhellig begrüßt (Pitt & Taylor, 2014), weil sie u.a. eine große Auswirkung auf Namen wirtschaftlich wichtiger und früh beschriebener Gattungen wie z.B. *Aspergillus*, *Paecilomyces* oder *Penicillium* hat. Diese, weil eben früher als das Teleomorph beschrieben, genießen nun Priorität gegenüber dem Teleomorph-Namen. Als Konsequenz wären z.B. die in der Lebensmittelindustrie wichtigen und geläufigen Namen *Byssochlamys nivea* oder *Eurotium herbariorum* als *Paecilomyces niveus* bzw. *Aspergillus glaucus* zu bezeichnen, was unter Umständen zu Verwirrungen unter den nicht mit den Nomenklaturregeln vertrauten Wissenschaftlern führen könnte.

Um eine gewisse nomenklatorische Stabilität zu gewähren, werden nun von der Regel abweichende, zu konservierende Pilznamen vorgeschlagen (Kirk et al., 2014; Rossman, 2014).

Die „Ein-Pilz-ein-Name" Nomenklaturregel macht den Namen des zweiten Morphes v.a. in der angewandten Mykologie nicht sofort überflüssig, da die „alten", nun „ungültigen" Namen fest in der Literatur etabliert sind. Zudem sind die Namen beider Morphe mit einer bestimmten Morphologie assoziiert und erleichtern das Aufstellen von Bestimmungsschlüsseln. Deshalb dürften sie in der Praxis noch für einige Zeit erscheinen. Neu zu beschreibende Arten werden aber bestimmt, ähnlich wie bei Insekten, nur noch einen Namen haben, der ein oder zwei (oder sogar mehrere) Morphe einschließt.

Der Bestimmungsschlüssel (S. 65) verwendet aus praktischen Gründen immer noch die Namen der entsprechenden Morphe. Kapitel X, S. 105, listet deshalb auch die nicht mehr gültigen Gattungsnamen auf, erwähnt die bekannten Anamorph-Teleomorph Verbindungen und verweist auf die derzeit gebräuchlichen Namen.

IV. Grundzüge der Ökologie und Physiologie der Pilze

1. Direkte Beobachtung in der Umwelt

Die Anwesenheit der Pilze in der Umwelt kann **direkt** oder **indirekt** nachgewiesen werden.

Direktmikroskopie und **histologische Methoden** (Schnitte, Ausstriche, chemische Aufhellung von Geweben) sind in der Regel einfach und schnell, liefern allerdings meistens nur ein statisches Bild des Ökosystems und erlauben keine experimentellen Untersuchungen.

Die Anwendung **immunologischer und molekularbiologischer Methoden** wie Immunofluoreszenzmikroskopie und DNA-Analysen (konventionelle und Echtzeit PCR) erlaubt den raschen und sicheren Nachweis spezifischer Stämme in einer Nische und ist deshalb für Populationsanalysen besonders geeignet. Zur Erfassung von Schimmelbefall in Gebäuden sind neulich auch artspezifische Primerpaare für qPCR („mold-specific qPCR": MSQPCR) entwickelt worden. Vesper et al. (2007a, b) haben sogar einen auf MSQPCR basierenden Index zur Beurteilung des Schimmelbefalles in Wohnhäusern („Environmental Relative Moldiness Index": ERMI) entwickelt: wenn mit eingehenden ökologischen und taxonomischen Untersuchungen gekoppelt, dürfte ERMI einen relativ zuverlässigen Eindruck über das Vorhandensein der meistverbreiteten, allergenen Hausschimmelarten geben.

Die Erfassung einer Pilzgesellschaft und deren experimentelle Manipulation erfolgt aber vorwiegend durch die **Isolierung in Reinkultur** der die Gesellschaft bildenden Arten.

2. Isolierung in Reinkultur

Molekularbiologische Techniken werden routinemäßig angewendet, um Mikroorganismen nachzuweisen und zu quantifizieren. Physiologische und ökologische Untersuchungen jedoch können aber nur am Besten geplant und durchgeführt werden, wenn Reinkulturen vorliegen.

2.1. Verdünnungsreihen

Verdünnungsreihen dienen dem Isolieren von Organismen aus einem Substrat und werden vor allem zum Bestimmen der Keimzahl angewendet. Die Organismenkonzentration in einer unverdünnten Probe ist im Allgemeinen sehr hoch; deshalb drängt sich eine Verdünnungsreihe auf, um die Keimzahlbestimmung und das Isolieren zu erleichtern. Die Isolierung von Pilzen ist praktisch nur möglich, wenn dem Agar ein Antibiotikum (z.B. Tetracyclin, Oxytetracyclin) zur Unterdrückung der Bakterien zugegeben wird. Das Antibiotikum sollte gegen Gram^{+} und Gram^{-} Bakterien wirken; vorzuziehen sind solche Antibiotika, welche nicht (mehr) in der Humantherapie eingesetzt werden.

2.2. Ködermethoden

Köder werden zum Isolieren von Pilzen angewendet, die auf ein bestimmtes Substrat angewiesen sind oder sich mittels beweglicher Sporen ausbreiten. Schlangenhaut erwies sich z.B. als guten Köder für *Chytridiomycota.*

2.3. Einsporkulturen

Einsporkulturen sind zum Erhalten einer reinen Kultur nützlich, vor allem für genetische Studien und zur Zuordnung von Anamorph-Teleomorph Verbindungen, sei es durch konventionelle oder molekularbiologische Ansätze. Zur Herstellung von Einsporkulturen kann u.A. ein Mikromanipulator verwendet werden.

2.4. Oberflächensterilisierung

Eine Oberflächensterilisierung dient z.B. der Isolierung von Pilzen aus dem Inneren von Pflanzenteilen. Verschiedene Methoden werden im Detail in den Arbeiten von Fröhlich et al. (2000), Petrini et al. (1982) und Petrini (1986) beschrieben.

3. Die Anpassung der Pilze an ihre Umwelt

Mikroorganismen beeinflussen ihre Umwelt und verändern somit ihren Lebensraum physiologisch. Im Gegenzug beeinflusst das Ökosystem das Pilzwachstum, indem es einen starken selektiven Druck auf das Pilzwachstum ausübt. Umweltfaktoren haben als **Selektionsfaktoren** eine besondere Bedeutung: zum Überleben entwickeln die Organismen verschiedene Mechanismen als Antwort auf die Eigenschaften ihrer Umwelt. Arten, die von den Umweltbedingungen stark abhängig sind und auf deren Änderungen empfindlich reagieren, werden als **stenök** bezeichnet; **euryöke** Arten dagegen können sich schnell und leicht anderen Umweltbedingungen anpassen. Solche Organismen sind hochkompetitiv und reagieren auf Umweltveränderungen weniger empfindlich.

3.1. Temperaturansprüche

Die meisten Pilze können bei tiefen Temperaturen überleben, jedoch nicht unbedingt wachsen. Viele Pilzarten können über längere Zeit (Jahre!) bei -20 °C gelagert werden. Aus ökologischer Sicht werden Pilze auch nach ihrer optimalen Wachstumstemperatur eingeteilt.

Psychrophil (kälteliebend) sind Pilze mit einem optimalen Wachstum zwischen 10 °C und 15 °C; die Maximaltemperatur für ihr Wachstum liegt meist zwischen 20 °C und 30 °C, das Minimum bei 0 °C oder darunter, z.B. *Monographella nivalis* (weißer Schneeschimmel der Getreide).

Mesophil die große Mehrheit der Pilze, deren optimalen Temperaturansprüche zwischen psychrophil und thermophil liegen, d.h. zwischen 18 °C und 24 °C. Eine geringe Anzahl Taxa (darunter einige humanpathogene) sind **eurythermisch**. Eurythermie erlaubt ein gutes Wachstum über einen weiten Temperaturbereich, z.B. *Aspergillus fumigatus*: 3 °C bis 55 °C.

Thermophil (wärmeliebend) sind Pilze mit einem optimalen Wachstum bei Temperaturen über 40 °C, Maximum zwischen 45 °C und 60 °C, Minimum 20 °C bis über 30 °C, z.B. *Thermoascus crustaceus*.

3.2. Lichtansprüche und Anpassung der Pilze an spezielle Lichtbedingungen

Licht, besonders im kurzwelligen Bereich, kann das Wachstum der Pilze beeinflussen und stimuliert die Ausbildung asexueller oder sexueller Fruktifikationsorgane. Je nach Pilzart wird die Sporulation durch bestimmte, unter Lichteinfluss synthetisierte Stoffe („Mycosporine“) gefördert oder gehemmt.

Licht kann auch **Tropismen** steuern. Beispielsweise reagieren *Pilobolus*-Arten (*Zygomycota*) positiv phototrop: die Sporen werden immer genau in die Richtung der Lichtquelle geschleudert.

In alpinen, arktischen oder anderen Gebieten mit hoher UV-Einstrahlung tendieren Pilze, dickwandige, stark melanisierte Sporen auszubilden, um das genetische Material gegen von UV induzierten Mutationen zu schützen. Dies ist der Fall bei grasbewohnenden, alpinen, arktischen Ascomycota, z.B. *Pleospora*, *Phaeosphaeria*.

4. Morphologische und physiologische Anpassung

Aus ökologischer Sicht erfüllen vegetatives und reproduktives Wachstum verschiedene Ansprüche. Das vegetative Wachstum dient vor allem der räumlich begrenzten Ausbreitung der einzelnen Individuen, während die Bildung von Vermehrungs- und Verbreitungseinheiten („Sporen") zur schnellen Kolonisierung eines Habitats, auch von räumlich getrennten Ökosystemen, durch die Nachkommen dient.

Ökologisch gesehen kann man zwei Sporentypen unterscheiden (Gregory, 1966):

Xenosporen dienen der schnellen Verbreitung der Art, wenn die ökologischen Bedingungen günstig sind. Xenosporen sind in der Regel dünnwandig, eher klein, keimen schnell und leicht. Sie lösen sich ohne Weiteres von der sporogenen Zelle oder der Hyphe und werden durch Wind, Wasser und andere Vektoren verbreitet.

Memnosporen sind Dauersporen und üben eine Überdauerungsfunktion aus; ihre Aufgabe besteht darin, das genetische Material während ökologisch ungünstigen Perioden zu schützen, um beim Auftreten günstiger Bedingungen wieder zu keimen. Memnosporen sind meistens dickwandig, oft melanisiert, werden selten aktiv verbreitet und lösen sich kaum von der sporogenen Zelle oder der Hyphe. Die Keimung wird oft durch spezielle ökologische Ereignisse induziert (z.B. Hitzeschock, Verdauung durch das Passieren des Darmes von Wiederkäuern).

V. Schimmelpilze und Gesundheit

1. Mykotoxine

1.1. Einleitung

Mykotoxine sind niedermolekulare, toxische Sekundärmetabolite, die vorwiegend von auf Lebens- und Futtermitteln wachsenden *Ascomycota*, sehr selten von *Zygomycota*, gebildet werden. Die geringe Molekülgröße der Substanzen bedingt das Fehlen einer Immunreaktion bei exponierten Säugetieren oder nach deren Einnahme. Viele Mykotoxine sind hitzeresistent und überleben hohe Temperaturen (z.B. beträgt die Halbwertszeit von Ochratoxin 12 Min. bei 270 °C). Tab. V.1.1. gibt eine Übersicht der häufigsten und wichtigsten Mykotoxine.

Umfassendere Darstellungen, zum Teil mit allgemeinen Hinweisen auf Gesundheitsrisiken und Verhaltensstrategien, können z.B. in Cole & Cox (1981), Eikmann et al. (2013), Gravesen et al. (1994, 1999), Mücke & Lemmen (2005), Samson et al. (2004), Singh et al. (1991), Sinha & Bhatnagar (1998), Smith & Henderson (1991) oder Smith & Moss (1985) gefunden werden.

Rund 400 verschiedene Mykotoxine sind bekannt. Sie lassen sich etwa 25 Strukturtypen zuordnen und werden von ca. 350 Pilzarten gebildet. Die Toxinproduktion ist allerdings nicht unbedingt art-, sondern vielmehr stammesspezifisch, d.h. bei einigen Pilzarten sind nur ausgewählte Stämme Toxinbildner. Deshalb können verschiedene Stämme innerhalb der gleichen Art verschiedene oder überhaupt keine Toxine bilden. Bedeutendste Produzenten sind Vertreter der Gattungen *Aspergillus*, *Fusarium*, *Penicillium* und *Stachybotrys*.

Pilzgifte können grundsätzlich auf drei Weisen in die Lebensmittel gelangen:

- durch Primärkontamination der Rohstoffe durch den Toxinbildner;
- durch Sekundärinfektion des fertigen Lebensmittels durch den Toxinbildner;
- durch „Carry over“ Effekt, wobei die Toxine von kontaminierten Produkten der Lebens- oder Futtermittelkette aufgenommen und dem nächsten Konsumenten übertragen werden (z.B. im Fleisch von geschlachteten Tieren, im Mehl, in Eiern, Milch oder Fruchtsäften abgelagerte, nicht oder neu metabolisierte Toxine).

Die Mykotoxinproduktion wird stark durch Substratzusammensetzung, Temperatur, pH-Wert, Wasseraktivität und andere mikroklimatische Bedingungen beeinflusst. Zum Beispiel hängt die Aflatoxinproduktion durch *A. flavus* stark von der Zn^{2+}-Ionen-Konzentration im Substrat ab. Für die Mykotoxinsynthese ist eine höhere Wasseraktivität erforderlich als für das Wachstum. Manche Toxine (z.B. Patu-

2. Mykotoxikosen und Gesundheitsrisiken

Mykotoxikosen sind bei Menschen und Tieren vorkommende, durch Mykotoxine verursachte Vergiftungen. Mykotoxikosen resultieren meistens durch Inhalation oder Einnahme von den von den Schimmelpilzen gebildeten, flüchtigen, toxischen Stoffen (mVOC: microbial volatile organic compounds) oder den in die Umgebung abgegebenen, bzw. in die Futter- und Nahrungsmittel ausgeschiedenen Sporen. Eine Übersicht der wichtigsten Mykotoxikosen ist in Tab. V.2.1 gegeben.

Tab. V.2.1: Wichtigste Mykotoxikosen und ihre Verursacher (nach Mücke & Lemmen, 2005; Egmond, 2000).

Toxikose	**Verursacher**	**Toxin**
Fusarium-Mykotoxikose (z.B. „Hole in the head syndrome“, 1989)	*Fusarium* spp.	Fusarin C, Zearalenon, Trichothecene, Fumonisin
Ochratoxikose („Balkan endemic Nephropathy“, 1952)	*Penicillium verrucosum* (*Aspergillus alutaceus*)	Ochratoxin A
Aflatoxikose (Turkey X disease, 1960)	*Aspergillus flavus*, *A. parasiticus*	Aflatoxine (v.a. B1, B2, G1, G2)
Kardiale Beriberi (1890)	*Penicillium citreonigrum*	Citreoviridin
Mutterkornvergiftung (Ergotismus; „holy fire“, 9./10. Jahrhundert)	*Claviceps* spp., Grasendophyten	Ergot-Alkaloide

Akute Vergiftungen sind jeweils auf den Verzehr bzw. die Verfütterung von sehr stark verschimmelten, große Mengen von Toxinen enthaltenden Lebensmitteln zurückzuführen. Chronische Aufnahme kleiner Mengen über lange Zeit kann ebenfalls zu ernsthaften Gesundheitsschäden führen, da einige Toxine karzinogen sind oder sonst pathophysiologische Veränderungen herbeiführen können. Als Beispiel sei hier die Aflatoxikose erwähnt, welche ein erhöhtes Auftreten von Leberzirrhosen und primärem Leberkarzinom in Gegenden mit hoher Aflatoxinbelastung in der Nahrung verursacht (Mücke & Lemmen, 2005).

Die Inhalation von Mykotoxinen in der Form von flüchtigen Stoffen oder als Komponenten eingeatmeter Pilzsporen kann im entsprechenden Personenkreis (geschwächte, prädisponierte, immungeschädigte oder sonst kranke Individuen, Personen mit Neigung zu Allergien gegenüber anderen Substanzen) zu schweren allergischen Reaktionen und Asthma führen. Diese offenbaren sich als allergische und nicht allergische Atemwegserkrankungen und können sich in geschwächten Patienten zu Mykosen (z.B. Aspergillosen) entwickeln. Exponiert sind Personen, die sich beruflich in einer mit Schimmelpilzen belasteten Umgebung, d.h. mit hoher Sporenkonzentration, über längere Zeit aufhalten. Potentiell stark belastete Bereiche sind z.B. Mälzereien, Käsereien, Bäckereien, Mühlen, Kompostieranlagen oder generell Orte mit hoher Sporenbelastung, wobei die Pilze als Kontaminanten (verschimmelte Gerste in Mälzereien) oder als Veredler von ausgewählten Nahrungsmitteln (*Penicillium candidum* bei Weichkäsen) vorhanden sein können. Eine hohe Pilzbelastung kann auch in feuchten Gebäuden, allgemein in Räumen mit Feuchtigkeitsproblemen, v.a. in wassergeschädigten und nachträglich ungenügend sanierten Objekten auftreten (Eikmann et al., 2013; Gravesen et al. 1999; Mücke & Lemmen, 2005; Nielsen et al. 1998a, b, 1999, 2000; Samson et al. 1994).

3. Mykosen

Pilze sind in der Lage, eine große Vielfalt von Enzymen zu bilden und somit beinahe alle organischen Substrate zu kolonisieren. Unter diesem Aspekt sind tierische Gewebe keine Ausnahme. Pilze können Tiere kolonisieren, indem sie ins Gewebe wachsen ohne Schaden anzurichten: sie vermögen aber auch, diesen durch invasives Wachstum zu infizieren und lokal Zellen zu schädigen. Die Grenze zwischen Kolonisation und Infektion ist sehr fließend: häufig genügen kleinste Änderungen der immunologischen Kondition des Wirtes, damit der Pilz vom kommensalen zum pathogenen Status wechselt.

Über Kolonisierung und Infektion tierischer Organismen, insbesondere des Menschen, ist viel geschrieben worden: medizinisch interessierte Leser werden auf Anaissie et al. (2009) verwiesen.

3.1. Hypersensitivitätsreaktionen

Eine Kolonisierung menschlichen Gewebes durch Pilze ist nichts Ungewöhnliches. Die Hefe *Candida albicans* ist zum Beispiel ein gewöhnlicher Kommensale der Haut und Schleimhäute (Calderone, 2002) . Andere Schimmelpilze, v.a. luftbürtige Organismen, sind ebenfalls fähig, menschliches und tierisches Gewebe zu kolonisieren und lösen dadurch Hypersensitivitätsreaktionen in den Atemwegen prädisponierter Individuen aus. Formen von Hypersensitivitätsreaktionen gegenüber pilzlichem Material können bei Berufsleuten, die an Orten mit hoher Sporenbelastung arbeiten, auftreten. Einige Beispiele sind in Tab. V.3.1. aufgeführt.

Eine durch Hypersensitivität ausgelöste Lungenentzündung kann sich als extrinsische allergische Alveolitis manifestieren.

Tab. V.3.1: Beispiele pilzbezogener Hypersensitivitätsreaktionen.

Krankheit	Verursacher (Antigen)	Exposition
Farmerlunge (Drescherlunge)	Thermophile Actinomyceten, *Aspergillus* spp., andere Schimmelpilze	Pilzsporen (aber auch Bestandteile von Vogelfedern und Proteine von Insekten und Schalentieren)
Mälzerlunge	*Aspergillus clavatus*, *Faenia rectivirgula*	Verschimmelte Gerste
Käserlunge	*Penicillium casei* / *P. candidum*	Edelschimmel bei Käsen
	Rhizopus stolonifer	Paprika Staub (gemahlener Paprika)
Kompostlunge	*Aspergillus* spp.	Kompostieranlagen
Torfstecherlunge	*Monocillium* spp., *Penicillium citreonigrum*	Torfmoore
	Cryptostroma corticale	Verschimmelte Baumrinde
Holzarbeiterlunge	*Alternaria* spp.	Verschimmeltes Sägemehl

Extrinsische allergische Alveolitis wurde als „das Resultat einer übereifrigen Immunantwort auf inhalierte Antigene" definiert (Warren, 1977). Eine typische Form einer durch Hypersensitivität verursachten Lungenentzündung ist die sogenannte Farmerlunge (Dreschfieber, Drescherlunge): das ist eine Konsequenz inhalatorischer Exposition gegenüber thermophilen Actinomyceten und verschiedenen Aspergillus-Arten. Die Farmerlunge ist relativ häufig in kalten, feuchten Klimas im Spätwinter und Vorfrühling. Die Inzidenz ist variabel (USA: 8–540 Fälle pro 100‘000 gefährdeter Personen pro Jahr), ebenso die Mortalitätsrate (0–20% je nach Quelle) mit Tod innerhalb von 5 Jahren nach der Diagnose. Systemische Kortikosteroidverabreichung und Maßnahmen zur Vermeidung der Exposition sind die Behandlungsoptionen.

3.2. Mykosen

Die Inzidenz von Mykosen erhöht sich besonders in immunkompromittierten Personen laufend (Pfaller & Diekema, 2010) und Pilze werden je länger desto mehr als wichtige Krankheitserreger angesehen (Brown et al., 2012). Die jährliche Anzahl der von Pilzen verursachten Sepsis-Fälle in den USA erhöhte sich zwischen 1979 und 2000 um mehr als 200% (Martin et al., 2003). Während ein normativer, immunkompetenter Wirt in der Regel eher selten und nur durch wenige Arten infiziert wird, sind mehr als 300, v.a. saprobische Arten, als opportunistische Pathogene von immunkompromittierten Patienten bekannt. Darunter sind Hefen, v.a. *Candida*-Arten (z.B. *C. albicans*, *C. krusei*, *C. glabrata*, *C. parapsilosis*), Dermatophyten, einige *Aspergillus*- und *Mucorales*-Arten.

Mykosen können sich systemisch (invasiv) oder lokal entwickeln. Insgesamt werden nur 25 Pilzarten als obligate systemische Pathogene betrachtet, während alle anderen entweder obligate Haut- oder subkutane (etwa 40 Arten) oder opportunistische Parasiten sind.

Primäre Mykosen sind Pilzinfektionen in normativen Wirten, während sekundäre Mykosen vor allem in immunkompromittierten Patienten auftreten. Opportunistische Mykosen werden durch Pilze verursacht, welche nicht notwendigerweise pathogen sind, aber gelegentlich gefährdete Personen infizieren. Sogenannte Risikopatienten sind solche, sich einer haematopoietischen Stammzell- oder Organtransplantation unterziehen, größere chirurgische Eingriffe hatten oder an AIDS erkrankt sind; ferner Krebspatienten, Patienten mit immunsuppressiver Therapie oder Personen im fortgeschrittenen Alter und Frühgeburten. Einige Beispiele von Mykosen sind in Tab. V.3.2. aufgelistet. Pilze können durch verschiedene Pforten in den Wirt eindringen. Die wichtigsten sind die Luftwege, der Mund, die Haut sowie das Urogenitalsystem. Wunden, einschließlich Operationswunden, können zusätzliche Infektionswege für viele opportunistische Pilze sein.

Die Pilzpathogenität ist immer noch schlecht bekannt. Viele Pilze sind thermotolerant oder mikroaerob (oder beides) und können deshalb im Wirtsgewebe überleben. Zusätzlich widerstehen sie einer Abwehrreaktion des Wirtes, indem sie verschiedene Pathogenitätsfaktoren produzieren wie Adhesine, Enzyme (Elastase, Keratinase, Proteasen, Phospholipasen, Phenoloxidasen), Toxine (Haemolysin, Endotoxin, Canditoxin), Siderophoren oder Melanin. Dimorphismus, Einkapseln und Widerstand gegen Phagozytose sind zusätzliche Elemente, die dem Pilz eine erfolgreiche Kolonisation einer breiten Palette von gefährdeten Patienten ermöglichen.

Die Behandlung systemischer (invasiver) Mykosen ist schwierig und verlangt häufig eine Kombination therapeutischer Maßnahmen. Zu den antimykotischen Mitteln gehören alte, aber immer noch effiziente Medikamente wie Amphotericin B oder Flucytosin; Azole (z.B. Fluconazol, Voriconazol, Posaconazol) und Azole der neuen Generation sowie die Echinocandine werden neulich auch mit Erfolg eingesetzt. Eine umfassende Übersicht bieten Thompson et al. (2009).

Tab. V.3.2. Beispiele von Mykosen.

Opportunistisch	*Alternaria* spp., *Aspergillus* spp., *Acremonium* spp., *Schizophyllum* spp.
Systemisch	
Aspergillose	*Aspergillus* spp.
Cryptococcose	*Cryptococcus neoformans*
Coccidiomykose	*Coccidioides inmitis*
Subkutan	
Myzetom	verschiedene Organismen
Sporotrichose	*Sporothix schenckii*
Dermatophytosen	Dermatophyten
(= Dermatomycosen)	*Trichophyton rubrum*, *T. mentagrophytes* Tinea, Onychomykose
Candidiasis	*Candida* spp.
Zygomykosen	*Lichtheimia*, *Rhizopus*, *Mucor*, *Rhizomucor*

Die **Dermatophyten** gehören mehrheitlich zu den Ascomycota und schließen wahrscheinlich die in der Medizin am häufigsten beobachteten pilzlichen Organismen ein; sie umfassen etwa 25 pathogene Arten. Sie verursachen weltweit jährliche Gesundheitskosten von über $ 500‘000‘000. Ihre Bestimmung ist verhältnismäßig einfach und basiert auf der Morphologie, Molekularbiologie und neulich auch auf MALDI-TOF MS (s. Kapitel VI, S. 37).

Dermatophyten werden etwa in drei Gruppen unterteilt. **Anthropophile** Arten (z.B. *Trichophyton rubrum*, *Epidermophyton*) sind nur mit dem Menschen assoziiert: die Übertragung erfolgt durch kontaminierte Gegenstände. **Zoophile** Arten (z.B. *Microsporum canis* bei Hunden und Katzen; *M. nanum* bei Schweinen; *Trichophyton verrucosum* bei Pferden und Schweinen) beschränken sich normalerweise auf Tiere. Eine direkte Übertragung zum Menschen über nahen Kontakt mit einem infizierten Tier ist aber möglich. **Geophile** Organismen (z.B. *M. gypseum*) sind meistens Bodenbewohner und können Menschen durch direkte Exposition infizieren. Griseofulvin, Tinactin, Clotrimazol, Miconazol, Ketoconazole, Itraconazol und Terbinafin sind Antimykotika zur Behandlung von Dermatophyten. Eine umfassende Übersicht dieser Gruppe bieten Gräser et al. (2008).

VI. Bestimmung von Schimmelpilzen

1. Allgemeines

Unter dem Begriff „Schimmelpilz“ werden pilzliche Organismen zusammengefasst, welche organische Substrate mit einem mehr oder weniger dichten Filz besiedeln und dabei häufig auffallende Veränderungen im Aussehen, in der Textur und bei Lebensmitteln auch im Geschmack verursachen. Wissenschaftlich ist der Begriff nicht fassbar. Keine Eigenschaft unterscheidet Schimmelpilze von anderen Pilzen. Systematisch sind sie ebenfalls uneinheitlich: zu ihnen werden *Mucorales* (*Zygomycota*), *Ascomycota* und seltener auch *Basidiomycota* (v.a. hefeartige Vertreter) sowie *Oomycota* (im Zusammenhang mit Pflanzenkrankheiten: z.B. *Peronospora tabacina*, Blauschimmel von Tabak, ein blau-grauer Mehltau auf der Blattunterseite verursachend) gezählt.

Der Begriff „Schimmelpilz“ sagt auch nichts über ihren praktischen Wert aus. Schimmelpilze sind wohl Verderber von Lebens- und Futtermitteln, Pflanzenschädlinge, Raumluftkontaminanten, Abbauer von organischen Substraten, aber auch Lebensmittelveredler durch Fermentation (z.B. *Penicillium camemberti* bei Käse), Produzenten von Heilmitteln (z.B. Antibiotika wie Penicillin), Enzymen (Zellulasen durch *Trichoderma*) und organischen Säuren (Zitronensäure durch *Aspergillus niger*). Einige können opportunistisch human- oder tierpathogen sein.

Dieses Buch ist als Einführung zur Bestimmung der häufigsten und wichtigsten Schimmelpilzgattungen gedacht. Der Schlüssel berücksichtigt vor allem Pilze, die leicht in Reinkultur fruktifizieren, häufig in der Umgebung zu finden sind oder im Zusammenhang mit der Lebensmittelmikrobiologie und Pflanzenpathologie stehen. Es werden auch einige Gattungen einbezogen, die von menschlichen oder tierischen Geweben als opportunistische Pathogene isoliert werden können.

2. Bestimmung nach morphologischen Merkmalen

Als morphologische Merkmale zur Bestimmung von Schimmelpilzen gelten die Fruktifikationsorgane. Manchmal müssen auch noch Kulturmerkmale hinzugezogen werden. Diese konventionelle Methode erlaubt, die meisten Schimmelpilze bis auf die Gattung, in vielen Fällen auch bis zur Art zu bestimmen.

3. Bestimmung nach molekularbiologischen Merkmalen

3.1. Genomik

In der Mykologie erlaubt die DNA Analyse [z.B. Restriction Fragment Length Polymorphism: RFLP; Random Amplified Polymorphic DNA: RAPD; Polymerase Chain Reaction: PCR, neulich auch quantitative (qPCR)] bereits seit bald 3 Jahrzehnten (z.B. Williams et al., 1990; Hämmerli et al., 1992) die Analyse von genetischen Markern und somit die Differenzierung von Arten oder gar individuellen Stämmen. Die rasanten Fortschritte auf dem Gebiet der Molekularbiologie und die günstigen und stets sinkenden Analysekosten haben bewirkt, daß sich immer mehr Laboratorien für die Bestimmung von Pilzen auf die Sequenzierung von bestimmten DNA Regionen stützen.

Mykologen haben sich die Methoden der Molekularbiologie sehr rasch angeeignet und sie in der Pilztaxonomie umgesetzt (Seifert et al., 1995). Dabei haben sich bestimmte Abschnitte der ribosomalen DNA, die „internal transcribed spacer" (ITS) Regionen als besonders aufschlussreich für die taxonomische und phylogenetische Einteilung von Pilzgattungen und -arten erwiesen. Im Internet stehen schon die Sequenzen dieser Regionen für eine große Anzahl Pilzarten, z.B. auf der Seite „Assembling the Fungal Tree of Life Project" (AFTOL; http://www.aftol.org/index.php), zur Verfügung. Neben ITS können aber andere Genomabschnitte für die Identifikation von Pilzarten verwendet werden, z.B. die *cox1* (Cytochromoxidase I) Gensequenzen bei *Penicillium* (Seifert et al., 2007) oder der β-tubulin locus für *Aspergillus* (Balajee et al., 2007). Die ITS-Sequenzen scheinen jedoch recht spezifisch zu sein und ITS wird deshalb von vielen Mykologen auch als die ideale Marker-Region für das sogenannte „Barcoding" betrachtet. Diese Technik (http://www.allfungi.com/index.php), welche die Verwendung von kurzen Genomabschnitten zur taxonomischen Charakterisierung von Organismen vorsieht, wird zunehmend auch in der Mykologie angewendet; für bestimmte Pilzgattungen findet man bereits sehr viel Information im Internet [z.B. „TrichoKEY (Druzhinina et al., 2005): http://www.isth.info/tools/molkey/index.php?do=unset]. Mit Mycobank (http://www.mycobank.org/BioloMICSSequences.aspx?expandparm=f&file=all) steht eine ausgezeichnete Möglichkeit zur Verfügung, analog zu BLAST, eine Bestimmung von pilzlichen Organismen anhand von Sequenzen durchzuführen. Diese Web-Seite bietet sowohl eine Bestimmung mittels Sequenz-Alignment („pairwise sequence alignment") als auch eine (reduzierte) polyphasische Bestimmungsmöglichkeit an.

DNA-Sequenzierung gehört nun zu den Standardwerkzeugen in der Pilztaxonomie. Entsprechend werden die neusten taxonomischen und phylogenetischen Bearbeitungen von Pilzgruppen und -gattungen häufig nach molekularbiologischen Kriterien ausgeführt, wobei die polyphasische Taxonomie (siehe Abschnitt 4, S. 40) immer mehr zur Anwendung kommt.

In-situ Hybridisierung (FISH: „fluorescent *in-situ* hybridisation") mit artspezifischen Genproben hat sich in der Diagnostik von Schimmelpilzen noch nicht behauptet, dürfte aber für spezielle Anwendungen von großer Bedeutung werden. In der medizinischen Diagnostik wird die Methode routinemäßig verwendet, um bestimmte Hefen (*Candida* spp.) im Blut nachzuweisen (z.B. Forrest et al., 2006). Es sind bereits käufliche Kits auf dem Markt erhältlich.

3.2. Proteomik

Nebst den genetischen Methoden hält aber auch die Proteomik ihren Einzug in der Mykologie. Die Proteomik (englisch: proteomics) erforscht das Proteom, d.h. die in einem Lebewesen unter definierten Bedingungen und zu einem definierten Zeitpunkt vorliegenden Proteine. In den letzten Jahren lieferten Methoden der Massenspektrometrie (MS), vor allem die MALDI-TOF MS Technik, besonders rasche und zuverlässige Bestimmungen von humanpathogenen Organismen (Seng et al., 2009). Humanpathogene Hefen werden mittels MALDI-TOF MS mit großer Zuverlässigkeit identifiziert (Marklein et al., 2009) und erste, vielversprechende Ergebnisse mit filamentösen Pilzen liegen bereits vor (Tonolla et al., 2009; De Respinis et al., 2010). Zur Zeit arbeitet man an der Entwicklung validierter Spektren-Datenbanken für die häufigsten humanpathogenen Pilzgattungen. Zuverlässige Spektrensammlungen liegen bereits für Dermatophyten (De Respinis et al., 2013, 2014) und einige *Aspergillus*-Arten (Alanio et al., 2011; Bille et al., 2012, Rodrigues et al., 2011; Verwer et al., 2014), sowie für einige *Fusarium*-Arten vor (Triest et al., 2015a). Die relativ hohen Anschaffungskosten der Geräte werden durch die niedrigen Unterhalts- und Analysekosten kompensiert; die schnelle Verfügbarkeit der Ergebnisse ist ein weiterer Vorteil der Methode. Es ist anzunehmen, dass MALDI-TOF MS bald auch in der Routinebestimmung von Schimmelpilzen eingesetzt wird. Eine kurze Übersicht über die Bedeutung von MALDI-TOF MS in der Bestimmung von Pilzen im Allgemeinen und sonst in der Mykologie bietet Bader (2013).

3.3. Bestimmung nach chemotaxonomischen und immunologischen Merkmalen

Vor allem in den Gattungen *Aspergillus*, *Fusarium* und *Penicillium* sind viele Arten aufgrund ihrer Morphologie kaum eindeutig zu bestimmen. Chemotaxonomische Methoden werden insbesondere bei den drei oben genannten Gattungen zur Routineidentifikation bis auf das Artniveau angewandt (Frisvad et al., 1998; Samson & Pitt, 2000).

Als vielversprechend für Lebensmittelpilze stellte sich die Analyse von Sekundärmetaboliten und Mykotoxinen mittels Dünnschichtchromatographie (TLC) und Hochdruckgaschromatographie (HPLC) heraus (Frisvad & Thrane, 1987; Frisvad et al., 1989; Samson & Pitt, 2000). Chemotaxonomische Merkmale unterliegen aber Variationen, einerseits durch Arbeitsprotokolle, e.g. Messfehler, Extraktionsmethoden etc. bedingt, andererseits durch Wachstumsfaktoren und Stammesspezifität beeinflusst. Optimierung und Standardisierung von Kulturbedingungen und Arbeitsprotokollen, sowie ein adäquates Testsystem sind deshalb Voraussetzung für eine routinemäßige Anwendung solcher Methoden in Labors.

Immunologische Methoden werden vor allem für die drei obgenannten Gattungen und humanpathogenen Pilze zum Teil routinemäßig angewendet (De Ruiter et al., 1993; Bille & Schär, 2001). In der Humanmedizin spielen sowohl der Galactomannan-Test (Nachweis von *Aspergillus* als auch anderen Fadenpilzen) als auch der β-Glucan-Test (vor allem für *Candida* spp.) eine sehr wichtige Rolle (z.B. Maertens et al., 2002; Nguyen et al., 2011; Sulahian et al., 2014; Tanriover et al., 2010). Immunologische Schnelltests sind auch für pflanzenpathogene Pilze (*Pythium*, *Phytophthora*) kommerziell erhältlich, aber nur in den wenigsten Fällen artspezifisch.

4. Die polyphasische Taxonomie

Polyphasische Taxonomie ist keine neue Erfindung: sie wurde bereits 1969 und 1970 durch Colwell für Bakterien der Gattung *Vibrio* angewendet und von Petrini & Petrini (1996) für Pilze vorgeschlagen. Sie stützt sich auf bewährte Techniken, aber im Gegensatz zum klassischen Lösungsansatz versucht sie, ein vollständiges und integriertes Bild einer taxonomischen Gruppe abzugeben. Dadurch werden alle Disziplinen berücksichtigt und vereinigt; neue Methoden werden rasch aufgenommen, auf ihre Nützlichkeit geprüft und angewandt. Der große Vorteil der polyphasischen Taxonomie besteht aus ihrer Offenheit: durch Vorurteile entstandene Barrieren zwischen Vertretern der einzelnen Disziplinen werden abgebaut, und alle Forscher nähern sich dem gemeinsamen Ziel: die Suche nach der besten Taxonomie.

Bis vor wenigen Jahren stellte man in der Mykologie Taxonomie mit Morphologie gleich. Die Pilztaxonomen beschränkten sich fast ausschließlich auf morphologische Merkmale. Nur in seltenen Fällen benutzten sie einfache, physiologische Tests, um Pilze zusätzlich zu charakterisieren. Die vermehrte Züchtung von Pilzen in Reinkultur ermöglichte den Mykologen jedoch, physiologische und biochemische Merkmale zur Abklärung intra- und interspezifischer Beziehungen in ihre Arbeit einzubeziehen. Anfänglich wurde die Produktion von Pigmenten und anderen Sekundärmetaboliten (Whalley & Greenhalgh, 1971; Whalley & Whalley, 1977; Whalley & Edwards, 1995) als taxonomisches Merkmal angewandt. Später kamen sowohl biochemische als auch molekularbiologische Methoden zur Anwendung (Bruns et al., 1991; Kohn, 1992; Samuels & Seifert, 1995; Stadler et al., 2001a, 2001b) vor allem mit dem Ziel, die phylogenetischen Beziehungen zwischen und innerhalb von Pilzgruppen aufzuklären (Berbee & Taylor, 1995; Eriksson, 1995; Lutzoni & Vilgalys, 1995; McLaughlin et al., 1995; Theler, 1995). Diese Möglichkeiten wurden durch die rasanten Fortschritte in der DNA-Analyse sowie durch die Verfügbarkeit von Computerprogrammen für die Darstellung phylogenetischer Entwicklungslinien eröffnet.

Die Pilztaxonomen wagten bis dahin kaum, die Ergebnisse verschiedener Methoden einer Gesamtanalyse zu unterwerfen. So entstanden getrennte taxonomische Bearbeitungen, für die entweder ausschließlich morphologische oder nur biochemische und molekularbiologische Methoden benutzt wurden. Es wurden wohl Quervergleiche zwischen Ergebnissen aus morphologischen und biochemischen Arbeiten angestellt, nur selten enthielt jedoch eine taxonomische Bearbeitung eine kombinierte Analyse der Ergebnisse von mit verschiedenen Methoden durchgeführten Untersuchungen.

Petrini et al. (1989) und Sieber-Canavesi et al. (1991) unterwarfen sowohl morphologische als auch physiologische und biochemische Merkmale einer eingehenden, numerischen Analyse zur Abklärung taxonomischer Beziehungen innerhalb zweier koniferenbewohnenden Ascomycetengattungen. Eine ähnliche Arbeit führten Sieber et al. (1991) mit einigen *Melanconium*-Arten auf *Alnus* durch. Untereiner et al. (1995) haben eine noch detailliertere Bearbeitung der *Herpotrichiellaceae* veröffentlicht. Solche Arbeiten stellen Beispiele einer neuen Philosophie in der Taxonomie dar, welche alle möglichen morphologischen, biochemischen, molekularbiologischen und ökologischen Merkmale zur Charakterisierung eines Taxons anwendet und dann versucht, alle Daten in die gleiche Analyse einzubeziehen. Sie wird häufig als polyphasische Taxonomie bezeichnet, auch wenn sie vielleicht zutreffender „integrierte Taxonomie“ genannt werden dürfte.

Dank der integrierten, gleichzeitigen Anwendung mehrerer Methoden bietet die polyphasische Taxonomie ein umfassendes Bild eines bestimmten Taxons. Durch die Untersuchung einer großen Anzahl Merkmale wird die Endanalyse viel robuster und die daraus resultierende, taxonomische Bearbeitung weniger subjektiv.

Diese intuitiv großen Vorteile gewinnt man allerdings nur durch enge Teamarbeit zwischen klassischen Taxonomen, Biochemikern, Molekularbiologen und Biometrikern. Die Untersuchung ist notgedrungen zeitaufwendig, weil die Bearbeitung einer großen Stichprobenzahl zur Abklärung der intra- und interspezifischen Variabilität nötig ist. Schließlich ist die Wahl der geeigneten Auswertungsmethoden, insbesondere der numerischen Analyse, nicht immer einfach.

Insbesondere die in der Reihe „Studies in Mycology“ (CBS-KNAW Fungal Biodiversity Centre; Utrecht, Holland; http://www.cbs.knaw.nl/) neulich veröffentlichten Monographien von verschiedenen Pilzgattungen machen einen intensiven Gebrauch der polyphasischen Taxononomie. Die entsprechenden bibliographischen Referenzen sind jeweils im Gattungsverzeichnis (Kap. X, S. 105) angegeben.

Einer integrierten Taxonomie stehen alle klassischen und modernen Methoden zur Verfügung. Mikroskopie, Fluoreszenzmikroskopie und Abbautests (z.B. Petrini et al., 1989; Sieber-Canavesi et al., 1991) sind immer noch benutzte Werkzeuge zur Charakterisierung der Taxa. Ökologische Untersuchungen sind ebenfalls zu berücksichtigen, weil sie wichtige Informationen zur Lebensweise der Organismen anbieten (z.B. L. Petrini et al., 1987). Isoenzymanalyse (z.B. Brunner & Petrini, 1992; Leuchtmann et al., 1992) und die Untersuchung der Produktion von Sekundärmetaboliten (Frisvad & Filtenborg, 1989; Svendsen & Frisvad, 1994) haben ebenfalls geholfen, Gruppierungen sowohl innerhalb als auch zwischen Taxa zu zeigen. Viel häufiger kommen jedoch nun molekularbiologische Methoden und Proteomik (s. Kap. 3.2, S. 39) zur Anwendung, um Gruppierungen zu bestätigen, beziehungsweise aufzuzeigen. Alle Untersuchungsergebnisse können dann gesamthaft evaluiert werden.

Alle diese Untersuchungen generieren allerdings eine große, ohne numerische Ansätze kaum zu bewältigende Datenmenge. Sneath (1989, 1995) hat die Vor-und Nachteile der in der Taxonomie anzuwendenden, numerischen Methoden eingehend diskutiert. Grundsätzlich stehen alle numerischen Methoden zur Verfügung, die von Sneath & Sokal (1973) beschrieben und diskutiert wurden. Clusteranalyse (klassische Clustering-Algorithmen sowie neuere Ansätze wie Block Clustering und Fuzzy Clustering), Hauptkomponenten- oder Faktorenanalyse, Korrespondenzanalyse und non-metric ***M***ulti***D***imensional ***S***caling (MDS), in vielen Lehrbüchern beschrieben (z.B. Ludwig & Reynolds, 1988; Pankhurst, 1991; Sneath & Sokal, 1973), können dank den nun zur Verfügung stehenden, benutzerfreundlichen Softwarepaketen leicht und schnell auch von verhältnismäßig unerfahrenen Taxonomen angewendet werden. An dieser Stelle soll auch die ausgezeichnete, vom Internet frei abzuladende Software R (http://www.r-project.org) erwähnt werden: die zur Verfügung stehenden R Routines (z.B. http://cran.r-project.org/web/packages/) erlauben die schnelle und zuverlässige Anwendung der erwähnten Methoden auf komplexen taxonomischen Datensätzen. Die einzige Schwachstelle von R ist das Fehlen einer einfachen Benutzeroberfläche, welche aber durch die vielen, von R angebotenen Möglichkeiten [und durch einige vorprogrammierte Benutzeroberflächen wie R Studio (http://www.rstudio.com) oder R commander (http://www.rcommander.com), die dem Anfänger den Einstieg in R vereinfachen] wettgemacht wird.

Die meisten Taxonomen stürzen sich häufig auf konfirmatorische Statistik und vernachlässigen die wesentlich einfacheren, jedoch recht robusten Methoden der deskriptiven Analysen (Exploratory Data Analysis: Cleveland, 1994; Tukey, 1977), welche jetzt standardmäßig von den meisten Statistik-Softwarepaketen angeboten werden und erlauben, sehr einfach und rasch Gruppierungen aufzuzeigen. Beispiele dafür sind Boxplots und Vertrauensellypsen.

Multiple Korrespondenzanalyse (Greenacre, 1986, 1989, 1993; Petrini & Sieber, 2000; Sieber et al., 1998) ist eine in der Ökologie sehr verbreitete Methode, welche bis jetzt in der Taxonomie kaum Anwendung gefunden hat. Sie ist verteilungsunabhängig und bietet somit mehrere Vorteile gegenüber herkömmlichen Analysen. Multiple Korrespondenzanalyse gehört zu den deskriptiven Methoden, obwohl es auch möglich ist, sie für konfirmatorische Analysen zu brauchen. Diese Methode eignet sich besonders für die Analyse von taxonomischen Datensätzen. Sie ist sehr robust für Matrizen, in welchen viele leere Zellen (durch fehlende Daten bedingt) vorkommen.

Programme zur Analyse der Phylogenie sind wohl zur Verarbeitung molekularbiologischer Daten sehr geeignet und werden nun in der Pilztaxonomie und -phylogenie routinemäßig angewendet, ihre Anwendung für morphologische Daten ist aber nach wie vor umstritten. In solchen Fällen erlaubt sie lediglich eine phänetische Interpretation (L. Petrini, 1992).

VII. Morphologische Merkmale

Als morphologische Merkmale zur Bestimmung von Schimmelpilzen gelten die Fruktifikationsorgane. Manchmal müssen auch noch Kulturmerkmale hinzugezogen werden.

1. Bestimmungsmerkmale der *Mucorales* (*Zygomycota*, Jochpilze)

Das Myzel ist unseptiert (coenozytisch; Abb. IX.3.h) und besteht aus relativ breiten Hyphen (bis 4–6 µm im Durchmesser). Dieses Merkmal ist nicht bei den Fruktifikationen zu beobachten, wo Septen vereinzelt vorkommen können. Kulturen sind meistens grau, mit viel Luftmyzel und schnell wachsend.

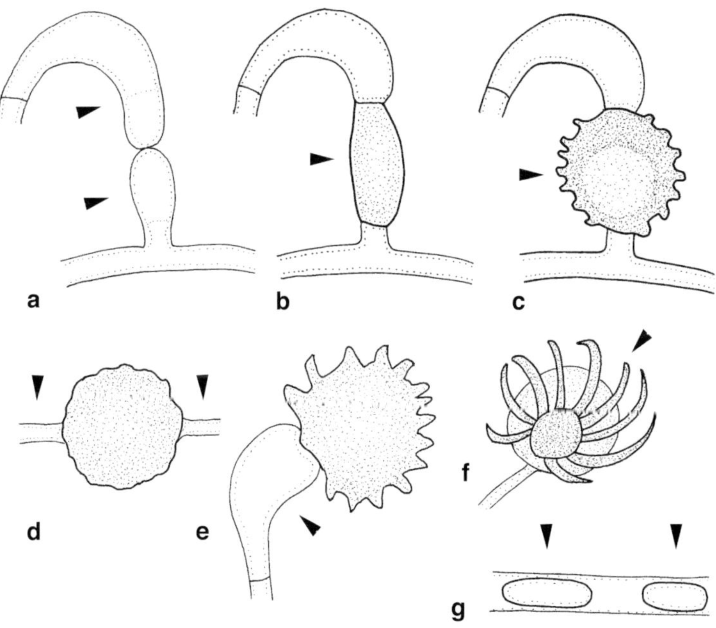

Abb. VII.1.1. Teleomorphe von **Mucorales (Zygomycota).**

a–c. Bildung eines Zygosporangiums: **a.** Zwei physiologisch und genetisch determinierte Hyphenspitzen nähern sich und bilden die Zygophoren (Suspensorzellen, Pfeile). **b.** Abgrenzung von Gametangien von den Zygophoren durch Septen, Verschmelzung zu jungem Zygosporangium (Pfeil). **c.** Ausgewachsenes, dickwandiges Zygosporangium, mit Oberflächenskulptierung (Pfeil). **d.** Zygosporangium mit symmetrischen Zygophoren (Pfeile). **e.** Zygosporangium mit asymmetrischer Zygophore (Pfeil). **f.** Zygosporangium mit Hüllhyphen (Pfeil). **g.** Chlamydosporen in einer Hyphe (Pfeile).

Zygosporangien sind auffällige, dickwandige, dunkelbraune, undurchsichtige Strukturen (Abb. VII.1.1a–f, IX.3e–g), die je eine nach einer Meiose entstandene Zygospore (Meiospore) enthalten. Nicht alle Zygomycota bilden Zygosporangien in Kultur: oft braucht es dazu das Zusammentreffen kompatibler Myzelien.

Sporangienträger (asexuelle Fruktifikationsorgane) können im Myzel an den Substrathyphen oder an **Laufhyphen** entstehen, die mit **Rhizoiden** im Substrat verankert sind. Sie können auch direkt bei den Rhizoiden gebildet werden (Abb. VII.1.2a–c). Sporangienträger können unverzweigt, unregelmäßig, dichotom oder sympodial verzweigt sein (Abb. VII.1.3m–n).

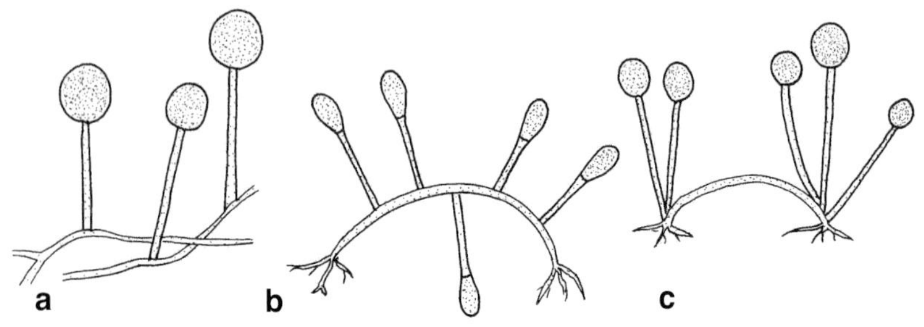

Abb. VII.1.2. Anamorphe von **Mucorales (Zygomycota)** *– 1.*

a–c. Ursprung von Sporangienträgern: **a.** Einzeln an Hyphen. **b.** An Laufhyphen. **c.** An Rhizoiden, durch Laufhyphen miteinander verbunden.

Sporangiosporen werden endogen in **Sporangien** (Einzahl: **Sporangium**) gebildet, wobei sich das Zytoplasma um die zahlreichen, durch Mitose (asexuell) entstandenen Zellkerne gruppiert, um sich nachher durch Ausbildung einer Wand zu Sporen zu differenzieren. Freisetzung erfolgt passiv durch Aufplatzen der Sporangienwand (Abb. VII.1.3a–e, IX.2a–e).

Sporangien können je nach Gattung oder Art eine unterschiedliche Anzahl von Sporangiosporen enthalten. Solche mit einer sehr großen Zahl von Sporen werden als Sporangien bezeichnet (Abb. VII.1.3d, f, g; IX.1a; IX.2f). Sporangien mit wenigen Sporangiosporen werden **Sporangiolen** genannt: in Extremfällen enthalten sie nur eine Spore (Abb. VII.1.3j–l; IX.1b–d; IX.2i–j). **Merosporangien** sind zylindrische Sporangiolen, die radial um eine Anschwellung des Sporangienträgers angeordnet sind (Abb. VII.1.3i; IX.1e). Die darin gebildeten **Sporangiosporen** sind in einer Reihe angeordnet.

Als **Kolumella** wird eine zentrale, in den fertilen Teil des Sporangiums hineinragende sterile Struktur bezeichnet, welche eine Stützfunktion ausübt. Eine Kolumella kommt ausschließlich bei Sporangien vor. Sie kann als eine Erweiterung des Sporangienträgers aufgefasst werden, die nach der Freisetzung der Sporangiosporen bestehen bleibt und gut sichtbar wird. Manchmal sind noch Überreste der Sporangienwand daran sichtbar (Abb. VII.1.3c–e, h; IX.2e; IX.3a, c; IX.4e).

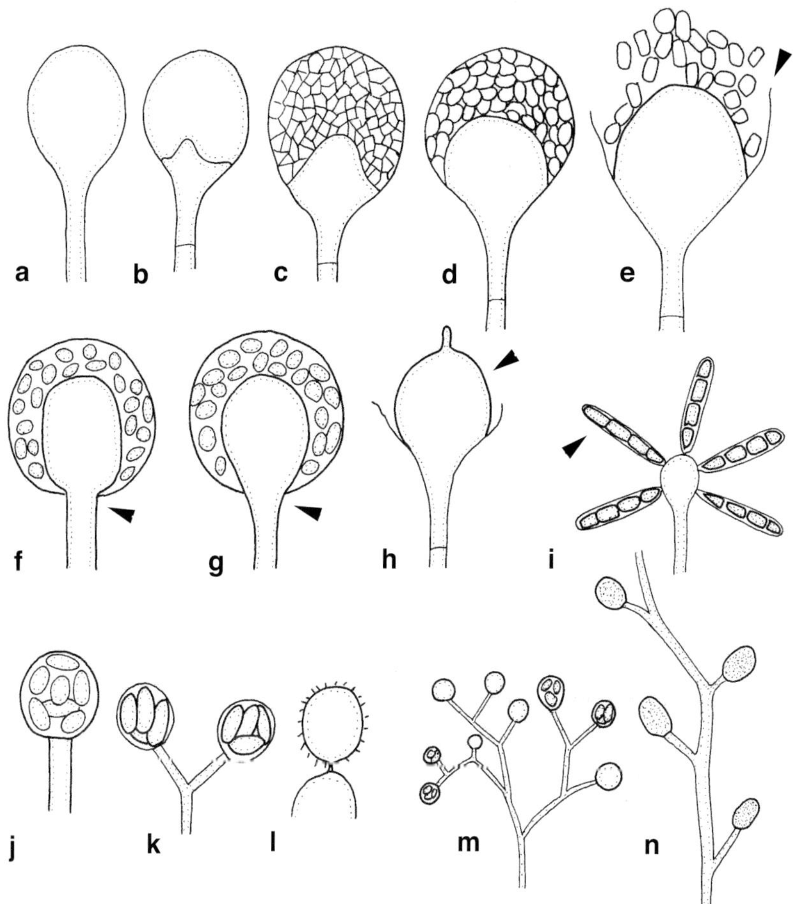

Abb. VII.1.3. Anamorphe von **Mucorales (Zygomycota)** *– 2.*

a–e. Bildung eines Sporangiums: **a.** Ausblähung an der Sporangienträgerspitze. **b.** Abgrenzung vom Sporangienträger (bei einigen Gattungen durch ein Septum), Differenzierung der Kolumella. **c.** Vergrößerung der Kolumella im Zentrum des Sporangiums, während sich in der Peripherie das Zytoplasma um die Zellkerne gruppiert. **d.** Differenzierung der Sporangiosporen durch Plasmazerklüftung. **e.** Aufplatzen der Sporangienwand, Freisetzung der Sporangiosporen, Reste der Sporangienwand (Pfeil). **f.** Sporangium ohne Apophyse (Pfeil). **g.** Sporangium mit Apophyse (Pfeil). **h.** Kolumella (Pfeil) eines Sporangiums mit Apophyse. **i.** Merosporangium (Pfeil) mit 4 in einer Reihe angeordneten Sporen. **j.** Endständige Sporangiole. **k.** Sporangiolen an dichotom verzweigtem Sporangienträger. **l.** Sporangiole mit einer Sporangiospore, auf einem Vesikel sitzend. **m.** Dichotom verzweigter Sporangienträger mit Sporangiolen. **n.** Sympodial verzweigter Sporangienträger.

Als **Apophyse** (Abb. VII.1.3g; IX.2d, g, IX.4e) wird die trichterförmige Erweiterung des Sporangienträgers beim Übergang zur Kolumella bezeichnet: sie ist typisch für einige Gattungen. Sporangienträger können aber an dieser Stelle auch nicht erweitert sein und in diesem Falle ist keine Apophyse vorhanden (Abb. VII.1.3f; IX.3a, c, d).

2. Bestimmungsmerkmale der Teleomorphe von *Ascomycota* (Schlauchpilze)

Das Myzel ist regelmäßig septiert. Die Hyphen sind meistens dünner als diejenigen der *Zygomycota*. **Asci** werden ausnahmsweise direkt im Myzel gebildet, typischerweise erfolgt dies in **Ascomata** (Fruchtkörpern: wandumgebenen Höhlungen).

Ascomata-Typen

- **Kleistothecien** sind kugelige, geschlossene Fruchtkörper ohne vorgebildete Öffnung. Sobald die Asci reif sind, platzt die Wand (Peridie) irgendwo auf und die Asci werden freigesetzt. Die Wand kann aus verflochtenen Hyphen (**Gymnothecium**) oder aus einer Zellschicht aufgebaut sein (Abb. VII.2.1a; IX.5g; IX.6f). Kleistothecien können manchmal in einem pilzlichen Gewebe (**Stroma**) eingeschlossen sein.

- **Perithecien** sind meistens birnenförmige Fruchtkörper, welche eine vorgebildete Öffnung (Ostiolum) an der Spitze besitzen, wodurch die Sporen herausquellen und freigesetzt werden. Die Fruchtkörperwand ist differenziert und besteht aus unterschiedlich geformten Zellen, die meistens mehrschichtig angeordnet sind (Abb. VII.2.1b, IX.7g). Perithecien in Kultur sind meistens auf dem Myzel verteilt, währendem sie auf dem natürlichen Substrat aufliegend oder eingesenkt sein können. Bei pflanzenpathogenen *Ascomycota* können mehrere Perithecien in einem Stroma zusammengefasst sein: im Gegensatz zu Pseudothecien kann die Perithecienwand vom Stroma unterschieden werden.

- **Pseudothecien** sind perithecien-ähnliche Fruchtkörper, deren Wände nicht klar aus Zellschichten aufgebaut sind und vielfach auch Wirtsmaterial einschließen. Dieses Gewebe (Stroma) kann mehrere Höhlungen einschließen. Die Fruchtkörperwand kann vom Stroma nicht unterschieden werden, Ostiolen sind bei Pseudothecien nicht ausgebildet. Diese Fruchtkörper beobachtet man bei bitunikaten *Ascomycota*.

- **Apothecien** sind schüsselförmige, oberflächlich auf dem Substrat oder auf einer Hyphenmatte (**Subiculum**) sitzende Fruchtkörper, deren Wand aus mehreren Schichten unterschiedlich geformter Zellen aufgebaut ist (Abb. VII.2.1c).

Die **Asci** bilden sich in einer Fruchtschicht (**Hymenium**) und können verschieden geformt sein. Asci sind kugelige oder schlauchartige, membranartige Strukturen, worin die Meiose (Reduktionsteilung) und meistens anschließend eine Mitose (Kernteilung) stattfindet und sich dann in der Regel 8 Ascosporen endogen differenzieren. Deshalb werden Ascosporen (wie die Zygosporen bei den Zygomycota und die Basidiosporen bei den Basidiomycota) auch **Meiosporen** genannt. Je nach Wandstruktur werden bei den Asci drei verschiedene Typen unterschieden, die entscheidend für die Einteilung der *Ascomycota* sind.

- **Prototunikate Asci** besitzen eine sehr dünne Membran, welche die Sporen durch undifferenziertes Aufplatzen freisetzt. Prototunikate Asci sind i.A. kugelig, keulenförmig oder selten zylindrisch (Abb. VII.2.1d–f; IX.5a, h; IX.6a, c; IX.7a, e). Die runden Formen werden meistens in Kleistothecien gebildet.

- **Unitunikate Asci** besitzen eine im Lichtmikroskop einfach erscheinende, gut entwickelte Wandschicht (Abb. IX.7j). Sie sind sehr häufig zylindrisch oder eng keulenförmig und werden in der Regel in Perithecien und Apothecien gebildet. Die Ascosporen werden meistens aktiv durch einen **Apikalporus** ausgeschleudert (Abb. VII.2.1g), der unterschiedlich geformt und manchmal zu einem ausgeprägten **Apikalapparat** differenziert sein kann.

- Die Wand der **bitunikaten Asci** besteht aus zwei im Lichtmikroskop meistens deutlich sichtbaren Schichten unterschiedlicher Elastizität, wobei die äußere Schicht steif ist und bei der Reife reißt, während die innere Schicht elastisch ist und sich streckt, um später zu reißen und die Sporen freizulassen (Abb. VII.2.1h; IX.8a). Bitunikate Asci sind zylindrisch oder sackförmig. Ascosporen von *Ascomycota* mit bitunikaten Asci sind meistens zwei- oder mehrzellig, quer- (**Phragmosporen**) oder quer- und längsseptiert (**Dictyosporen**). Bitunikate Asci sind in Fruchtkörpern ohne vorgebildetes Ostiolum (Pseudothecien) enthalten. Arten mit bitunikaten Asci sind in der Regel Pflanzenbewohner und kommen kaum in Lebensmitteln vor.

3. Bestimmungsmerkmale der Anamorphe von *Ascomycota* und *Basidiomycota*

Das Myzel ist regelmäßig septiert und die konidiogenen Zellen werden entweder direkt an Hyphen oder an Konidienträgern gebildet. Konidienträger sind mehrzellige, auffällige, verzweigte oder unverzweigte Strukturen, die sich deutlich von den vegetativen Hyphen unterscheiden (Abb. VII.3.1a, b). Sie können einerseits einzeln, gebündelt (in Synnemata; Abb. VII.3.1c) oder zu einem lockeren Lager verflochten (Sporodochien; Abb. IX.14e) sein.

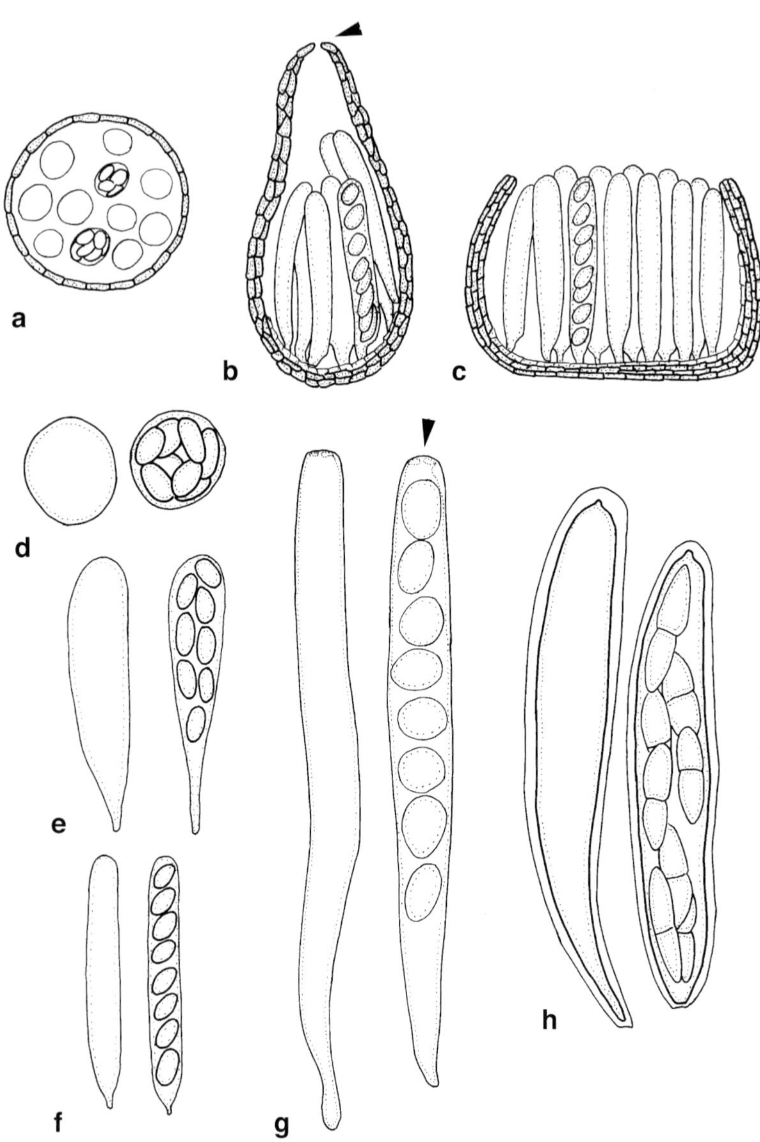

Abb. VII.2.1. Teleomorphe **Ascomycota.**

a–c. Fruchtkörper (Ascomata): **a.** Kleistothecium. **b.** Perithecium mit Ostiolum (Pfeil). **c.** Apothecium. **d–h.** Asci: **d.** Kugelige, prototunikate Asci. **e.** Keulenförmige, prototunikate Asci. **f.** Zylindrische, prototunikate Asci. **g.** Unitunikate Asci mit Apikalapparat (Pfeil). **h.** Bitunikate Asci.

Anamorphe Formen von Ascomycota und Basidiomycota werden manchmal in der Literatur auch "**Hyphomyceten**" oder "**Coelomycetes**" genannt, je nachdem, welche Strukturen gebildet werden. Dies ist keine systematische, sondern eine rein praktische Unterscheidung.

Wenn Konidienträger in Fruchtkörpern gebildet werden, redet man von **Coelomycetes**. Geschlossene Fruchtkörper, manchmal mit einer Öffnung versehen, werden als **Pyknidien**, offene, flache, nur ein basales Gewebe ausbildende Fruchtkörper als **Acervuli** bezeichnet (Abb. VII.3.1d, e). Pyknidien können auch in Stromata eingeschlossen sein. In Kultur sind die Übergänge zwischen den zwei Fruchtkörpertypen meistens sehr fließend.

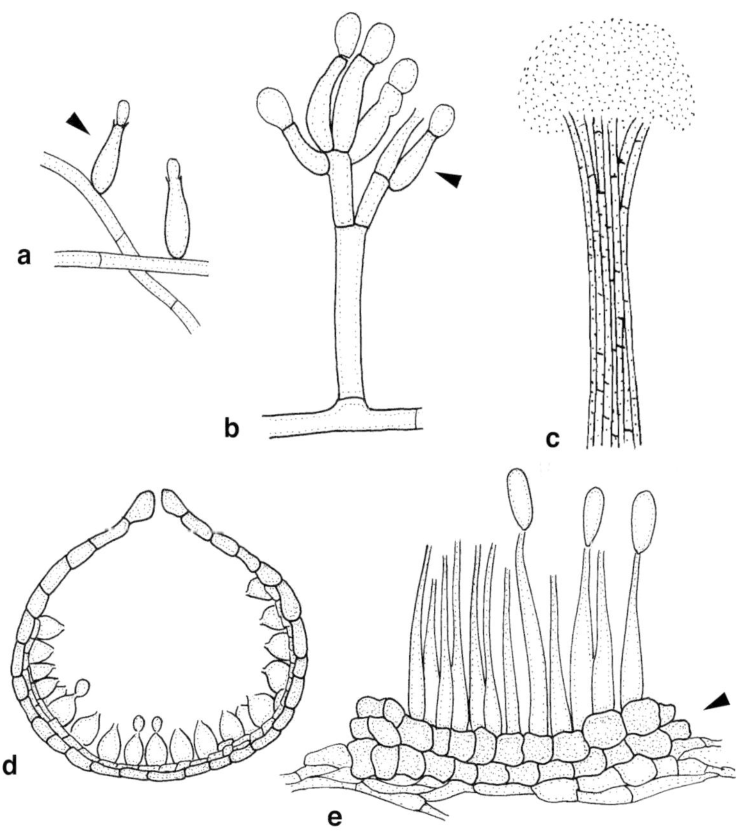

Abb. VII.3.1. Anamorphe von **Ascomycota** *und* **Basidiomycota.**

a. Konidiogene Zellen (Pfeil) im Myzel gebildet. **b.** Konidiogene Zellen (Pfeil) an Konidienträger gebildet. **c.** Konidienträger in Synnema (Koremium) gebündelt. **d, e.** Fruchtkörper: **d.** Pyknidium. **e.** Acervulus, Hyphen bilden Gewebe an der Basis (Pfeil).

3.1. Wichtigste Formen der Konidienbildung (nach Kiffer & Morelet, 1999)

a. *Thallische Konidienbildung*

Konidien (asexuell gebildete Sporen, Mitosporen) entstehen aus einem Hyphenstück, das sich zuerst physiologisch und später morphologisch differenziert, nicht mehr weiterwächst und in kleine Fortbildungseinheiten zerfällt.

- **Holothallische Konidienbildung** (Abb. VII.3.2a)
  Die Hyphenspitze wird durch ein Septum abgetrennt, wobei sich die Wände verdicken. Diese Form der Konidienbildung kommt v.a. bei Dermatophyten (human- und tierpathogene, Haar, Nagel- und Hautmykosen verursachenden Pilzen) vor.

- **Holoarthrische Konidienbildung** (Abb. VII.3.2b)
  Ein Hyphenstück zerteilt sich vollständig zu mehreren Konidien. Alle Wandschichten sind an der Konidienbildung beteiligt.

- **Enteroarthrische Konidienbildung** (Abb. VII.3.2c)
  Ein Hyphenstück zerteilt sich vollständig zu mehreren Konidien, aber nur die innere Wandschicht ist an der Konidiogenese beteiligt; sterile Hyphenzwischenstücke sind vorhanden; oftmals haften noch Reste der äußeren Wand an den freien Konidien.

- **Meristematische Konidienbildung** (Abb. VII.3.2d)
  Auch retrogressive Konidienbildung genannt: die Hyphenspitze entwickelt sich zur Konidie, die nächste wird unmittelbar darunter gebildet und somit verkürzt sich die Länge des Konidienträgers (Meristem) sukzessiv.

b. *Blastische Konidienbildung*

Konidien entstehen durch Neubildung von Wandmaterial, beziehungsweise durch Sprossung aus einer Mutterzelle (**konidiogene Zelle**). Der Bildungspunkt wird als konidiogene Stelle (**konidiogener Locus**) bezeichnet. Konidiogene Zellen sind direkt im Myzel oder an differenzierten, komplex verzweigten Strukturen (**Konidienträger**) zu finden. Nach der Konidienbildung kann die konidiogene Zelle apikal weiterwachsen.

- **holoblastische Konidienbildung** (Abb. VII.3.2e)
  Sprossung der Mutterzelle scheitelständig, wobei äußere und innere Wandschichten an der Konidienbildung beteiligt sind. Aufgrund der Anordnung der konidiogenen Loci und des Weiterwachstums der konidiogenen Zelle werden verschiedene holoblastische Konidientypen unterschieden.

- **Sympodulokonidien** (Abb. VII.3.2f)
  Die konidiogene Zelle wächst subapikal nach jeder Konidienbildung weiter, die konidiogene Loci sind sympodial angeordnet.

- **Botryokonidien** (Botryoblastokonidien, Abb. VII.3.2g)
  Konidien werden gleichzeitig an zahlreichen, konidiogenen Loci an einer konidiogenen Zelle gebildet.

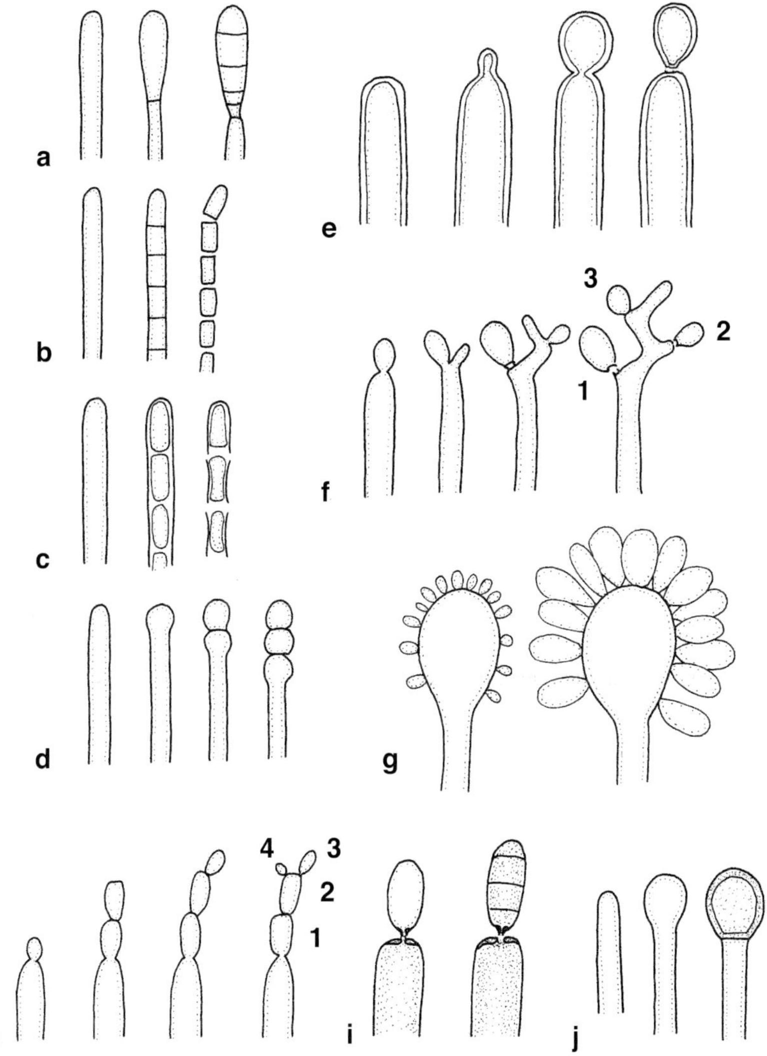

Abb. VII.3.2. Thallische und holoblastische Konidiogenese.

a–d. Thallische Konidiogenese: **a.** Holothallisch. **b.** Holoarthrisch. **c.** Enteroarthrisch. **d.** Meristematische Konidien. **e–j.** Holoblastische Konidiogenese: **e.** Holoblastisch. **f.** Sympodial (1–3: Reihenfolge der Konidienbildung). **g.** Botryoblastisch. **h.** Konidien in akropetaler Kette (1–4: Reihenfolge der Konidienbildung). **i.** Porokonidien. **j.** Aleurosporen.

- **Akroblastische Konidien** (in akropetalen Ketten, Abb. VII.3.2h)
  Eine Konidie wird selbst zur Konidienmutterzelle und bildet eine bis mehrere Konidien, die wiederum zu konidiogenen Zellen werden können. Es entstehen Ketten, die sich an der Spitze verlängern (**akropetales Wachstum**) und verzweigt sein können (im Gegensatz zu basipetalen Ketten). Die jüngste Konidie befindet sich immer an der Kettenspitze (**akropetale Kette**).

- **Porokonidien** (Abb. VII.3.2i)
  Der konidiogene Locus besteht aus einem **Porus**, dessen Wände melanisiert sind. Der Porus ist bei melanisierten (dunkelbraunen) Konidienträgern als eine dunkle Verdickung um einen schmalen Kanal sichtbar. Er ist auch bei einigen Konidien am **Hilum** (Ansatzstelle an die Mutterzelle) vorhanden. Porokonidien werden einzeln oder in akropetalen Ketten gebildet.

- **Aleurosporen im Myzel / Monoblastokonidien in Fruchtkörpern** (Abb. VII.3.2j)
  Die Konidie wird als eine Ausblähung an der Spitze der konidiogenen Zelle oder direkt an einer Hyphe gebildet. Die Abgrenzung zur Mutterzelle erfolgt durch die Bildung eines basalen Septums, meistens unter Verdickung der Wände. Im Gegensatz zu den anderen Konidientypen haben Aleuro- und Monoblastokonidien eine breite Basis und werden passiv freigesetzt, d.h. sie verbleiben lang an der Mutterzelle oder am Myzel und lösen sich erst ab, wenn das Myzel abstirbt. Aleuro- und Monoblastokonidien sind eigentlich Dauerorgane (Memnosporen, S. 28).

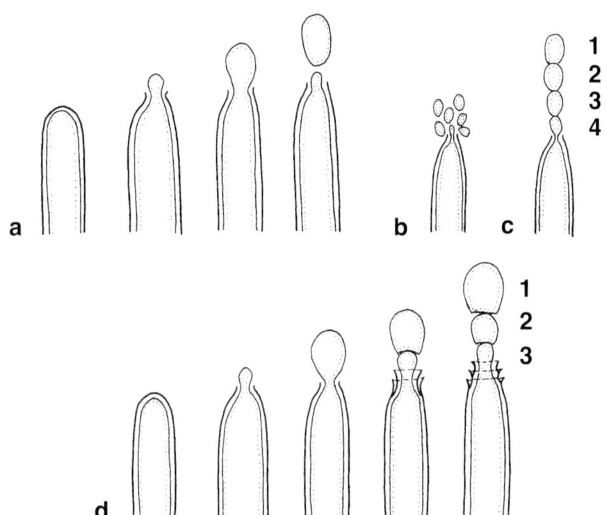

Abb. VII.3.3. Enteroblastische Konidienbildung.

a–c. Enteroblastische Konidiogenese: **a.** Enteroblastisch phialidisch. **b.** Ansammlung der Konidien in Tröpfchen. **c.** Konidien in basipetaler Kette (1–4: Reihenfolge der Konidienbildung). **d.** Anellidisch (1–3: Reihenfolge der Konidienbildung).

- ***Enteroblastische Konidienbildung***

Die Sprossung der Mutterzelle erfolgt scheitelständig, wobei nur die innere Wandschicht an der Konidienbildung beteiligt ist (Fragmente der äußeren Wand haften noch an der ersten Konidie). Wiederholt werden Konidien an der Spitze der konidiogenen Zelle (**Phialide**) gebildet und nacheinander ausgestoßen (Abb. II.3.3a). Eine solche konidiogene Zelle kann mit einer Flasche (lateinisch „phiala") verglichen werden. Konidien sammeln sich am Scheitel in Tröpfchen (Abb. VII.3.3b) an oder verbleiben in einer Kette (Abb. VII.3.3c). Bei solchen Ketten sitzt die jüngste Konidie an der Basis und die älteste an der Spitze. Die Kette verlängert sich an der Basis und ist immer unverzweigt (**basipetale Kette**).

- **Phialokonidien** (Abb. VII.3.3a)
  Die Phialidenspitze wächst nicht weiter. Die Spitze ist meistens schmal, die Basis der Phialokonidien ist auch meistens schmal und abgerundet.

- **Anellokonidien** (Abb. VII.3.3d)
  Durch die Ablagerung von Wandmaterial nach der Abtrennung der Konidie verlängert sich die Phialidenspitze nach jeder Konidienbildung und wächst kontinuierlich weiter. Solche konidiogenen Zellen werden auch als Anelliden bezeichnet, an deren konidiogener Stelle Ringe, bzw. unregelmäßige Konturen zu beobachten sind. Anellokonidien besitzen in der Regel eine breite, flache Basis und können basipetale Ketten bilden.

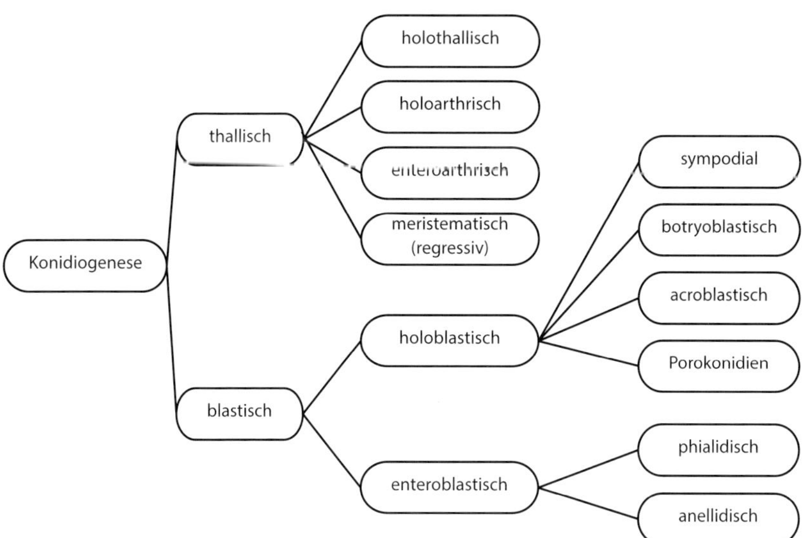

Abb. VII.3.4. Arten der Konidienbildung.

Die richtige Beurteilung der Konidiogenese ist für eine zuverlässige Bestimmung anamorpher Pilze ausschlaggebend. Die verschiedenen Arten der Konidienbildung sind vor allem für den Anfänger schwierig auseinanderzuhalten und werden deshalb in Abb. VII.3.4 schematisch dargestellt.

4. Sporenfarben und -formen

Sporenfarbe und -form erlauben eine praktische Differenzierung verschiedener Pilzgattungen und -arten (Abb. VII.4).

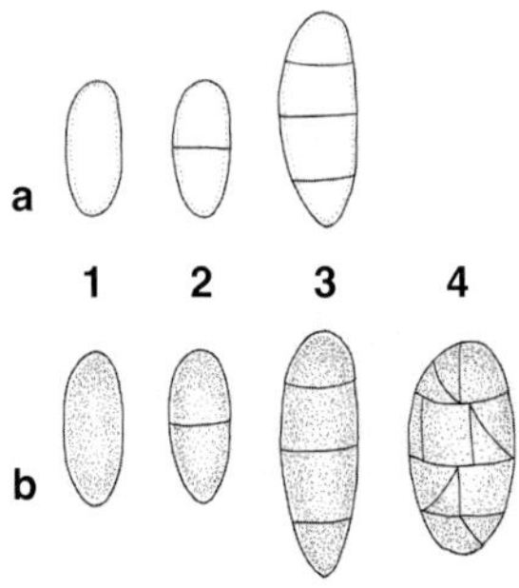

Abb. VII.4. Sporenformen.

a. Hyalosporae (nicht pigmentiert). **b.** Phaeosporae (pigmentiert). 1. Amerosporae (einzellig). 2. Didymosporae (zweizellig). 3. Phragmosporae (mehrfach querseptiert). 4. Dictyosporae (quer- und längsseptiert).

Als **Hyalosporae** werden Pilze mit unpigmentierten, d.h. farblosen (hyalinen) Sporen bezeichnet, während **Phaeosporae** Pilze mit pigmentierten, d.h. braunen oder sonst gefärbten Sporen umfassen. Dieses Merkmal muss an einer Ansammlung von Sporen im Hellfeld beobachtet werden, weil häufig schwach pigmentierte Sporen im Lichtmikroskop einzeln farblos erscheinen.

Als **amerospor** werden einzellige, **didymospor** zweizellige, **phragmospor** mehrzellige und nur querseptierte Sporen bezeichnet. **Dictyospor** (mauerförmig) sind quer- und längsseptierte Sporen, wobei die Längssepten manchmal auch noch schräggestellt sein können. Dictyosporen kommen nur bei den phaeosporen Arten vor und werden häufig in bitunikaten Asci gebildet.

Konidienketten

Konidien können in verschiedene Arten von Ketten angeordnet sein (s. auch „Bestimmungsschlüssel“, S. 84 ff.). Abb. VII.5 stellt schematisch die verschiedenen Ketten dar.

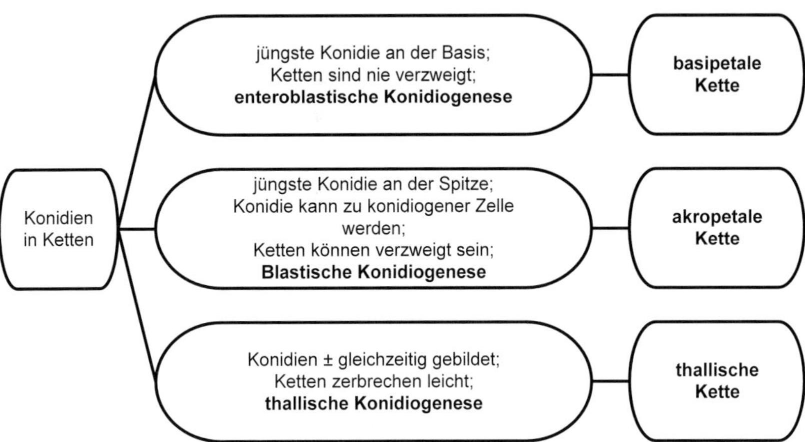

Abb. VII.5. Konidienketten.

VIII. Arbeitsanleitung zur praktischen Bestimmung von Pilzen in Reinkulturen

1. Allgemeines

Pilze, wie die höheren Pflanzen, werden in der Regel auf Grund ihrer **Morphologie** bestimmt. Für die Bestimmung müssen deshalb zuerst ihre morphologischen Eigenschaften erfasst werden. Es sind zunächst die mit dem Auge feststellbaren Merkmale (Art des Wachstums, Farbe der Kolonie und andere Besonderheiten) festzuhalten. Die für das Bestimmen wichtigsten Merkmale können aber nur mikroskopisch anhand von Präparaten festgestellt werden.

1.1. Beobachtung morphologischer Merkmale

Es ist nur ausnahmsweise möglich, einen Pilz auf Grund von Merkmalen des vegetativen Myzels und seiner Kultureigenschaften allein zu erkennen. Die meisten morphologischen Besonderheiten und damit die wichtigsten Differentialmerkmale bieten die Fortpflanzungsorgane. Eine gesicherte Bestimmung kann nur dann erfolgen, wenn:

Sporen vorhanden sind,

und

klar erkennbar ist, wo und wie diese Sporen entstehen.

Bei der Feststellung der morphologischen Eigenschaften von Fruktifikationen können Schwierigkeiten auftreten, wenn die Kulturen:

- ***zu jung sind*:** es sind häufig noch keine oder nur atypische Fruktifikationen vorhanden.
- ***zu alt sind*:** wesentliche Strukturen der Fruktifikationen sind schon wieder abgebaut. Oft sieht man in derartigen Fällen nur noch Sporen, und es ist nicht mehr möglich, ihre Herkunft festzustellen.
- ***lange oder gänzlich steril bleiben.*** In derartigen Fällen ist eine längere Inkubationszeit angezeigt, ebenfalls ein Wechsel der Kulturbedingungen, z.B. die Inkubation unter UV-Belichtung oder auf geeigneten Nährmedien (s. S. 163).

Es ist auch möglich, dass Pilze während ihrer Entwicklung mehr als eine Fruktifikationsform bilden (Polymorphismus). Wenn irgendwie möglich empfiehlt es sich daher, für die Bestimmung Kulturen verschiedenen Alters vorzubereiten. In besonderen Fällen dürften auch unter verschiedenen Bedingungen oder auf verschiedenen Medien gewachsene Kulturen notwendig sein.

Selten kann ein Schimmel gleich auf dem Substrat identifiziert werden. Meistens müssen die Pilze durch direktes Ausplattieren des verschimmelten Materials auf geeignete Medien oder durch Verdünnungsreihen oder Ködermethoden isoliert und in **Reinkultur** gebracht werden. Diese und andere Methoden sind in verschiedenen Lehrbüchern beschrieben (z.B. Johnston & Booth, 1983). Die Isolierung in Reinkultur ist eine wichtige und oft ausschlaggebende Vorarbeit für die weitere Bearbeitung des Materials (Bestimmung, biochemische und molekularbiologische Untersuchungen). Selektive Medien sind geeignet, um bestimmte Kolonien auf der Platte zu erkennen oder Pilze mit speziellen Wachstumsansprüchen (xerophile, hitzeresistente) zu erfassen (Samson et al., 1992, 2004, 2010).

1.2. Bestimmung anhand dichotomer oder synoptischer Schlüssel

Nach der Feststellung möglichst vieler Eigenschaften erfolgt die eigentliche Bestimmung mit Hilfe dichotomer oder synoptischer Bestimmungsschlüssel, wonach die Zahl von möglichen Zuordnungen Schritt für Schritt eingeengt wird. Für die Artbestimmung innerhalb einiger Gattungen stehen nun auch computerisierte Schlüssel zur Verfügung. Die Anwendung aller Schlüsseltypen setzt jedoch ausreichende Kenntnisse der vielen auftretenden Fachbegriffe voraus. Die wichtigsten davon sind in den Kapiteln VII, S. 45, und IX, S. 65, anhand von Abbildungen veranschaulicht und erklärt.

1.3. Sicherheitsmaßnahmen

Im Bezug auf die Gefährdung von Menschen gehören die häufigsten Schimmelpilze der Risikogruppe 1 und 2 für Mikroorganismen an [**Risikogruppe 1**: Diese Organismen lösen keine Krankheit beim gesunden, immunkompetenten, erwachsenen Menschen aus und stellen ein geringes Sicherheitsrisiko für das Laborpersonal und die Umwelt dar. **Risikogruppe 2**: Diese Organismen stellen ein gemäßigtes potentielles Sicherheitsrisiko für das Laborpersonal und die Umwelt dar und können eine leichte Krankheit beim Menschen auslösen. Es ist schwierig, sich über Aerosole zu infizieren. **Risikogruppe 3**: Diese Organismen, können ernsthafte oder potentiell letale Krankheiten nach deren Inhalation verursachen, die aber behandelt werden können. **Risikogruppe 4**: Solche Organismen können potentiell letale Krankheiten verursachen – keine Behandlung ist bekannt (CDC, 2009)].

Diese Definitionen sind jedoch theoretisch: die Grenze zwischen humanpathogenen und nicht pathogenen ist fließend und hängt insbesondere von der Prädisposition, relevant für die Krankheitsentwicklung, der einzelnen Person ab. Im Allgemeinen werden Personen mit Immunschwächen bevorzugt durch Pilze infiziert. Deshalb ist höchste Vorsicht vor allem bei unbekannten Organismen aus dem klinischen Bereich geboten. Auch Nährböden könnten durch potentielle Pathogene kontaminiert werden, welche sich dort anreichern.

Die meisten Pilze können ohne strikte Sicherheitsmaßnahmen in Klasse 1 Labors bearbeitet werden. Einige können jedoch ein Sicherheitsrisiko für Tiere und Menschen darstellen. Vorsichtigerweise sollten deshalb alle Pilze so behandelt werden, als wären sie für die Gesundheit gefährlich.

Einige Schimmelpilze bilden nebst Sporen toxische, oft flüchtige Substanzen. Sporen oder flüchtige Stoffwechselprodukte (VOC: volatile organic compound) können durch Einatmen bei immunkompromittierten, prädisponierten Personen allergische Reaktionen oder allergisches Asthma bzw. Heuschnupfen-ähnliche Symptome auslösen (Eikmann et al., 2013; Mücke & Lemmen, 2005). Inhalation von Sporen oder VOC durch das Einatmen von entsprechend kontaminiertem Staub ist deshalb zu vermeiden.

Vorbeugende Maßnahmen beinhalten das Beherrschen der sterilen Arbeitstechniken mit Mikroorganismen, persönliche Hygiene, Minimalisieren der Verbreitung von Sporen in der Luft und deren Inhalation, sowie Sterilisieren gebrauchter Werkzeuge vor und nach der Arbeit und Elimination alter Kulturen. Pilzkulturen sollten nicht unnötig geöffnet und lange offen gelassen werden; man sollte auch vermeiden, v.a. bei Verdacht auf medizinisch wichtige Organismen, daran zu riechen (Barkham & Taylor, 2002). Nadel oder Öse sind vor dem Einführen in Pilzkulturen abzukühlen, um Bildung von Aerosolen zu vermeiden. Präparate müsste man deshalb auch nicht zu stark aufkochen. Milchsäure als Dauereinschlussmittel für mikroskopische Präparate ist dem potentiell krebserregenden Lactophenol vorzuziehen, weil dies auch nur beim Anbringen auf dem Objektträger und auch durch Erwärmen verdampft und inhaliert werden kann.

2. Mikroskopische Untersuchungen

2.1. Direkte Untersuchung von Schimmelbelägen

Eine direkte Untersuchung von Schimmelbelägen ist angezeigt, wenn diese sehr auffallend sind, einheitlich erscheinen und sicher sporulierende Strukturen aufweisen. Diese Möglichkeit kann rasche Resultate liefern: um die Ergebnisse zu sichern, sollte aber eine Isolierung der Organismen auch in diesen Fällen vorgenommen werden.

2.2. Untersuchung von Reinkulturen

Die in der Bestimmungsliteratur aufgeführten Merkmale wurden in sehr vielen Fällen anhand von Reinkulturen, die unter standardisierten Kulturbedingungen gewachsen sind, beschrieben. Es empfiehlt sich deshalb, die Pilze zunächst nach den in der Spezialliteratur angegebenen Methoden zu züchten. Eine Auswahl der gebräuchlichsten Medien ist im Kapitel XI, S. 163, aufgelistet.

Flüssigkulturen sind für das Studium von Pilzstrukturen ungeeignet. Das Kultivieren erfolgt am besten in Petrischalen mit 20–25 cm^3 festem Substrat. Inkubiert sollte idealerweise sowohl bei einer Temperatur von 20–27 °C als auch von 37 °C werden, um thermotolerante und thermophile Pilze zu erfassen. Für klinische Proben ist die Inkubation bei 37 °C meistens nötig, doch es ist empfehlenswert, einige Platten auch bei 24–27 °C aufzubewahren, da opportunistische Pathogene unter diesen Bedingungen schneller wachsen. Sporulieren die Pilze unter den normalen Laborverhältnissen nach etwa 10 Tagen schlecht oder überhaupt nicht, empfiehlt es sich, sie z.B. unter langwelligem UV-Licht (256 nm) oder in der Nähe eines Fensters am Tageslicht zu inkubieren.

Die Untersuchung erfolgt am besten an zwei verschiedenen Präparaten:

1. Zur Beobachtung der ungestörten Thalli wird die geschlossene Petrischale unter der Lupe bei größter Vergrößerung betrachtet. Falls die Kultur nicht staubig aussieht (eine staubige Kultur weist auf eine beträchtliche Sporenbildung, mit deren wahrscheinlichen Verbreitung in die Luft, hin) und somit eine Massenausbreitung von Sporen minimal ist, können kleine Blöckchen vorsichtig aus dem bewachsenen Agar herausgestochen und ohne Berührung der Oberfläche sorgfältig auf einen Objektträger gelegt werden. Die Beobachtung erfolgt ohne Deckglas mit dem 10er-Objektiv des Mikroskops. So können z.B. Konidienketten leicht festgestellt werden.

2. Die Details der pilzlichen Strukturen müssen bei stärkeren Auflösungen und Vergrößerungen im Licht- oder Phasenkontrastmikroskop festgestellt werden. Dazu benötigt man sehr dünne Präparate. Bei Präparaten aus Agarkulturen schneidet man am besten ein kleines Blöckchen – wiederum möglichst ohne Berührung der Oberfläche – aus dem Pilzthallus und entfernt dann den Agar durch Erhitzen oder man entnimmt Material mit einer Pinzette.

Die Präparate sind jeweils mit einem Deckglas zu schließen. Die Mikroskopie sollte bei der kleinsten Vergrößerung (10x) beginnen. Falls Milchsäure als Einschlussmittel verwendet wird, sollte das Präparat mit einer kleinen Flamme kurz aufgekocht werden, um die Luftblasen auszutreiben. Milchsäure-Präparate trocknen nur langsam ein und können deshalb über eine längere Zeit (etwa 6 Monate) aufbewahrt werden. Sind sie ausgetrocknet, können sie durch Zugabe von Milchsäure erneut brauchbar gemacht werden.

Farbe der Kulturober- und unterseiten, Verfärbung des Agars, Oberflächenbeschaffenheit der Thalli, Wachstumsgeschwindigkeit und Kulturverhalten werden direkt anhand der Kulturen festgestellt.

2.3. Färbung von Pilzstrukturen

Die Beobachtung der Pilzstrukturen sollte immer zuerst in Wasser als Einschlussmittel erfolgen. Nur so können spezielle Strukturen wie Anhängsel und Schleimhüllen beobachtet werden, welche sonst in anderen organischen Einschlussmitteln zerstört oder unsichtbar werden. Als Einschlussmittel für pilzliche Strukturen empfehlen wir Milchsäure: Lactophenol (karzinogen und nicht besser als Milchsäure) sollte lieber vermieden werden. Rezepte für die geeignetsten Einschlussmedien sind im Abschnitt „Einschlussmittel", S. 165, aufgelistet.

Die klassischen Färbungen von Pilzstrukturen sind z.T. sehr umständlich, weil oft eine Vorbehandlung des zu untersuchenden Materials nötig ist. Bei farblosen Pilzen kann Baumwollblau dazugegeben werden, um eine bessere Kontrastwirkung zu erzielen, falls keine Phasenkontrastmikroskopie angewandt wird. Baumwollblau färbt das Plasma, erlaubt aber kaum die Differentialfärbung von Pilzorganen. Die Fluoreszenzmikroskopie (z.B. mit Calcofluor White als Färbemittel: auch „Tinopal LPW" oder „Fluorescent brightener 28" benannt) kann mit Hellfeld-, Phasenkontrast- und Interferenzmikroskopie schlecht erkennbare Strukturen wie Phialiden oder Anelliden (s. „Bestimmungsmerkmale der Anamorphe von *Ascomycota* und *Basidiomycota*", S. 49) sichtbar machen. Sowohl klassische Kern- als auch Fluoreszenzfärbungen von Kernen und anderen Pilzorganen sind in einem guten, immer noch aktuellen Übersichtsartikel umfassend beschrieben (Streiblová, 1988).

3. Bestimmung von Schimmelpilzen: Protokoll, Zeichnungen und photographische Aufnahmen

Erfolg beim Bestimmen von Schimmelpilzen setzt die Verwendung von Reinkulturen und eine rigorose Protokollierung aller Kultur- und mikroskopischen Merkmale voraus. Alle kritischen Merkmale (Sporenmerkmale, -größe, -entstehung, sporenbildende Strukturen) sollten auf einem Protokollblatt systematisch festgehalten werden. Es ist empfehlenswert auch Skizzen (eventuell unter Verwendung eines Zeichnungsgerätes, einer sogenannten „Camera Lucida") anzufertigen: auch im digitalen Zeitalter haben Zeichnungen gegenüber Fotos, v.a. bei Neueinsteigern, den Vorteil, alle wichtigen Merkmale in einer Skizze zu vereinigen, die vielleicht auf Fotos nicht in einer Ebene eingefangen werden können. Zeichnen erfordert eine genaue Beobachtung und fördert das Lernen und Einprägen der Strukturen.

Jeder Mykologe sollte sein eigenes, den eigenen Bedürfnissen angepasstes Protokollblatt entwickeln. Solche Protokollblätter zwingen, alle Merkmale zu beobachten und festzuhalten. Erst dann ist der Griff zum Bestimmungsschlüssel angezeigt.

Ausführlich ausgefüllte, auch Kulturbeschreibungen, Inkubationsbedingungen und Messungen sowie Daten zur Probe und Untersuchungszeitpunkt enthaltende Protokollblätter erlauben, später Präparate und Bestimmungen zu Vergleichen, was beim Aufbau der Erfahrung und Expertise unentbehrlich ist.

Ein Beispiel eines Protokollblattes ist in Abb. V.3.1 gegeben.

Pilzname	
Probennummer	Entnahmedatum
Substrat Lokalität	Bearbeitungsdatum Aufbewahrung der Kultur Ja, wo: Nein
Isolationsmethode	
Inkubationsmedium	
Inkubationsbedingungen	Temperatur, Zeit, Licht
Kulturaussehen	Koloniedurchmesser Farbe Oberseite Farbe Unterseite Pigmente Exsudate Myzelbeschaffenheit
Sporenbildung	sexuell/asexuell: Konidiogenese Fruchtkörper ja: welcher Typ/nein
Größe (einzelne Messungen)	Sporen Konidiogene Zellen Konidienträger Asci
Sporenseptierung, -farbe	
Andere Merkmale	
Bemerkungen	Bestimmungsliteratur
Skizze	

Abb. V.3.1 Beispiel eines Protokollblattes.

IX. Bestimmungsschlüssel

1. Bestimmen von in Kultur sporulierenden Pilzen

Wir haben einen vereinfachten Bestimmungsschlüssel für in Lebens- und Futtermitteln auftretende Schimmelpilze und einige ausgewählte menschen- und pflanzenpathogene Pilze zusammengestellt. Er beabsichtigt, den Anfänger durch die komplizierte, taxonomische Welt mikroskopischer Pilze zu führen und sollte eine Bestimmung der Organismen bis zum Gattungsniveau erlauben.

Der Schlüssel berücksichtigt nur die wichtigsten Gattungen und ist stark vereinfacht. Er lehnt sich an die grundlegenden Werke von Arx (1981b) und Domsch et al. (2007) an. In den nachfolgenden Schlüsseln nicht berücksichtigte Gattungen sind wahrscheinlich eher ungewöhnlich, und man müsste spezialisierte Monographien zuziehen. Falls eine vorliegende Merkmalskombination nicht ausgeschlüsselt wird, müssen ebenfalls umfassendere Bestimmungsschlüssel hinzugezogen werden.

Weiterführende Schlüssel bis zur Art stehen in diesem Buch nicht zur Verfügung. Wir schlüsseln ebenfalls komplexe Gattungsgruppen, wie die schwarzen Hefen, nicht im Detail aus und verweisen dafür auf die entsprechende Literatur. Die Bestimmung bis zu Art sollte sich dann auf spezialisierte Monographien stützen, welche, falls vorhanden, in der Gattungsübersicht (Kap. X, S. 105) vermerkt sind. In De Hoog et al. (2000a), St-Germain & Summerbell (2011) und Kiffer & Morelet (1997, 1999) finden sich ebenfalls weitere Schlüssel zur Gattungsbestimmung und zum Teil zur Artbestimmung. Die zweite Ausgabe des Klassikers „The genera of Hyphomycetes“ (Seifert et al., 2011) wird als das Standardwerk für diejenigen Mykologen betrachtet, die sich mit Hyphomyceten (anamorphen Pilzen) beschäftigen, jedoch ist sein Gebrauch eher für den fortgeschrittenen Mykologen sinnvoll. Die Arbeiten von De Hoog et al. (2000a) und St-Germain & Summerbell (2011) richten sich an die klinischen Mykologen und enthalten sehr gute Abbildungen. Das „CBS Laboratory Manual Series 2: Food and Indoor Fungi“ (Samson et al., 2010) ist ein unentbehrliches Hilfsmittel für Lebensmittel- und Umweltmykologen.

Die mykologische Literatur ist sehr reich an technischen Begriffen. Ein Lexikon (Kap. XII, S. 167) erklärt einige der wichtigsten Fachausdrücke. Ausführliche Informationen bieten weiter Ulloa & Hanlin (2000) und der beinahe enzyklopädische „Dictionary of fungi“ (Kirk et al., 2011). Das Internet ist ebenfalls eine gute Quelle für geläufige mykologische Begriffe, jedoch sind die darin zu findenden Definitionen häufig ungenau oder sogar falsch. „Fungi of Australia“ (http://www.anbg.gov.au/glossary/webpubl/fungloss.htm#e) oder „Mycology online“ (http://www.mycology.adelaide.edu.au/virtual/glossary/#e) vermitteln sehr sorgfältige Definitionen vieler mykologischer Begriffe. Die offizielle Internetseite der „Mycoses Study Group“, Doctor Fungus (http://www.doctorfungus.org/), bietet eine nützliche Zusammenstellung der klinischen Mykologie und führt brauchbare, vereinfachte Schlüssel zu human- und tierpathogenen Arten. Die an Zygomycota interessierten Mykologen werden wahrscheinlich die besten Informationen mit exzellenten Schlüsseln zu diesen faszinierenden Pilzen auf der dieser Gruppe speziell gewidmeten Internetseite finden (http://www.zygomycetes.org/).

2. Bestimmung von Schimmelpilzen: Flussdiagramm

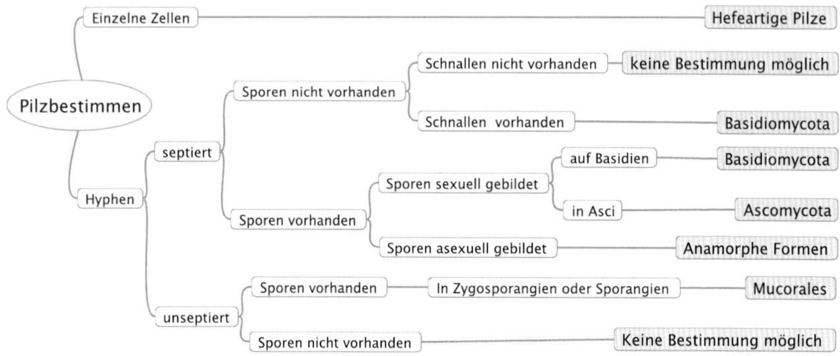

3. Hauptschlüssel

1. Zoosporen (Sporen mit Geißeln) vorhanden .... **Protista** (Spezialliteratur nötig)

1.* Keine Zoosporen vorhanden 2

2. Kolonien aus Einzellern bestehend, höchstens Pseudomyzel gebildet .... **Hefen und einige pilzähnliche Protista** (Spezialliteratur nötig)

2.* Echtes Myzel gebildet 3

3. Keine Sporen vorhanden .... **keine weitere Bestimmung möglich** (oder nur in Ausnahmefällen)

3.* Sporen vorhanden 4

4. Hyphen unseptiert [= coenozytisches Myzel, ohne Quersepten: einige Zygomycota,

können aber vor allem in alten Kulturen unregelmäßig septierte vegetative Hyphen bilden. *Zygomycota* haben allerdings eher breite Hyphen (bis 20 µm im Durchmesser) im Vergleich zu den *Ascomycota, Basidiomycota* und ihren Anamorphen]; das Teleomorph, falls vorhanden, sind Zygosporangien, jeweils eine Zygospore enthaltend; das Anamorph ist ein endogen gebildete, asexuelle Sporangiosporen (immer unbegeißelt) enthaltendes Sporangium.. ***Zygomycota***, insb. ***Mucorales*** **(3.1)**

4.* Hyphen septiert 5

5. Sporen sexuell (durch Meiose) auf Basidien oder in Asci oder gebildet 6

5.* Sporen asexuell (durch Mitose) an konidiogenen Zellen gebildet
.... **Anamorphe von *Ascomycota* und *Basidiomycota* (3.3)**

6. Sporen exogen auf Basidien gebildet .... ***Basidiomycota***
(Spezialliteratur nötig)

6.* Sporen endogen in Asci gebildet .... ***Ascomycota*** **(3.2)**

3.1. *Zygomycota* (*Mucorales, Mortierellales, Zoopagales*) (Abb.IX.1–4)

1. Sporangien vielsporig, kugelig, ellipsoid, eiförmig oder birnenförmig, endständig an Sporangiophoren ohne Anschwellungen gebildet 2

1.* Sporangien nur wenige Sporangiosporen (in einigen Fällen nur eine) enthaltend, zylindrisch (Merosporangien) oder kugelig (Sporangiolen), auf apikalen Anschwellungen (Vesikel) der Sporangiophoren entstehend 11

2. Alle Sporangien mit deutlicher Kolumella, meist eine große Anzahl (mehr als 100) Sporangiosporen enthaltend 3

2.* Sporangien mit undeutlicher oder ohne Kolumella (Sporangiolen); in einzelnen Fällen können vielsporige, endständige Sporangien mit einer Kolumella zusammen mit Sporangiolen ohne Kolumella mit weniger als 10 Sporangiosporen beobachtet werden 10

3. Zygosporangien auffallend zahlreicher als Sporangien, mit deutlich ungleichen, asymmetrischen Zygophoren ohne Hüllhyphen ....
.... ***Zygorhynchus*** (Abb. IX.3f–h)

3.* Zygosporangien nicht zahlreicher als Sporangien oder fehlend; Zygophoren, falls vorhanden, mehr oder weniger gleich groß 4

4. Sporangien mit Apophyse (trichterförmige Erweiterung beim Übergang der Sporangiophore zum Sporangium) 5

4.* Sporangien ohne Apophyse 7

5. Sporangien kugelig; Sporangiophoren braun, gegenüber von Rhizoiden (wurzelähnliche Strukturen) gebildet; Sporangiosporen ungleichförmig im Umriß, oft streifig (mit Leisten) .... ***Rhizopus*** (Abb. IX.4)

5.* Sporangien birnenförmig; Sporangiophoren hyalin, nicht gegenüber den Rhizoiden entstehend; Sporangiosporen gleichförmig im Umriß, glattwandig 6

6. Zygosporangien von aus den Zygophoren entspringenden Hüllhyphen umhüllt; mesophile Arten, nicht über 37 °C wachsend .... ***Absidia*** (Abb. IX.2a–g)

6.* Zygosporangien nicht von aus den Zygophoren entspringenden Hüllhyphen umhüllt; thermophile Arten, über 37 °C wachsend .... ***Lichtheimia***

7. Stolonen (Laufhyphen) mit Rhizoiden vorhanden; Sporangiophoren gegenüber den Rhizoiden entstehend 8

7*. Stolonen nicht gebildet; Sporangiophoren direkt aus den vegetativen Hyphen entstehend 9

8. Sporangiophoren und Sporangien hyalin (farblos) bis schwach gefärbt; Zygosporangien unbekannt; mesophile Arten .... ***Actinomucor***

8.* Sporangiophoren und Sporangien hellbraun; Zygosporangien oft vorhanden; thermophile Arten .... ***Rhizomucor*** (Abb. IX.3d, e)

9. Sporangiophoren sehr hoch (meist über 8 cm) und dick, mit bläulichem oder metallischem Glanz, unverzweigt .... ***Phycomyces***

9.* Sporangiophoren gewöhnlich kürzer als 3 cm, ohne bläulichen oder metallischen Glanz, häufig verzweigt .... ***Mucor*** (Abb. IX.3a–c)

10. Sporangiolen am Ende dichotom verzweigter Sporangiophoren gebildet, die seitlich an der Hauptsporangiophore entstehen, mit intakter Wand, ohne Kolumella und nur wenige (etwa 1–4) Sporangiosporen enthaltend; Hauptsporangiophore oft mit einem endständigen, eine große Kolumella einschließenden Sporangium endend .... ***Thamnidium*** (Abb. IX.1a–d)

10.* Sporangiolen mit sich auflösender Wand, ohne oder mit einer sehr kleinen Kolumella, bis zu 40 Sporangiosporen enthaltend, apikal an verzweigten oder nicht verzweigten Sporangiophoren entstehend .... ***Mortierella*** (Abb. IX.2h)

11. Sporangiolen stachelig, nur eine Sporangiospore enthaltend .... ***Cunninghamella*** (Abb. IX.2i, j)

11.* Merosporangien glatt und wenige, in einer Reihe angeordnete Sporangiosporen enthaltend 12

12. Mehrere zylindrische Merosporangien um einen Vesikel von gewöhnlich verzweigten Sporangiophoren entstehend .... ***Syncephalastrum***

12.* Wenige zylindrische Merosporangien um einen Vesikel an dichotom verzweigten Sporangiophoren entstehend; gewöhnlich Parasiten von *Mucorales* .... ***Piptocephalis*** (Abb. IX.1e, f)

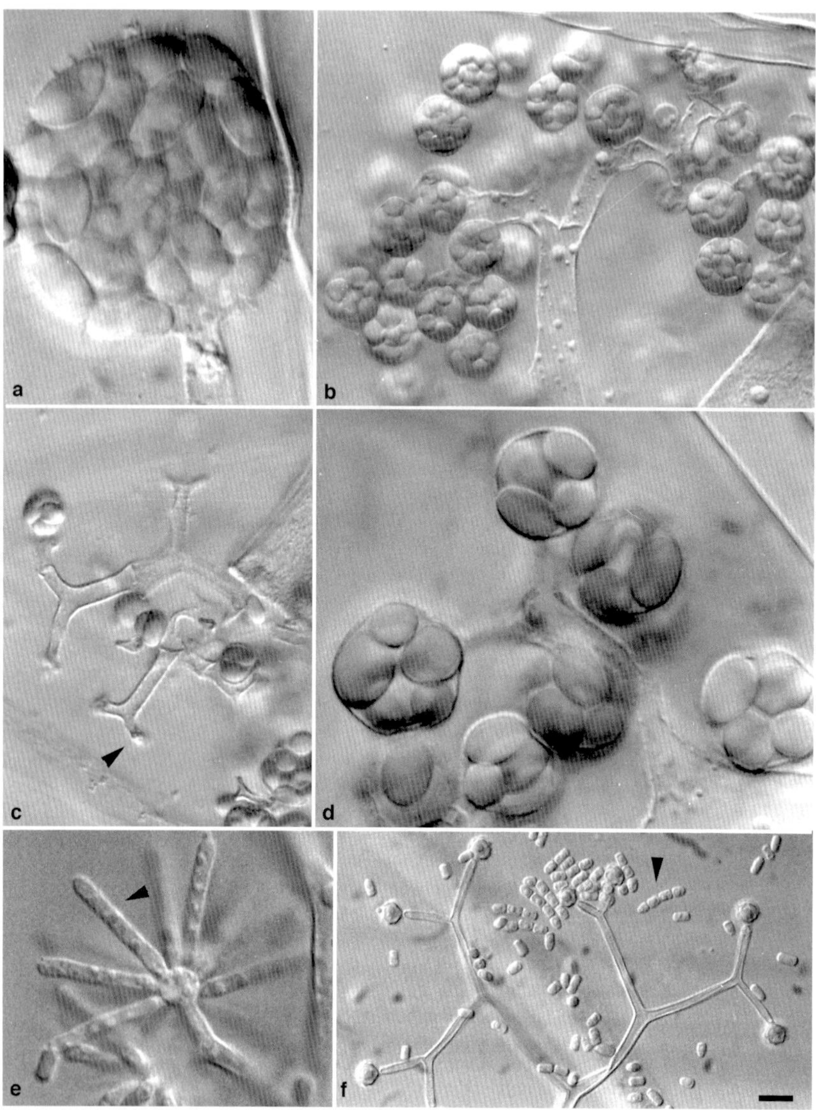

Abb. IX.1. **Zygomycota.**

a–d. ***Thamnidium elegans***: **a.** Sporangium mit Sporangiosporen und intakter Hülle. **b.** Dichotom verzweigte, Sporangiolen tragende Strukturen. **c.** Sporangiolen tragende Strukturen, wobei Sporangiolen abgefallen sind (Pfeil). **d.** Sporangiolen mit Sporen. **e, f.** ***Piptocephalis*** sp.: **e.** Vesikel mit Merosporangien (Pfeil). **f.** Dichotom verzweigte Sporangiophore; Sporangiosporen (Pfeil). Maßstab: b, c: 10 µm; f: 8 µm; a, d, e: 4 µm.

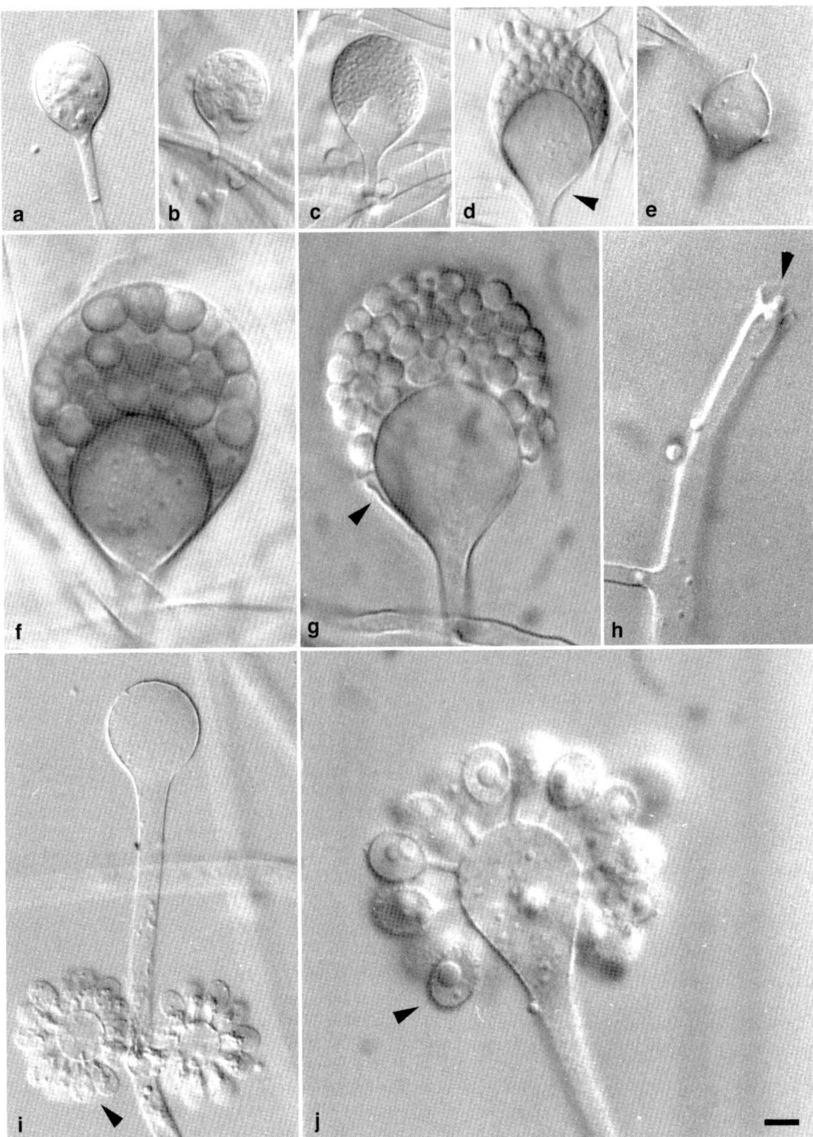

Abb. IX.2. **Zygomycota.**

a–g. ***Absidia cylindrospora*:** **a–d.** Differenzierung der Sporangiosporen im Sporangium und seine Entleerung. Steriler, zentraler Teil des Sporangiums: Kolumella mit Apophyse (Pfeil). **e.** Kolumella mit Apophyse. **f.** Sporangium. **g.** Sporangium mit aufgeplatzter Hülle (Pfeil). **h.** ***Mortierella*** sp.: reduzierte (beinahe fehlende) Kolumella (Pfeil). **i, j.** ***Cunninghamella elegans*:** **i.** Sporangiophore mit großem endständigen und kleineren wirtelförmig angeordneten Vesikeln mit Sporangiolen (Pfeil); **j.** Vesikel mit je eine Spore enthaltenden Sporangiolen (Pfeil). Maßstab: a–e, i: 10 µm; f–h, j: 4 µm.

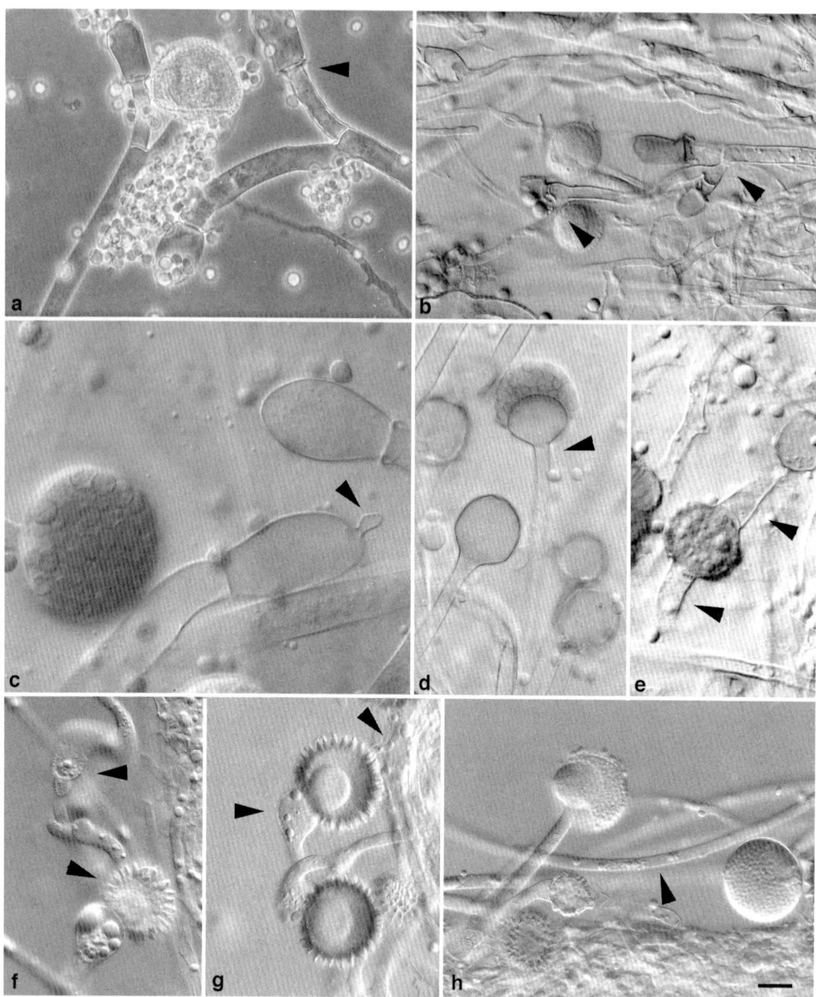

Abb. IX.3. **Zygomycota.**

a, b. ***Mucor fuscus***: **a.** Sporangium, Kolumella ohne Apophyse (Pfeil). **b.** Sympodiale Verzweigung der Sporangiophore (Pfeile). **c.** ***Mucor plumbeus***: Kolumella ohne Apophyse, mit Auswuchs typisch für die Art (Pfeil), reifes Sporangium (links). **d, e.** ***Rhizomucor miehei***: **d.** Sporangium und Kolumella ohne Apophyse (Pfeil). **e.** Symmetrische Zygophoren (Pfeile) mit jungem Zygosporangium. **f–h.** ***Zygorhynchus moelleri***: **f.** Sich entwickelnde Zygosporangien (Pfeile) mit asymmetrischen Zygophoren. **g.** Junge Zygosporangien mit asymmetrischen Zygophoren (Pfeile). **h.** Anamorph von *Zygorhynchus* (*Mucor*), unseptierte Hyphen (Pfeil). Maßstab: a, b, f–h: 20 µm; c–e: 10 µm.

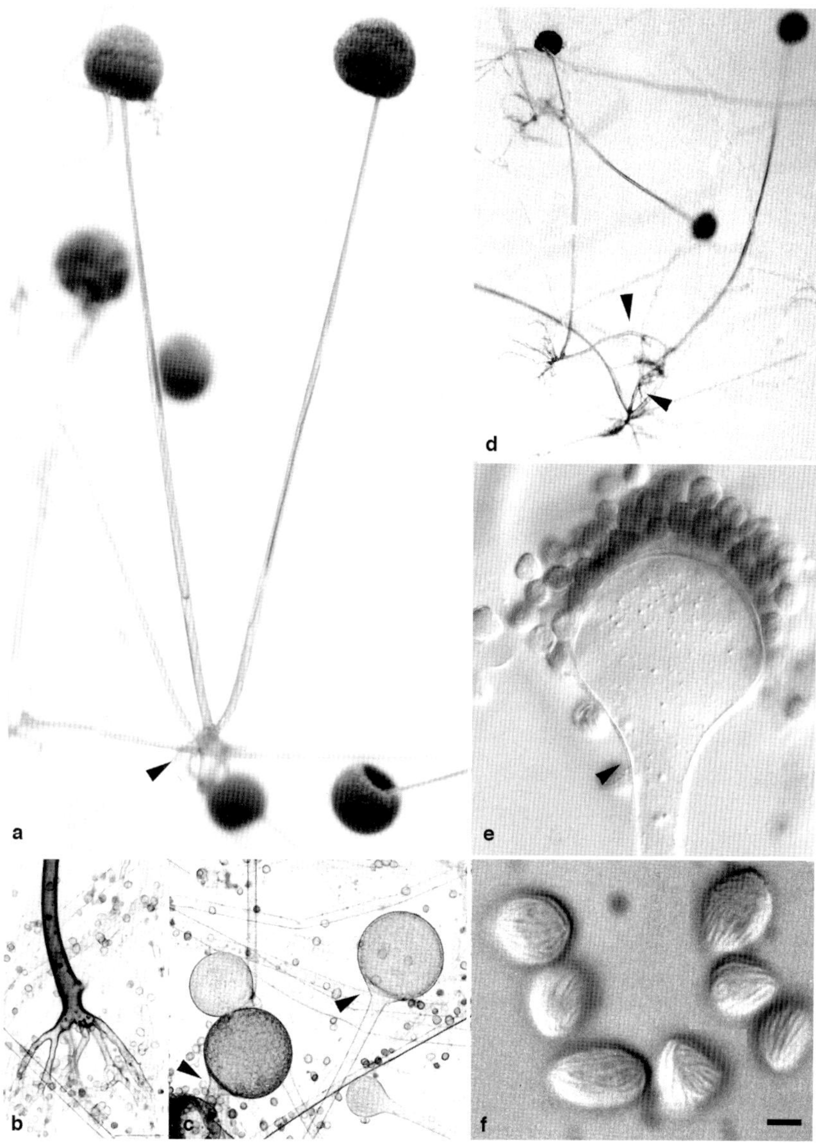

Abb. IX.4. **Zygomycota.**

a–f. ***Rhizopus stolonifer*****: a.** Sporangiophoren mit Sporangien und Rhizoiden (Pfeil). **b.** Rhizoide. **c.** Sporangien mit Apophyse (Pfeile). **d.** Laufhyphen (Pfeile). **e.** Kolumella mit Apophyse (Pfeil), Sporangiosporen. **f.** Sporangiosporen mit Oberflächenskulptierung. Maßstab: d: 200 µm; a: 100 µm; b, c: 40 µm; e: 10 µm; f: 4 µm.

3.2. *Ascomycota*, Teleomorphe (Abb. IX.5–IX.8)

Dieser Schlüssel bezieht sich auf die in Kultur gebildeten teleomorphen Formen und ***verwendet die für diese Form geläufigen Namen, ungeachtet der Ein-Pilz-ein-Name Regel***. Hinweise auf anamorphe Formen, gegenwärtige Namen und relevante Literatur sind in Kapitel X, S. 105, zu finden. Einige ausgeschlüsselte Namen v.a. von Pilzen mit *Aspergillus*, *Paecilomyces* oder *Penicillium* Anamorphen sind deshalb als "teleomorphe Synonyme" zu betrachten: deren gegenwärtige Namen sind diejenigen ihrer Konidienformen, weil diese vor der teleomorphen Form beschrieben wurden.

1. Asci meist kugelig, breit ellipsoid oder zylindrisch, mit bei der Sporenreife sich auflösenden, dünnen Membranen (**prototunikat**); Ascomata Gymnothecien oder Kleistothecien 2

1.* Asci ellipsoid, keulig, sackförmig oder zylindrisch, oft mit deutlichem Stielansatz; Ascusmembran bei der Sporenreife erhalten (**uni-, bitunikat**); Ascomata Perithecien, Apothecien oder Pseudothecien 19

Asci prototunikat [1]

2. Ascomata klein (kaum unter dem Stereomikroskop sichtbar), deutlich gestielt, wenige Asci enthaltend; Kulturen oft rötlich oder gräulich; Anamorph *Basipetospora* .... ***Monascus*** (Abb. IX.6f–i)

2.* Ascomata relativ groß, nicht gestielt; Anamorph anders 3

3. Ascosporen meistens hyalin oder violett-rötlich; Konidien enteroblastisch in basipetalen Ketten an Phialiden oder Anelliden gebildet; Anamorph *Aspergillus*, *Paecilomyces*, *Penicillium* oder *Scopulariopsis* 4

3.* Ascosporen gelb bis braun, Konidien nicht in basipetalen Ketten gebildet, sondern arthrisch, thallisch, blastisch oder fehlend 14

Konidien in basipetalen Ketten [3]

4. Ascomata rudimentär ausgebildet, aus einem losen Hyphengeflecht bestehend oder höchstens von einigen, unauffälligen Hyphen umhüllt; Anamorph *Paecilomyces* .... ***Byssochlamys*** (Abb. IX.5a–d)

4.* Ascomata gut entwickelt, geschlossen, mit einer deutlichen Wand (Peridie) aus dicht verwobenen Hyphen oder als zellige Struktur gebildet 5

5. Ascomata weich, einzeln, mit einer aus verflochtenen Hyphen bestehenden Wand, Asci in kurzen Ketten gebildet .... ***Talaromyces***

5.* Ascomata hart, einzeln oder in einer Kruste eingebettet (Stroma); Ascomawand kompakt, aus Zellen aufgebaut, Asci nicht in Ketten 6

6. Ascomata flach ausgebreitet, oft zu vielen in einer braunen Kruste verwachsen; thermophil; Anamorph *Paecilomyces* .... ***Thermoascus***

6.* Ascomata mehr oder weniger kugelig, einzeln oder zu lockeren Komplexen oder in kleinen Stromata vereinigt; nicht thermophil; Anamorph *Aspergillus*, *Penicillium* oder *Scopulariopsis* 7

7. Anamorph *Aspergillus* 8

7.* Anamorph *Penicillium* oder *Scopulariopsis* 13

8. Ascomata in stromatischen Geweben oder sklerotienähnlichen Strukturen eingebettet .... ***Dichlaena***, ***Neopetromyces***, ***Petromyces***

(nur eine oder zwei Arten pro Gattung)

8.* Ascomata nicht in Stromata oder sklerotienähnlichen Strukturen eingebettet 9

9. Ascomata von dickwandigen, sterilen Hüllezellen umgeben 10

9.* Ascomata nackt, nicht von Hüllezellen umgeben 11

10. Ascomata von kugeligen oder ellipsoiden Hüllezellen umgeben; Ascosporen hyalin oder gelb, rot-orange, rotviolett oder blau .... ***Emericella*** (Abb. IX.5e–j)

10.* Ascomata von länglichen bis spiralförmigen Hüllezellen umgeben; Ascosporen hyalin oder hellgelb .... ***Fennellia***

11. Anamorph *Aspergillus* mit kugeligen Köpfen; osmophile Arten .... ***Eurotium*** (Abb. IX.6a–e)

11.* Anamorph *Aspergillus* mit säulenförmigen Köpfen; Arten nicht osmophil 12

12. Ascomata weiß .... ***Neosartorya*** (Abb. IX.7a–c)

12.* Ascomata gelb bis braun .... ***Neocarpenteles***

13. Ascomata hart, sklerotienartig, ohne Öffnung (Ostiolum); Peridie pseudoparenchymatisch, aus dickwandigen Zellen bestehend; Ascosporen mit rauer Oberfläche, symmetrisch, häufig nicht gebildet; Anamorph *Penicillium* .... ***Eupenicillium***, ***Hemicarpenteles***

13.* Ascomata weich, kohlig, mit Öffnung; Ascosporen glattwandig, meistens deutlich asymmetrisch (bohnenförmig), dreieckig in Aufsicht; Anamorph *Scopulariopsis* .... ***Microascus***

Konidien nicht in basipetalen Ketten [3*]

14. Ascomata sind Gymnothecien (Peridie als Netzwerk von lockeren Hyphen) 15

14.* Ascomata mit Peridie aus Zellen 16

15. Peridienhyphen dünnwandig, bräunlich, ohne oder nur mit kurzen, nach außen abstehenden, dünnwandigen Anhängseln; Ascosporen ellipsoid oder spindelförmig .... ***Pseudogymnoascus***

15.* Peridienhyphen derbwandig, hyalin bis braun, steif, mit dickwandigen Anhängseln; Ascosporen ellipsoid, linsenförmig oder länglich .... ***Gymnoascus***

16. Ascomata kahl 17

16.* Ascomata borstig oder behaart 18

17. Ascosporen mit 1 polaren Keimporus .... ***Thielavia***

17.* Ascosporen mit 2 polaren Keimporen .... ***Melanospora***

18. Haare der Ascomata kurz, mit hyalinen, verzweigten Anhängseln; Ascosporen mit äquatorialer Furche; Konidien vorhanden .... ***Ascotricha***

18.* Haare der Ascomata lang, ohne Anhängsel, oft schraubig gewunden oder mehr oder weniger dichotom verzweigt; Ascosporen mit 1, selten mit 2 polaren Keimporen; Konidien fehlend oder unauffällig .... ***Chaetomium*** (Abb. IX.7d–f)

Asci uni- oder bitunikat [1*]

19. Ascomata ohne Mündung; Asci dickwandig (**bitunikat**: eine dünne, dehnbare äußere Wand eine dicke, elastische innere Wand bedeckend, meistens sackförmig wenn unreif); Ascosporen hyalin bis braun, quer- und häufig auch längsseptiert 20

19.* Ascomata meistens mit Mündung; Asci dünnwandig (**unitunikat**: nur mit einer Wand, meistens zylindrisch wenn unreif); Ascosporen nicht längsseptiert, häufig einzellig 21

Asci bitunikat [19]

20. Ascosporen quer- und längsseptiert (mauerförmig), hyalin bis bräunlich .... ***Leptosphaerulina***

20.* Ascosporen hyalin, nur mit einem Querseptum, eine Zelle größer .... ***Didymella*** (Abb. IX.8a)

Asci unitunikat [19]*

21. Ascomata in einem aus Pilzhyphen zusammengesetzten, hellen Stroma eingesenkt; Ascosporen hyalin, gelblich oder grünlich, zweizellig, früh in Teilzellen zerfallend, Asci deshalb scheinbar mit 16 einzelligen Ascosporen; Anamorph *Trichoderma* .... ***Hypocrea***

21.* Ascomata frei, höchstens einem Stroma aufgewachsen 22

22. Ascomata dunkel pigmentiert, braun bis schwarz; Ascosporen dunkelbraun, einzellig, mit einem polaren Keimporus oder einem Keimspalt 23

22.* Ascomata hell pigmentiert (gelb, rot, bläulich); Ascosporen hell, ein- oder mehrzellig, ohne Keimporus oder Keimspalt 26

23. Ascosporen glatt 24

23.* Ascosporen ornamentiert 25

24. Ascomata mit Setae; Ascosporen mit Keimspalt, ohne Schleimhülle .... ***Coniochaeta***

24.* Ascomata glatt; Ascosporen mit einem polaren Keimporus und Schleimhülle (Präparat in Wasser vorbereiten!) .... ***Sordaria*** (Abb. IX.7g–j)

25. Ascosporen längsgestreift .... ***Neurospora***

25.* Ascosporen mit netzartig gemusterter Oberfläche .... ***Gelasinospora***

26. Ascosporen einzellig .... ***Glomerella***

26.* Ascosporen mehrzellig 27

27. Ascosporen zweizellig; Anamorph *Gyrostroma*, *Tubercularia* oder *Zythiostroma* .... Gattungskomplex ***Nectria***

27.* Ascosporen mit mehr als 2 Zellen; Anamorph *Fusarium* .... ***Gibberella***

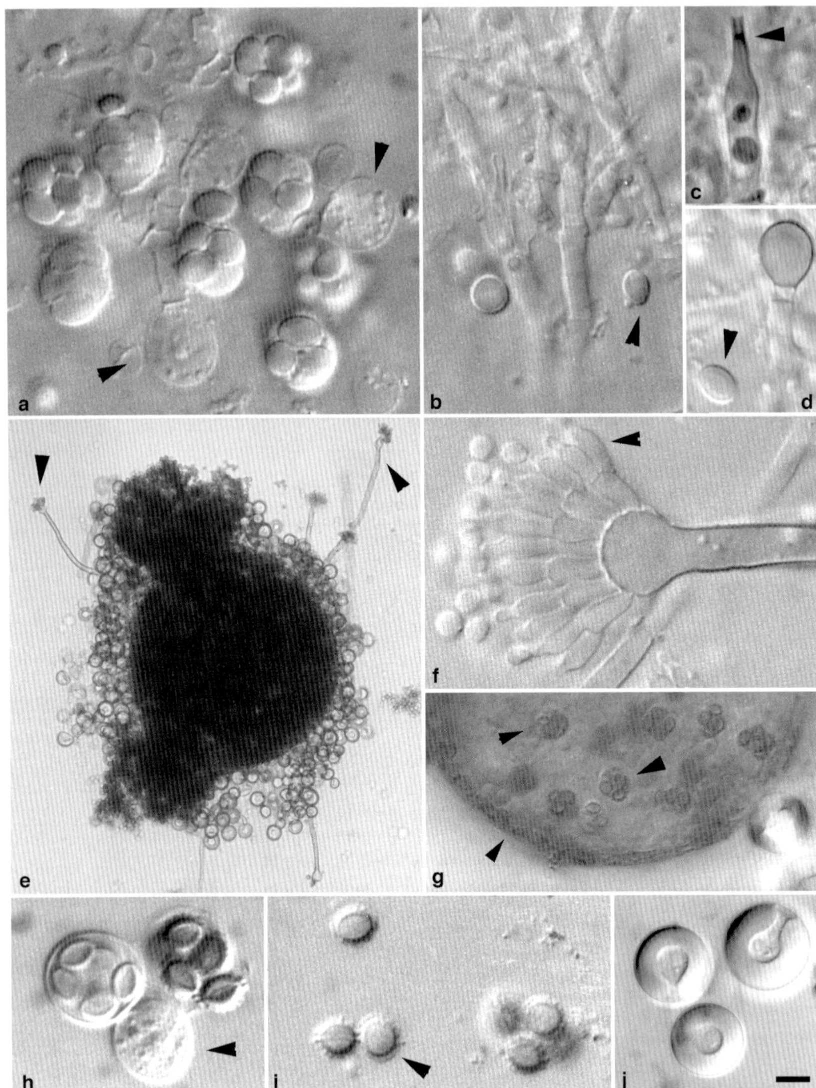

Abb. IX.5. **Ascomycota.**

a–d. ***Byssochlamys nivea*** (*Paecilomyces niveus*): **a.** Unreife (Pfeile) und reife Asci mit Ascosporen. **b.** Anamorph: Konidienträger, Konidie (Pfeil). **c.** Konidiogene Zelle (Phialide) mit Kollarette (Pfeil). **d.** Dickwandige Ascospore (Pfeil) und dunkle Aleurospore. **e–j.** ***Emericella nidulans*** (*Aspergillus nidulans*): **e.** Kleistothecium (im Zentrum) von Hüllezellen umgeben, mit Anamorph (Pfeile). **f.** Anamorph: Konidienträger, konidiogene Zellen (Pfeil), Konidien. **g.** Peridie (Pfeil unten) des Kleistotheciums, Asci (Pfeile oben) mit Ascosporen. **h.** Unreifer Ascus (Pfeil). Asci mit unreifen und reifen Ascosporen (im Uhrzeigersinn). **i.** Ascosporen mit Äquatorialringen (Aufsicht: Pfeil) und warziger Oberfläche. **j.** Hüllezellen. Maßstab: e: 40 µm; g: 10 µm; a–d, f, h–j: 4 µm.

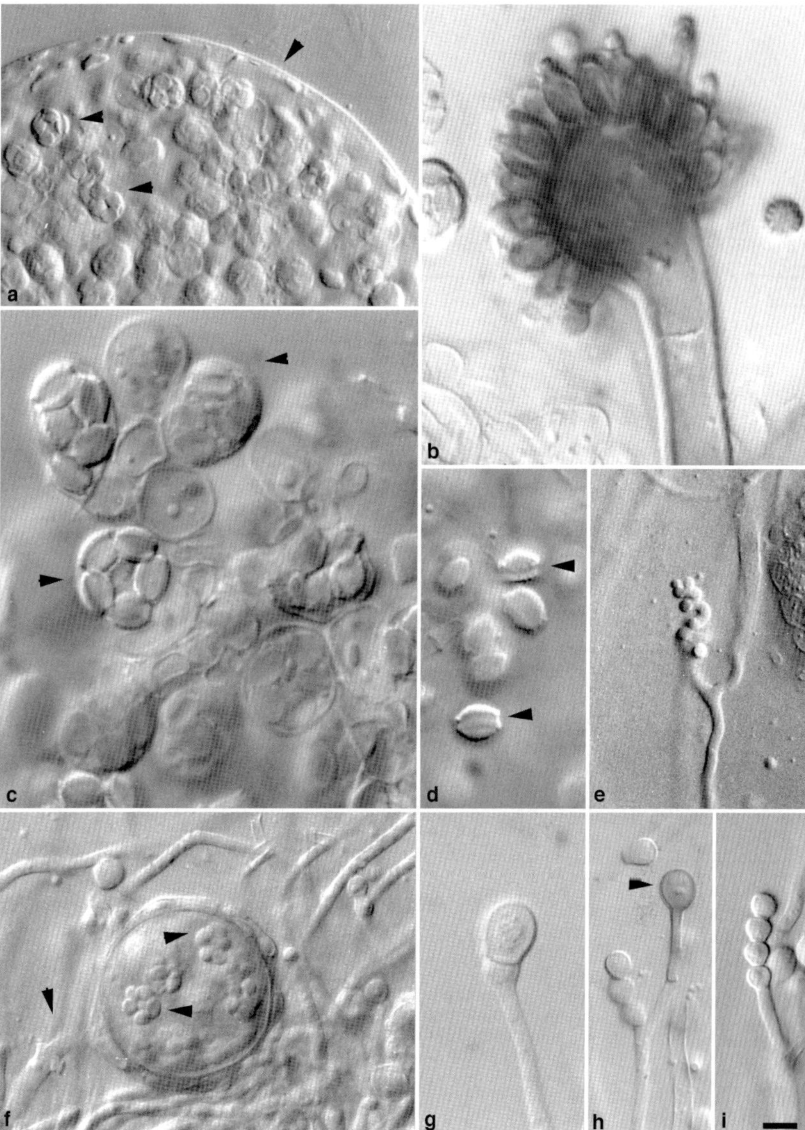

Abb. IX.6. **Ascomycota.**

a–e. ***Eurotium herbariorum*** (*Aspergillus glaucus*): **a.** Teil eines Kleistotheciums; Peridie (Pfeil rechts), Asci (Pfeile links). **b.** Anamorph. **c.** Unreife (Pfeil rechts) und reife Asci (Pfeil links) mit dickwandigen Ascosporen. **d.** Ascosporen mit Äquatorialfurche (Pfeile). **e.** Primordium (Frühstadium eines Kleistotheciums). **f–i.** ***Monascus ruber***: **f.** Gestieltes (Pfeil links) Kleistothecium, Asci mit Ascosporen (Pfeile rechts). **g–i.** Anamorph (*Basipetospora*), Aleurospore (Pfeil). Maßstab: a, e, f, h, i: 10 µm; b–d, g: 4 µm.

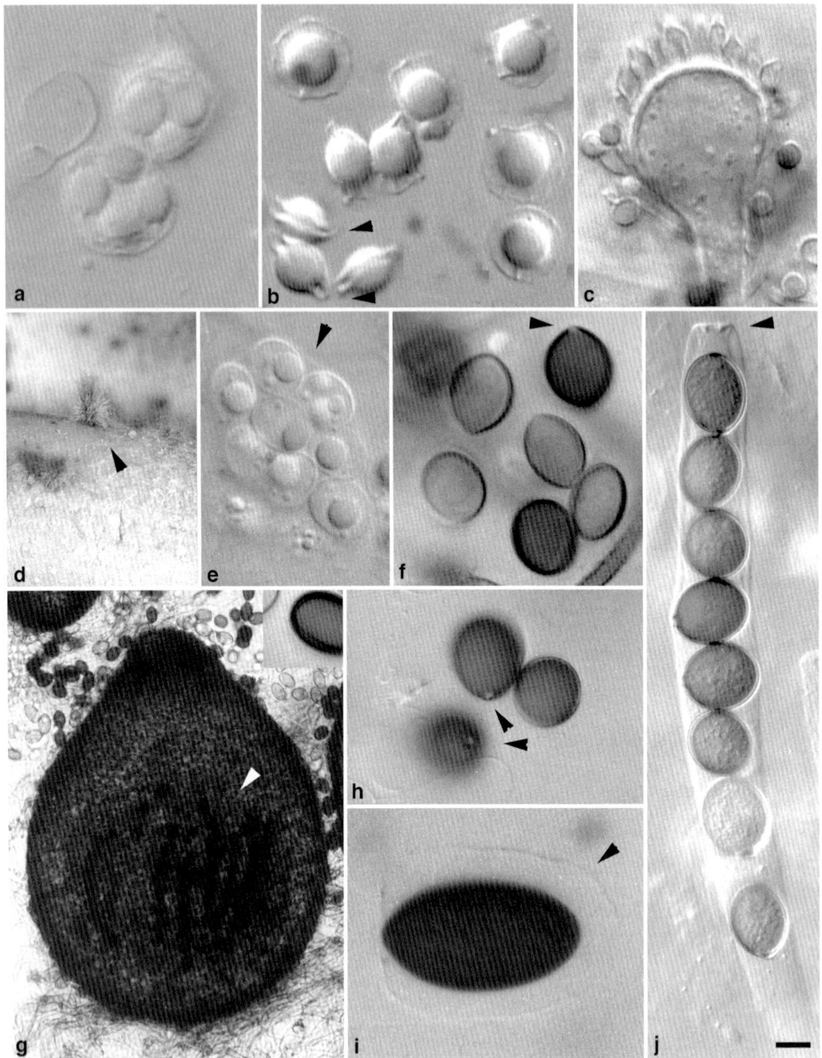

Abb. IX.7. **Ascomycota.**

a–c. ***Neosartorya fischeri*** (*Aspergillus fischeri*): **a.** Unreife und reife Asci. **b.** Ascosporen in seitlicher Ansicht mit zwei Äquatorialringen (Pfeil) und glatten Wänden. In Aufsicht, Äquatorialringe als Hülle sichtbar. **c.** Anamorph. **d–f.** ***Chaetomium globosum***: **d.** Behaartes Ascoma (Pfeil). **e.** Ascus (Pfeil) mit unreifen Sporen. **f.** Ascosporen mit Keimporen (Pfeil). **g–j.** ***Sordaria fimicola***: **g.** Perithecium mit Asci (Pfeil). **h.** Ascosporen mit Keimporen (Pfeile). **i.** Ascospore mit Schleimhülle (Pfeil; Präparat in Wasser). **j.** Unitunikater Ascus mit Apikalapparat (Pfeil) und unreifen Ascosporen. Maßstab: d: 635 µm; g: 400 µm; h, j: 10 µm; a–c, e, f, i: 4 µm.

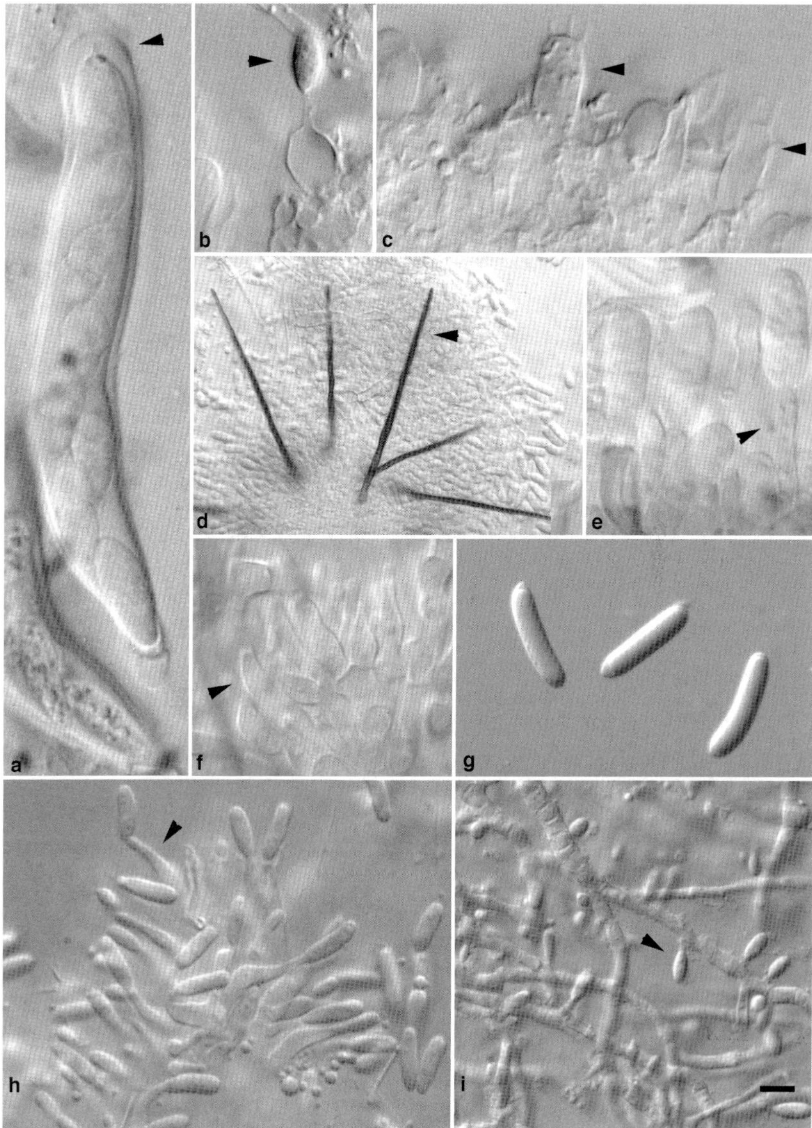

Abb. IX.8. **Ascomycota;** **Basidiomycota;** ***Anamorphe mit Fruchtkörpern.***

a. ***Didymella bryoniae***: bitunikater Ascus mit zweizelligen Ascosporen. Zwei Wände v.a. an der Spitze sichtbar (Pfeil). **b, c.** Basidien (Pfeile, c) mit Basidiospore (Pfeil, b). **d, e.** ***Colletotrichum***: **d.** ***C. trichellum***: Acervulus mit Setae (Pfeil). **e.** ***C. gloeosporioides*** (*Glomerella cingulata*): konidiogene Zellen (Pfeil). Konidien. **f, g.** ***Cryptosporiopsis quercina*** (*Pezicula cinnamomea* (DC.) Sacc.): **f.** Konidiogene Zellen (Pfeil). **g.** Konidien. **h, i.** ***Discula umbrinella*** (*Apiognomonia errabunda*): **h.** Konidiogene Zellen (Pfeil), Konidien. **i.** Frühes Entwicklungsstadium in Kultur, rudimentäre Ausbildung der konidiogenen Zellen. Maßstab: d, g, i: 10 µm; a–c, e, f, h: 4 µm.

3.3. Anamorphe von *Ascomycota* und *Basidiomycota* (Abb. IX.8–19)

Dieser Schlüssel bezieht sich auf die in Kultur gebildeten anamorphen Formen und verwendet die für diese Form geläufigen Namen, ungeachtet der Ein-Pilz-ein-Name Nomenklaturregel. Hinweise auf teleomorphe Formen, gegenwärtige Namen und relevante Literatur sind in Kapitel X, S. 105, zu finden.

A. Konidienbildende Zellen auf oder in Fruchtkörpern (Conidiomata) gebildet, die flach (Acervuli) oder geschlossen von einer Wand umgeben sind (Pyknidien), letztere frei oder in Stromata .... **"Coelomycetes" (3.3.1)**

B. Konidienbildende Zellen mehr oder weniger gleichmäßig im Thallus gebildet, entweder direkt aus vegetativen Hyphen entspringend oder an von vegetativen Hyphen differenzierten Konidienträgern (Konidiophoren) entstehend; Konidienträger freistehend oder gebündelt (Koremien oder Synnemata) .... **"Hyphomycetes" (3.3.2)**

3.3.1 „Coelomycetes" (Abb. IX.8, 9)

1. Konidienbildende Zellen in Pyknidien oder geschlossenen Stromata 2

1.* Konidienbildende Zellen in Acervuli 10

Konidienbildende Zellen in Pyknidien [1]

2. Konidien braun, zweizellig, seltener einzellig, meist verhältnismäßig groß (über 20 µm) .... ***Diplodia***

(Vgl. auch *Botryodiplodia* und *Lasiodiplodia*, wenn einzellig *Sphaeropsis*)

2.* Konidien hyalin, ein-, zwei- oder vielzellig 3

3. Konidien ellipsoid oder einseitig abgeplattet, meistens einzellig und klein (<10 µm), ohne Anhängsel oder Schleimhülle 4

3.* Konidien kugelig, wurmförmig, fadenförmig oder zylindrisch, ein- oder mehrzellig, meistens größer (>10 µm), manchmal mit Anhängseln oder Schleimhülle 5

4. Konidiogene Zellen ampullenförmig, kaum sichtbar; Konidien hyalin (wenn hellbraun, vgl. *Microsphaeropsis* v. Höhnel), Chlamydosporen oft vorhanden; Kultur meist dunkel pigmentiert .... ***Phoma*** (Abb. IX.9d–g)

4.* Konidiogene Zellen fadenförmig, lang; Konidien hyalin, oft einseitig abgeplattet; Chlamydosporen fehlend; Kultur hellgrau .... ***Hainesia***

5. Konidien einzellig 6

5.* Konidien zwei- oder mehrzellig 9

6. Konidien wurmförmig, an länglichen konidiogenen Zellen gebildet; Conidiomata zuweilen weit geöffnet, einem Acervulus gleichend .... ***Phlyctema***

6.* Konidien fadenförmig, zylindrisch, spindelförmig oder kugelig, mit oder ohne Anhängsel 7

7. Fadenförmige, spazierstockförmige Beta-Konidien und/oder unregelmäßig spindelförmige Alpha-Konidien vorhanden, ohne Anhängsel .... ***Phomopsis*** (Abb. IX.8h–j)

7.* Konidien zylindrisch oder kugelig, mit schleimigen Anhängseln 8

8. Konidien zylindrisch, mit fächerförmigem, schleimigem Anhängsel .... ***Ceuthospora***

8.* Konidien ellipsoid oder kugelig mit fadenförmigen Anhängseln und/oder Schleimhülle .... ***Phyllosticta***

9. Konidien zweizellig, in der Länge ziemlich regelmäßig .... ***Ascochyta***

9.* Konidien mehrzellig, Länge variabel .... ***Stagonospora*** Gattungskomplex

(falls pathogen auf Getreide, siehe *Parastagonospora*)

Konidienbildende Zellen in Acervuli [1*]

10. Konidien hyalin, einzellig 11

10.* Konidien braun, ein- oder mehrzellig 13

11. Conidiomata rudimentär; Konidien ellipsoid, zylindrisch, kürzer als 12 µm .... ***Discula*** (Abb. IX.8h, i)

11.* Conidiomata gut ausgebildet; Konidien meistens länger als 12 µm 12

12. Conidiomata klein, flach, oft mit zarten, bräunlichen Borsten (Setae) an der Basis; Konidien zylindrisch, mond-, sichel- oder spindelförmig, häufig mit gekörntem Inhalt, meist länger als 12 µm; Appressoria oft in Wasser nach ein paar Stunden Inkubation gebildet .... ***Colletotrichum*** (Abb. IX.8d, e)

12.* Lager groß, polsterförmig, kahl, Basis als dicke, dunkle, zellige Polster ausgebildet (stromatisch); Konidien länglich, zylindrisch, wenn spindelförmig dann relativ klein und länger als 12 µm, je nach Art bis 30 µm lang; Appressorien fehlend .... ***Cryptosporiopsis*** (Abb. IX.8f, g)

13. Konidien nicht septiert .... ***Melanconium*** (Abb. IX.9c)

13.* Konidien septiert 14

14. Konidien mauerförmig septiert, warzig, ohne Anhängsel .... ***Epicoccum*** (Abb. IX.9a, b)

14.* Konidien nur querseptiert, am oberen Ende mit verzweigten, hyalinen Anhängseln, Endzellen heller als zentrale Zellen .... Gattungskomplex ***Pestalotiopsis***

(s. Spezialschlüssel unter *Pestalotiopsis*)

3.3.2 „Hyphomycetes" (Abb. IX.10–19)

1. Konidienträger zu Koremien (Synnemata) gebündelt 2

1.* Konidienträger einzeln, nicht gebündelt oder fehlend 4

2. Konidien hyalin, in schleimigen weißen Köpfchen vereinigt, nicht in Ketten .... ***Graphium***

2.* Konidien grau oder grün gefärbt, trocken, nicht schleimig, in Ketten 3

3. Synnemata braun oder grau; konidiogene Zellen aus dem oberen Teil des Koremiums dicht nebeneinander hervorbrechend; Kulturen und Konidien braun, grau oder schwarz, letztere relativ groß (>5 µm lang), mit flacher Basis, in basipetalen Ketten (jüngste Konidie an der Basis: enteroblastische Konidienbildung) aus Anelliden (konidiogene Zellen mit breitem Hals, sich apikal verlängernd) entstehend .... ***Cephalotrichum*** (*Doratomyces*) (Abb. IX.15d–g)

3.* Synnemata grün; konidiogene Zellen pinselförmig aus den Scheiteln der einzelnen Träger entspringend; Kulturen und Konidien grün, letztere meistens <5 µm lang, ellipsoid, mit abgerundeter Basis, in basipetalen Ketten aus Phialiden (konidiogene Zellen mit sich verjüngendem Hals, sich nicht verlängernd) entstehend .... ***Penicillium*** pr. p.

(z. B. *P. vulpinum*-Gruppe)

4. Konidien in Ketten, Konidienbildung entweder blastisch oder thallisch ... 5

4.* Konidien nicht in Ketten (einzeln oder in kleinen Tröpfchen vereinigt) .. 20

Konidien in Ketten, thallisch oder blastisch gebildet [4]

5. Konidien in basipetalen Ketten [jüngste Konidie an der Kettenbasis: enteroblastische oder retrogressive (meristematische: die konidiogene Stelle „wandert" an der konidiogenen Hyphe nach unten, der Konidienträger verkürzt sich) Konidienbildung], stets unverzweigt 6

5.* Konidien nicht in basipetalen Ketten; Ketten können verzweigt sein 14

Konidienketten basipetal oder retrogressiv [5]

6. Konidienketten in basipetaler Reihenfolge (enteroblastische Konidienbildung) aus Phialiden (konidiogene Zellen sich nicht verlängernd) oder Anelliden (sich verlängernde konidiogene Zellen) austretend............................ 7

6.* Konidienketten retrogressiv (meristematische Konidienbildung) 12

Konidienketten basipetal [6]

7. Phialiden mit langem (≥10 µm), zylindrischen, röhrenförmigen Hals; Konidien endogen in der Basis der zylindrischen Röhre (an der Verengung) gebildet; Dauersporen (als Arthrokonidien) vorhanden, in Ketten oder queseptiert, als große Strukturen zu sehen .... ***Thielaviopsis*** (Abb. IX.15h, i)

7.* Phialiden mit kurzem oder ohne Hals; Konidien nicht in einer zylindrischen Röhre, doch an der Spitze der konidiogenen Zelle gebildet; Dauersporen (Aleurokonidien), falls vorhanden, einzellig, hyalin oder hell gefärbt, Strukturen verhältnismäßig klein 8

8. Phialiden direkt (einreihig) auf endständigen Anschwellungen (Vesikel, ≥15 µm im Durchmesser) der Konidienträger oder auf einer darauf angeordneten Zellreihe (Metulae, zweireihig) entstehend; Konidienträger meistens unverzweigt .... ***Aspergillus*** (Abb. IX.16, X.1)

8.* Phialiden auf pinselförmig oder wirtelig verzweigten, wenig abstehenden Zweigen der Konidienträger entstehend; falls keine pinselförmigen Verzweigungen vorhanden, Konidienträger ohne oder mit einer sehr kleinen apikalen Anschwellung (Durchmesser höchstens 6 µm) und Phialiden direkt aufsitzend 9

9. Konidien mit flacher, oft etwas vorstehender Basis („trunkat"), sonst kugelig, hyalin, hellbraun, braun, oder schwarz, konidiogene Zellen zylindrisch oder an der Basis deutlich angeschwollen, an der Spitze weiterwachsend (unregelmäßige Wand, Anelliden) .... ***Scopulariopsis*** (Abb. IX.17d–g)

(Falls Konidien nicht in Ketten, doch in Schleimtröpfchen, siehe *Scedosporium*)

9.* Konidien ohne flache Basis, ellipsoid, meist grünlich, gelblich oder olivfarben in Massen, selten ganz braun, konidiogene Zellen sind mehr oder weniger flaschenförmige Phialiden 10

10. Stiel des Konidienträgers braun .... ***Thysanophora***

10* Stiel des Konidienträgers hell gefärbt 11

11. Konidienträger nur apikal regelmäßig pinselförmig verzweigt (Konidienträger können zusätzlich im unteren Teil auch noch einfach verzweigt sein); konidiogene Zellen zylindrisch oder ampullenförmig, ohne oder mit kurzem Hals, nie pfriemenförmig (an einer Stelle abrupt schmaler werdend), entweder direkt dem Konidienträger aufsitzend (monoverticillat), oder an sterilen Zellen (Metulae) Wirtel bildend (bi-, terverticillat); Konidien grün; Kulturen weiß oder grün .... ***Penicillium*** (Abb. IX.18, X.2)

11.* Konidienträger nicht nur an der Spitze sondern auch unterhalb unregelmäßig pinselförmig verzweigt; konidiogene Zellen pfriemenförmig, in unregelmäßigen Wirteln angeordnet; Träger oft sehr uneinheitlich und unregelmäßig verzweigt; Konidien gelblich, oliv oder bräunlich, Kulturen nie grün .... ***Paecilomyces*** (Abb. IX.17a–c)

Konidienketten retrogressiv [6*]

12. Konidien zweizellig, beide Zellen etwa gleich groß, basale Zelle schnabelförmig, Konidien schief an langen, unverzweigten konidiogenen Hyphen entstehend; Kultur rosafarben .... ***Trichothecium*** (Abb. IX.15b, c)

12.* Konidien einzellig 13

13. Kultur gelb-orange oder grau .... ***Basipetospora***

Anamorph von *Monascus* (Abb. IX.6g–i)

13.* Kultur weiß, sehr langsam wachsend .... ***Fraseriella***

Anamorph von *Xeromyces*

Konidienketten thallisch oder akropetal [5*]

14. Konidien meistens zylindrisch, einzellig, durch Septierung vorgebildeter Hyphen und anschließendem Zerfall in Einzelzellen (thallische Konidiogenese) gebildet 15

14.* Konidien verschiedenartig, einzellig oder septiert, deutlich durch Sprossung aus der konidiogenen Zelle (holoblastische Konidiogenese) entstehend, akropetale, oft verzweigte Ketten (jüngste Konidie an der Kettenspitze) bildend 17

15. Ketten stets aus 4 Konidien bestehend, die bei der Reife kugelig und hellbraun werden (Reifung in basipetaler Folge) .... ***Wallemia*** (Abb. IX.10d–g)

15.* Ketten sich verlängernd, aus einer unbestimmten Anzahl Konidien bestehend, Konidien hyalin bleibend 16

16. Kolonien weiß, angedrückt, trocken oder schleimig, in einer 90 mm Petrischale innerhalb von 3–5 Tagen bis zum Rand wachsend .... ***Geotrichum*** (*Galactomyces*) (Abb. IX.10a–c)

(Falls auf Fetten oder sauren Substraten vgl. *Moniliella*)

16.* Kolonien orange, flauschig, trocken, sehr rasch (in einer 90 mm Petrischale oft innerhalb von 24 Stunden bis zum Rand) wachsend .... ***Chrysonilia***

Konidienketten akropetal [14*]

17. Konidien einzellig, hyalin, kugelig oder tonnenförmig, in der Kette unmittelbar aufeinander folgend oder abwechselnd mit leeren Zellen zwischen den Konidien (Disjunktorzellen); Mikrokonidien oft vorhanden .... Anamorph von ***Monilinia***

17.* Konidien ein- oder mehrzellig, braun, verschiedenartig 18

18. Konidien keulig, oft am oberen Ende in eine Spitze ausgezogen (schnabelartig: rostrat), mit Längs-, Quer- und schrägen Septen (mauerförmig septiert) .... ***Alternaria*** (Abb. IX.11a)

18.* Konidien nicht keulig, nie schnabelartig verlängert, nur quer- oder unseptiert 19

19. Konidienträger deutlich ausgebildet, braun, vielzellig; Konidien ein- oder bis vierzellig, ellipsoid bis spindelförmig, glatt oder leicht warzig, hellbraun, an den Septen nicht eingeschnürt, olivgrün in Massen; Konidienketten oft deutlich verzweigt, aber schnell zerfallend .... ***Cladosporium*** (Abb. IX.11f, g)

19.* Konidienträger nicht ausgebildet und konidiogene Zellen oft undeutlich; Konidien mehrzellig, zylindrisch, warzig, dunkelbraun, an den Septen eingeschnürt .... ***Torula***

Konidien nicht in Ketten [4*]

20. Konidiogene Zellen als Phialiden ausgebildet, wegen der wiederholten Konidienbildung deshalb von einem aus Konidien bestehenden Tröpfchen umgeben 21

20.* Konidiogene Zellen nicht als Phialiden ausgebildet (i.A. keine Konidientröpfchen vorhanden); Konidien holoblastisch, holothallisch oder anellidisch gebildet 34

Konidiogenese enteroblastisch (phialidisch) [20]

21. Konidien dunkelbraun bis schwarz, rau, einzellig; Konidienträger bräunlich, regelmäßig im Thallus verteilt, am Scheitel mit einem Büschel brauner, oben auffallend breiter Phialiden .... ***Stachybotrys*** (Abb. IX.13j, k)

21.* Konidien hyalin oder hell gefärbt, glatt oder rau, ein- oder mehrzellig; Konidienträger anders 22

22. Konidien einzellig 23

22.* Konidien mehrzellig 30

Konidien einzellig [22]

23. Phialiden unmittelbar aus vegetativen Hyphen hervorgehend (Konidienträger fehlen), manchmal in kleinen Büscheln an Seitenzweigen der vegetativen Hyphen 24

23.* Phialiden an ausgebildeten, sich von den vegetativen Hyphen deutlich unterscheidenden Konidienträgern entstehend 27

24. Phialiden oft mit deutlicher Kollarette, flaschenförmig, bräunlich; Kulturen und oft auch das Myzel meist oliv-schwarz .... ***Phialophora***- Komplex (Abb. IX.13f–i)

(s. auch *Exophiala*, *Wangiella*; falls auch mit Blastokonidien und humanpathogen: *Cladophialophora*)

24.* Phialiden ohne oder mit undeutlicher Kollarette, flaschenförmig, zylindrisch oder schlank und sich zu einem Punkt verjüngend, hyalin; Kulturen meistens hell, weiß, rosa, hellgelb 25

25. Phialiden flaschenförmig, mit angeschwollener Basis .... ***Tolypocladium***

25.* Phialiden anders geformt 26

26. Phialiden zylindrisch, schlank und sich zu einem Punkt verjüngend, mit reduzierter oder ohne Kollarette, meistens hyalin; Kulturen weiß, manchmal gelblich, rötlich oder grünlich .... ***Acremonium*** (Abb. IX.13a)

(s. auch nur Mikrokonidien bildende *Fusarium*-Arten)

26.* Phialiden meistens zu sterigmenartigen Adelophialiden reduziert, die eine einzige Konidie bilden, hyalin; Kulturen weiß, oft mit rotem Pigment im Agar .... ***Lecanicillium***

(Falls ohne rotes Pigment und auf Myxomyzeten vgl. *Aphanocladium*)

27. Konidienträger dimorph: streng wirtelig verzweigte und pinselförmige Strukturen (sogar beide am selben Träger) in der gleichen Kultur vorhanden .... ***Clonostachys*** (Abb. IX.13b, c)

27.* Konidienträger nicht dimorph, nur eine Struktur vorhanden 28

28. Konidienträger streng wirtelig verzweigt, Zweige und obere Teile der Träger mit wirtelig angeordneten Phialiden .... ***Verticillium***

28.* Verzweigungen nicht streng wirtelig und Phialiden nicht wirtelig angeordnet 29

29. Konidienträger mit Phialiden in unregelmäßigen Wirteln, keine Kissen bildend; Phialiden länglich, zylindrisch, in unregelmäßigen, scheitelständigen Pinseln angeordnet (von *Penicillium* u.a. durch das Fehlen von Ketten unterscheidbar); Kulturen weiß, gelblich, grünlich oder rötlich .... ***Gliocladium*** (Abb. IX.13d)

29.* Konidienträger mit Phialiden meist in von der Hauptachse mehr oder weniger rechtwinklig abstehenden Zweigen, meistens in dichten, wolligen, kissenförmigen Auflagerungen vereinigt; Phialiden kurz, angeschwollen, zuweilen gekrümmt; Kulturen weiß oder grün .... ***Trichoderma*** (Abb. IX.15a)

Konidien mehrzellig [22*]

30. Konidien meistens zweizellig, höchstens dreizellig 31

30.* Konidien zwei- bis mehrzellig 32

31. Konidienträger als lange, aufrechte, unverzweigte, filamentöse konidiogene Zelle, die in schräger Reihenfolge zweizellige Konidien mit etwa gleich großen Zellen und einer geschnäbelter Basalzelle bildet, nacheinander aus dem Scheitel der Konidienträger abgeschnürt („retrogressiv“); Ketten schnell zerfallend und selten gesehen; Kulturen staubig, trocken rosafarben .... ***Trichothecium*** (Abb. IX.15b, c)

31.* Konidienträger kaum differenziert, kurz, verzweigt, oft an Hyphensträngen, mit kurzen, basal angeschwollenen konidiogenen Zellen, die zwei- bis dreizellige, ungeschnäbelte Konidien bilden; Kulturen schleimig, weiß bis orange .... Anamorphe von ***Monographella*** (Abb. IX.13e)

32. Konidien (Makrokonidien) länglich, sichelförmig gekrümmt, zwei bis mehrzellig, mit einer deutlichen Fußzelle; oft sind noch ein- bis zweizellige Mikrokonidien vorhanden (manchmal werden nur Mikrokonidien in Kultur gebildet!); Kolonien weiß oder mit grünlichen, roten, gelben oder violetten Farben .... ***Fusarium*** (Abb. IX.14c–f)

32.* Konidien (Makrokonidien) zylindrisch, gerade oder schwach gekrümmt, zwei- bis mehrzellig, ohne Fußzelle, an beiden Enden breit abgerundet; einzellige Mikrokonidien vorhanden oder fehlend; Kulturen weiß bis rot-braun 33

33. Konidienträger lang, aufrecht, am Scheitel dicht bürstenförmig verzweigt, mit sterilem, in einem endständigem Vesikel endenden Auswuchs; Makrokonidien zylindrisch, gerade, septiert; Mikrokonidien, falls vorhanden, zylindrisch .. .. ***Cylindrocladium***

33.* Konidienträger kurz, mit unregelmäßigen Verzweigungen nahe der Basis, ohne sterilen Auswuchs mit endständigem Vesikel; Makrokonidien normalerweise leicht gekrümmt, septiert; Mikrokonidien, falls vorhanden ellipsoid .... ***Cylindrocarpon*** (Abb. IX.14a, b)

Konidiogenese holoblastisch, holothallisch oder anellidisch [20*]

34. Konidien hell oder hellbraun 35

34.* Konidien dunkelbraun 44

Konidien hell oder hellbraun [34]

35. Kulturen schleimig, jung hefeartig, rosa, später dunkelbraun bis schwarz; Konidien einzellig, hefeartig sprossend; Chlamydosporen zahlreich, braun bis schwarz .... Gattungskomplex ***Aureobasidium*** (Abb. IX.11b–e)

(Schwarze Hefen; s. auch *Cladophialophora*, *Exophiala*, *Hormonema*, *Ramichloridium*, *Rhinocladiella*, *Wangiella*)

35.* Kulturen staubig oder mit Luftmyzel; Konidien einzellig oder septiert, nicht sprossend; Chlamydosporen nicht zahlreich, falls vorhanden, hell gefärbt 36

36. Konidien ungleich zweizellig, obere, größere Zelle mit stacheliger Oberfläche; Konidienträger undeutlich .... ***Mycogone*** (Abb. IX.12d)

36.* Konidien anders, ein- bis vielzellig; Konidienträger undeutlich oder gut entwickelt 37

37. Konidiogenese holoblastisch, Konidien einzellig 38

37* Konidiogenese thallisch (holothallisch oder anellidisch) 39

38. Konidiogene Zellen als scheitelständige, kugelige Anschwellungen von Konidienträgerzweigen ausgebildet, daran zahlreiche Konidien gleichzeitig entstehend; Konidien <15 µm im Durchmesser, ellipsoid .... ***Botrytis*** (Abb. IX.12a–c)

38.* Konidiogene Zellen länglich, an undeutlichen Konidienträgern ausgebildet; Konidien einzeln gebildet, ausgesprochen groß (meist mehr als 30 µm im Durchmesser) .... ***Sepedonium***

39. Konidien einzellig 40

39* Konidien mehrzellig, manchmal einzellige Mikrokonidien vorhanden, oft aus Tier- oder Humangewebe (v.a. Haut) isoliert; Kulturen meistens mit einem unangenehmen, starken Geruch 42

40. Konidiogenese anellidisch, Ringe an der konidiogenen Zelle undeutlich, konidiogene Zelle sich verjüngend; Konidien hyalin oder hellbraun, mit einer etwas abgeflachten Basis, zu kleinen, schleimigen Tröpfchen an der Anellidenöffnung vereinigt .... ***Scedosporium***

(Falls Konidien in Ketten, s. *Scopulariopsis*)

40.* Konidiogenese holothallisch 41

41. Konidien an der Basis abgeflacht, oft dickwandig und skulptiert, meist weniger als 6 µm lang, auf undeutlichen Konidienträgern, zuweilen auch in unterbrochenen kurzen Ketten gebildet .... ***Chrysosporium***

(Falls xerophil, s. *Bettsia* oder *Xerochrysium*)

41.* Konidien eiförmig, birnenförmig, keulig, manchmal zündholzförmig, dünnwandig, glatt, meistens länger als 6 µm, direkt am Myzel gebildet; Dermatophyt, menschen- oder tierpathogen .... ***Trichophyton*** (Abb. IX.19d–h)

42. Makrokonidien vielzellig, mit rauer Oberfläche, oft spindel- oder zigarrenförmig, manchmal birnförmig, einzellige Mikrokonidien vorhanden oder fehlend .... ***Microsporum*** (Abb. IX.19b, c)

42.* Makrokonidien vielzellig, glattwandig, einzellige Mikrokonidien vorhanden oder fehlend 43

43. Einzellige Mikrokonidien fehlend; Makrokonidien keulig, Kulturen grünbräunlich oder gelb-orange .... ***Epidermophyton*** (Abb. IX.19a)

43* Einzellige Mikrokonidien vorhanden, dominierend; Makrokonidien zylindrisch oder zigarrenförmig .... ***Trichophyton*** (Abb. IX.19d–h)

Konidien dunkel gefärbt [34*]

44. Konidien einzellig, einzeln an kaum differenzierten Konidienträgern gebildet, gelegentlich kleine, kugelige, einzellige Phialokonidien vorhanden . 45

44.* Konidien mehrzellig, an differenzierten oder undifferenzierten Konidienträgern gebildet 47

45. Thermophil (Wachstum über 40 °C) .... ***Thermomyces***

45.* Mesophil (Wachstum höchstens bis 37 °C) 46

46. Konidien (Aleurokonidien) ohne Keimspalt, kugelig, an kleinen zylindrischen Zellen gebildet .... ***Humicola*** (Abb. IX.11h)

46.* Konidien (Aleurokonidien) mit Keimspalt, länglich ellipsoid mit breit abgeflachter Basis, seitlich an Hyphen entstehend (wenn konidiogene Zellen pinselähnlich angeordnet vgl. *Wardomyces*, wenn angeschwollen vgl. *Nigrospora*) .... ***Mammaria*** (Abb. IX.12e, f)

47. Konidien quer- und längsseptiert (mauerförmig) 48

47.* Konidien nur querseptiert, Septen manchmal undeutlich 50

Konidien mehrzellig, mauerförmig septiert [47]

48. Konidien an der ganzen, breit abgeflachten Basis mit der konidiogenen Zelle verbunden, wenn abgefallen, manchmal Reste der konidiogenen Zelle noch an der Konidienbasis haftend .... ***Pithomyces*** (Abb. IX.12g)

48.* Konidien nicht abgeflacht, nur an einer begrenzten Stelle mit der konidiogenen Zelle verbunden, an der ehemaligen Anhaftungsstelle oft mit ringförmiger Narbe 49

49. Konidienträger ganzheitlich an der Spitze weiterwachsend ("percurrent"); Konidien durch einen feinen Porus mit der konidiogenen Zelle verbunden . ... ***Stemphylium***

49.* Konidienträger sympodial weiterwachsend; Konidie nicht durch Porus mit der konidiogenen Zelle verbunden, Konidie kann zu Konidienträger auswachsen .... ***Ulocladium*** (Abb. IX.12h)

Konidien querseptiert [47*]

50. Konidien zweizellig; konidiogene Zellen zylindrisch, an der Basis angeschwollen (in Kultur nicht immer ausgeprägt), mit deutlichen Anelliden .... ***Spilocaea*** (Anamorph von ***Venturia***)

50.* Konidien mehrzellig, konidiogene Zellen zylindrisch ohne angeschwollene Basis, mit Poren oder Narben 51

51. Konidien länglich spindelförmig, oft sichelförmig gekrümmt, Endzellen manchmal etwas heller als Medianzellen .... ***Curvularia***

51.* Konidien gerade oder undeutlich gekrümmt 52

52. Konidienbasis mit deutlich vorgezogener Narbe (Hilum) .... ***Exserohilum***

52.* Konidienbasis ohne Hilum 53

53. Konidien mehrheitlich zylindrisch .... ***Drechslera***

53.* Konidien mehrheitlich spindelförmig .... ***Bipolaris***

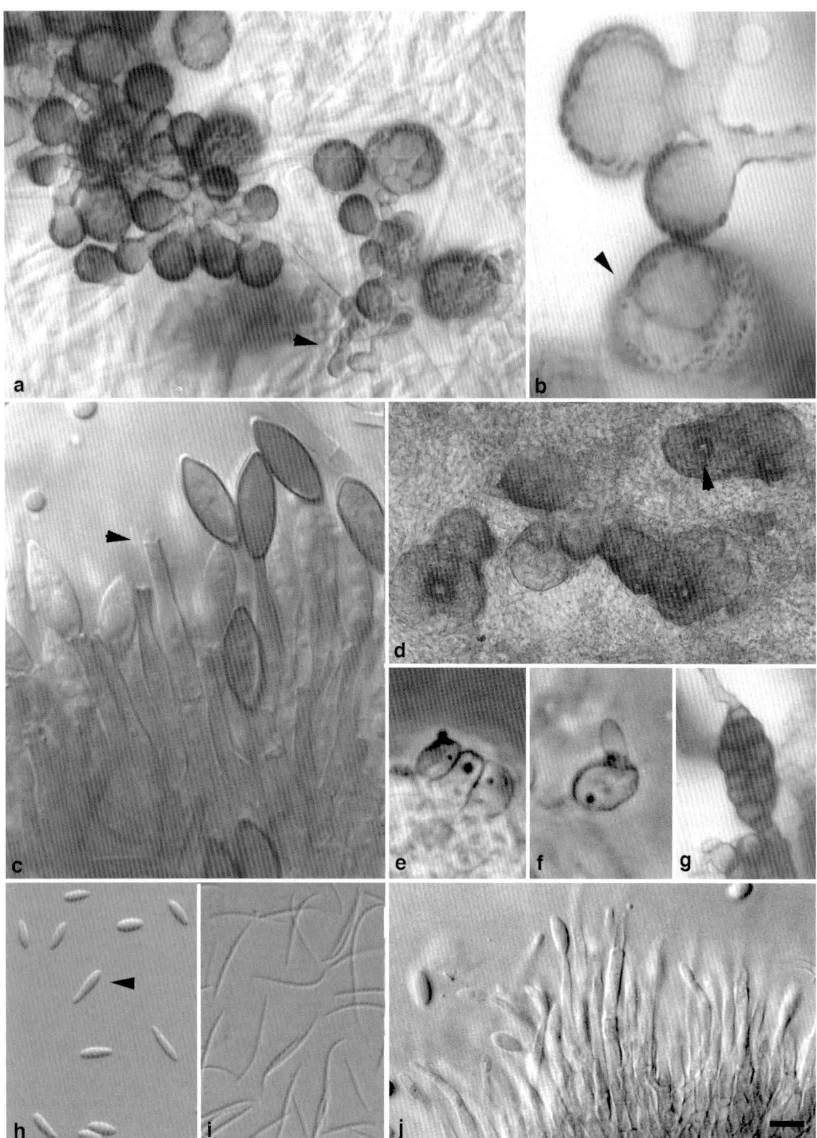

Abb. IX.9. Anamorphe mit Fruchtkörpern.

a, b. ***Epicoccum nigrum***: **a.** Konidienbildung in Acervulus, junge Stadien (Pfeil); ältere Konidien sind mauerförmig septiert. **b.** Detail der holoblastischen Konidienbildung, mauerförmig septierte Konidie (Pfeil). **c.** ***Melanconium apiocarpum***: Konidienträger in Acervulus, Gewebe an der Basis; Konidienbildung (Pfeil). **d–g.** ***Phoma*** sp.: **d.** Pyknidien mit Ostiolum (Pfeil). **e, f.** Konidiogene Zellen (Phialiden). **g.** Mehrzellige Chlamydospore. **h–j.** ***Phomopsis*** sp.: **h.** Alpha-Konidien, intermediäre Konidie (Pfeil). **i.** Beta-Konidien. **j.** Acervulus mit Konidienträgern. Maßstab: d; 40 µm; a, g–i: 10 µm; b, c, e, f, j: 4 µm.

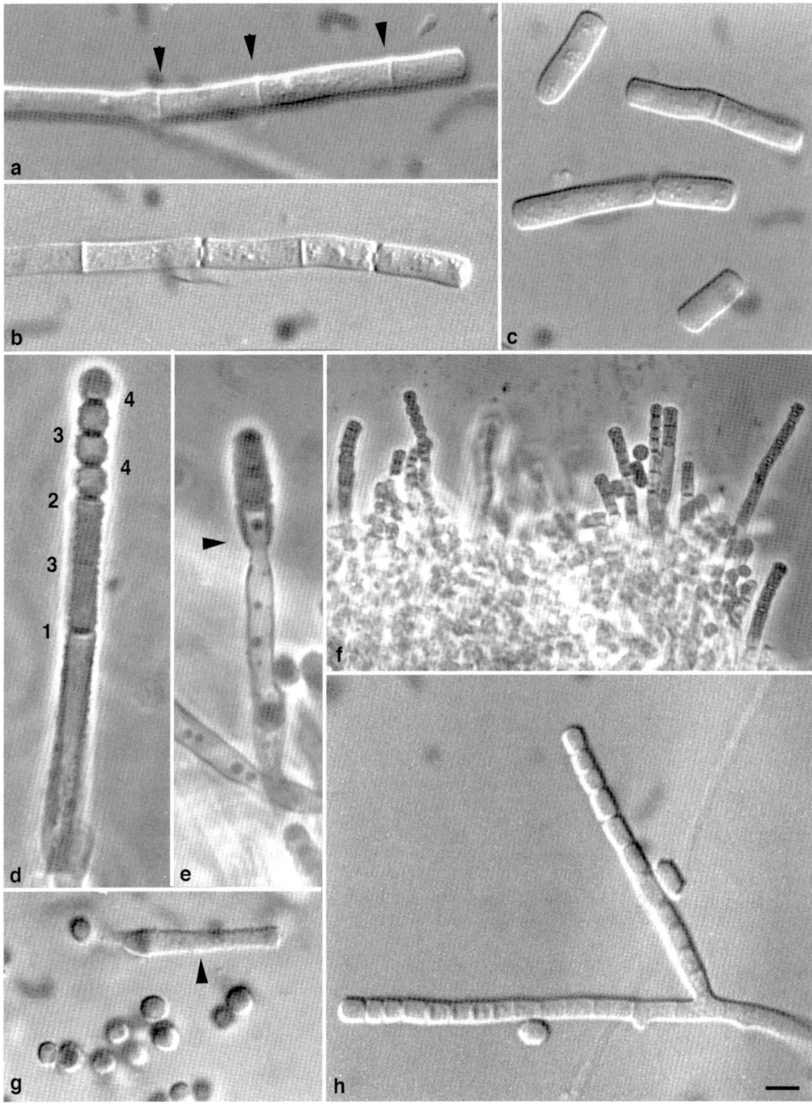

Abb. IX.10. Thallische Konidienbildung.

a–c. ***Geotrichum candidum*** (*Galactomyces candidum*): **a, b.** Septierte Hyphen (Pfeile), die zu Konidien zerfallen. **c.** Zerfallende Hyphenstücke, Konidien. **d–g.** ***Wallemia sebi***: **d.** Filament mit erstem Septum in der Mitte (1), weitere Septen folgen in der Ordnung 2–4, wobei Einheiten von 4 Konidien entstehen. **e.** Phialiden-ähnliche Zelle (Pfeil), woraus das Filament wächst. **f.** Übersicht. **g.** Junges Filament (Pfeil); Konidien, die im Alter rundlich und warzig werden. **h.** Anamorph eines Basidiomyzeten. Maßstab: f: 10 µm; a–e, g, h: 4 µm.

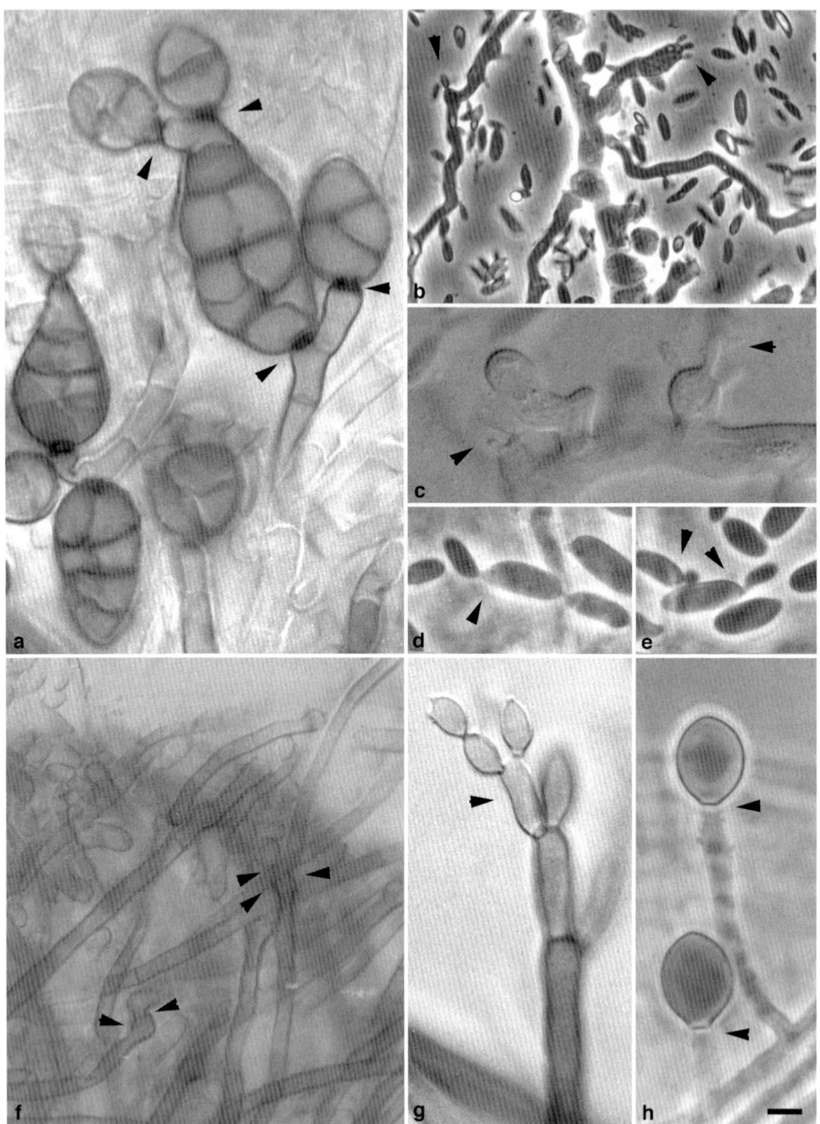

Abb. IX.11. Holoblastische Konidienbildung.

a. ***Alternaria alternata***: Bildung von Porokonidien in akropetalen Ketten an Konidienträgern; konidiogene Loci sind melanisiert und sympodial angeordnet (Pfeile); Konidien mit Längs-, Quer- und schrägen Septen, mit Rostrum (Schnabel). **b–e.** ***Aureobasidium pullulans***: **b, c.** Konidienbildung (Pfeile) an Hyphen. **d, e.** Sprossende Konidien (Pfeile). **f, g.** ***Cladosporium cladosporioides***: **f.** Sympodial wachsende Konidienträger (Pfeile: konidiogene Loci). **g.** Konidien in akropetalen Ketten; Konidie wird zu konidiogener Zelle (Pfeil). **h.** ***Humicola grisea***: Blastokonidien; Ansatzstelle breit (Pfeile), passive Freisetzung. Maßstab: b, f: 10 µm; a, c–e, g, h: 4 µm.

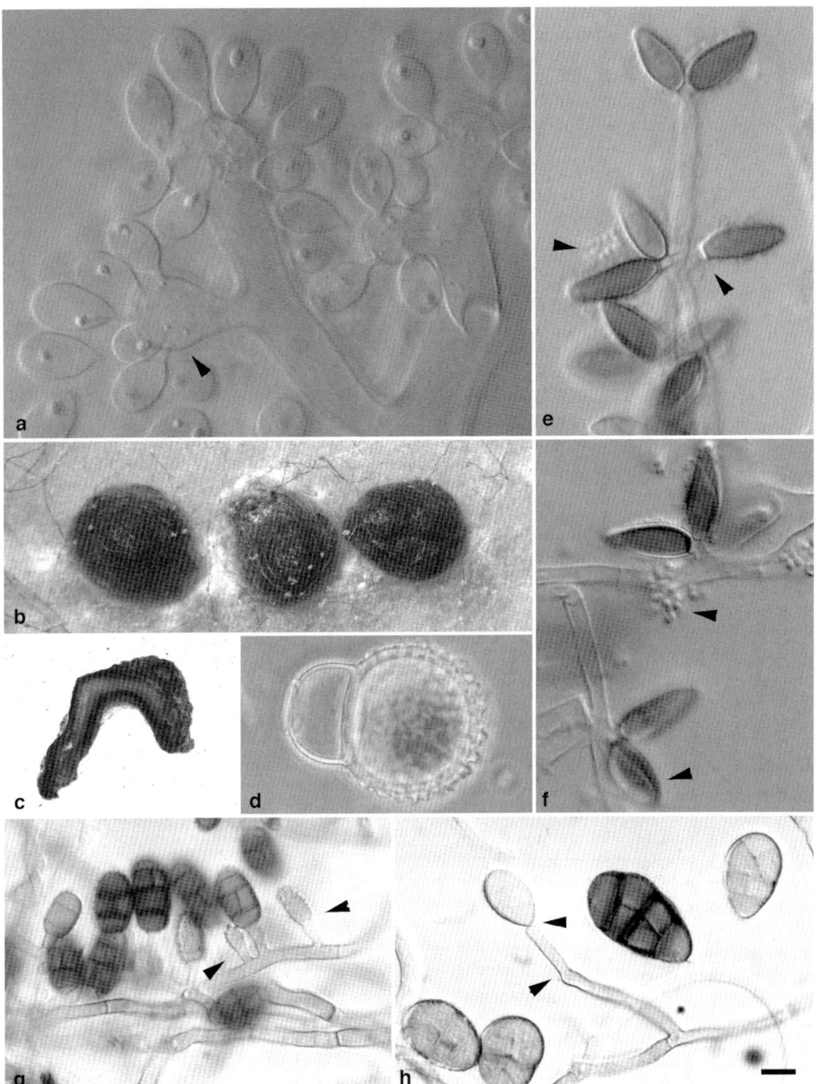

Abb. IX.12. Holoblastische Konidienbildung.

a–c. ***Botrytis cinerea***: **a.** Angeschwollene konidiogene Zelle (Pfeil) mit simultaner Konidienbildung. **b.** Sklerotien. **c.** Querschnitt durch Sklerotium mit dunklem, rindenartigem Gewebe (äußere Schicht) und Speichergewebe. **d.** ***Mycogone rosea***: Zweizellige Konidie. **e, f.** ***Mammaria echinobotryoides***: Blastokonidien (Aleurokonidien); breite Ansatzstelle (e, Pfeil), passive Freisetzung, Keimspalt (f, Pfeil); Phialokonidien (e, Pfeil links; f, Pfeil oben). **g.** ***Pithomyces chartarum***: mauerförmig septierte Blastokonidien; Ansatzstelle breit, passive Freisetzung, junge Stadien (Pfeile). **h.** ***Ulocladium chartarum***: Konidienträger mit sympodial angeordneten, konidiogenen Loci (Pfeile); Konidien ohne Rostrum. Maßstab: b, c: 635 µm; g, h; 8 µm; a, d–f: 4 µm.

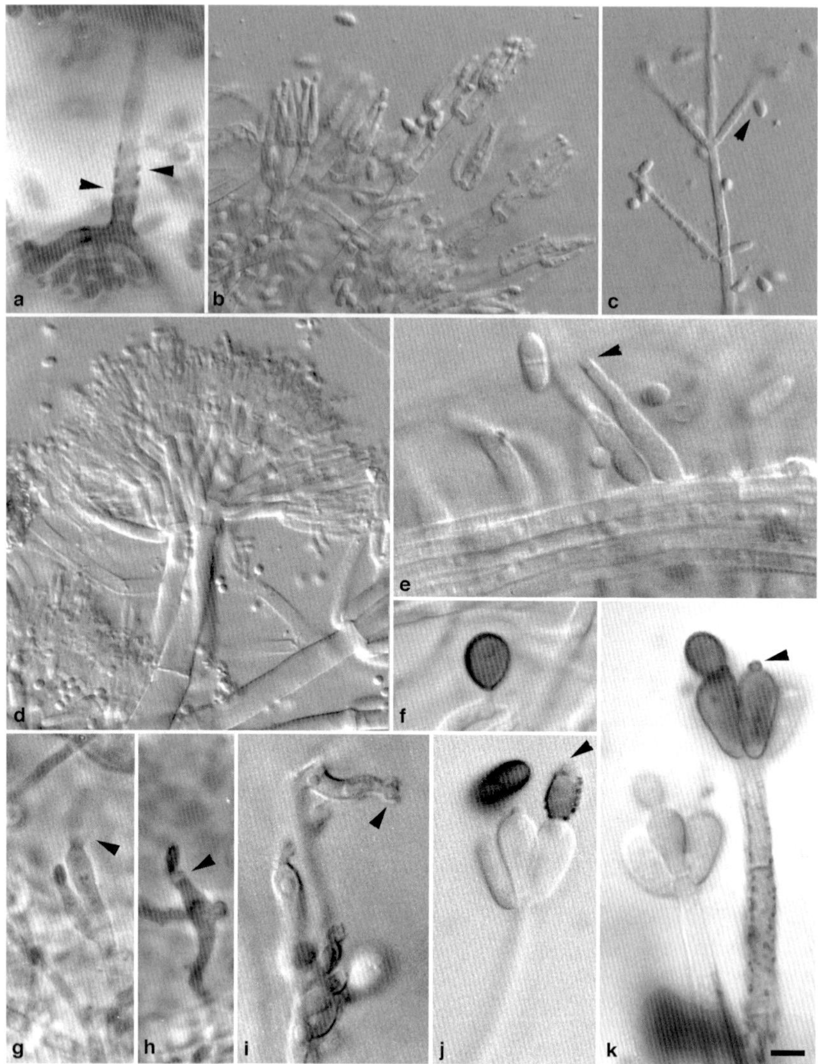

Abb. IX.13. Enteroblastische Konidienbildung ohne Ketten.

a. *Acremonium rutilum*: Phialide an Hyphen gebildet, chromophile Basis (Pfeile). **b, c.** *Clonostachys rosea*: **b.** Konidienträger mit pinselförmig angeordneten Phialiden. **c.** Konidienträger mit wirtelig angeordneten Phialiden (*Verticillium*-Form); Konidien asymmetrisch (Pfeil). **d.** ***Gliocladium viride*** (gegenwärtiger Name: ***Trichoderma deliquescens***): pinselförmig verzweigter Konidienträger. **e.** ***Monographella cucumerina***: Phialide mit Kollarette (Pfeil) an Hyphen gebildet, links zweizellige Konidie. **f–i.** ***Phialophora mustea***: **f.** Aleurospore. **g–i.** Phialiden mit Kollarette (Pfeile). **j, k.** ***Stachybotrys chartarum***: **j.** Ältere Konidie mit rauer Oberfläche (Pfeil). **k.** Bauchig erweiterte Phialiden, wirtelig am Konidienträgerende angeordnet, mit vorstehendem konidiogenen Locus (Pfeil). Alter Konidienträger mit Inkrustierungen (rechts). Maßstab: b–d: 10 µm; a, e–k: 4 µm.

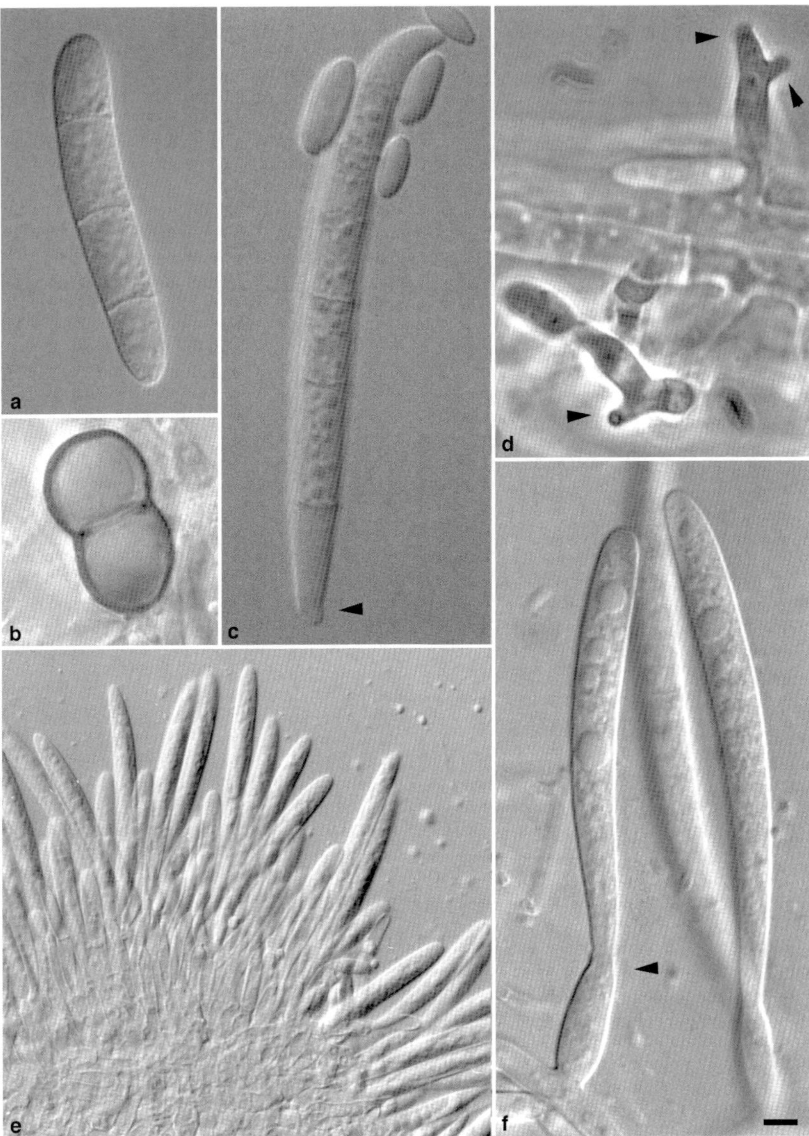

Abb. IX.14. Enteroblastische Konidienbildung ohne Ketten.

a, b. ***Cylindrocarpon destructans***: **a.** Mehrzellige Makrokonidie; Sporenenden gleichmäßig abgerundet. **b.** Chlamydospore. **c–f.** ***Fusarium*** spp.: **c.** Mehrzellige Makrokonidie mit Fußzelle (Pfeil); einzellige Mikrokonidien (oben im Bild). **d.** Polyphialiden (Phialide mit mehr als einem Locus, Pfeile). **e.** Sporodochium. **f.** Phialide (Pfeil). Maßstab: e: 10 µm; a–d, f: 4 µm.

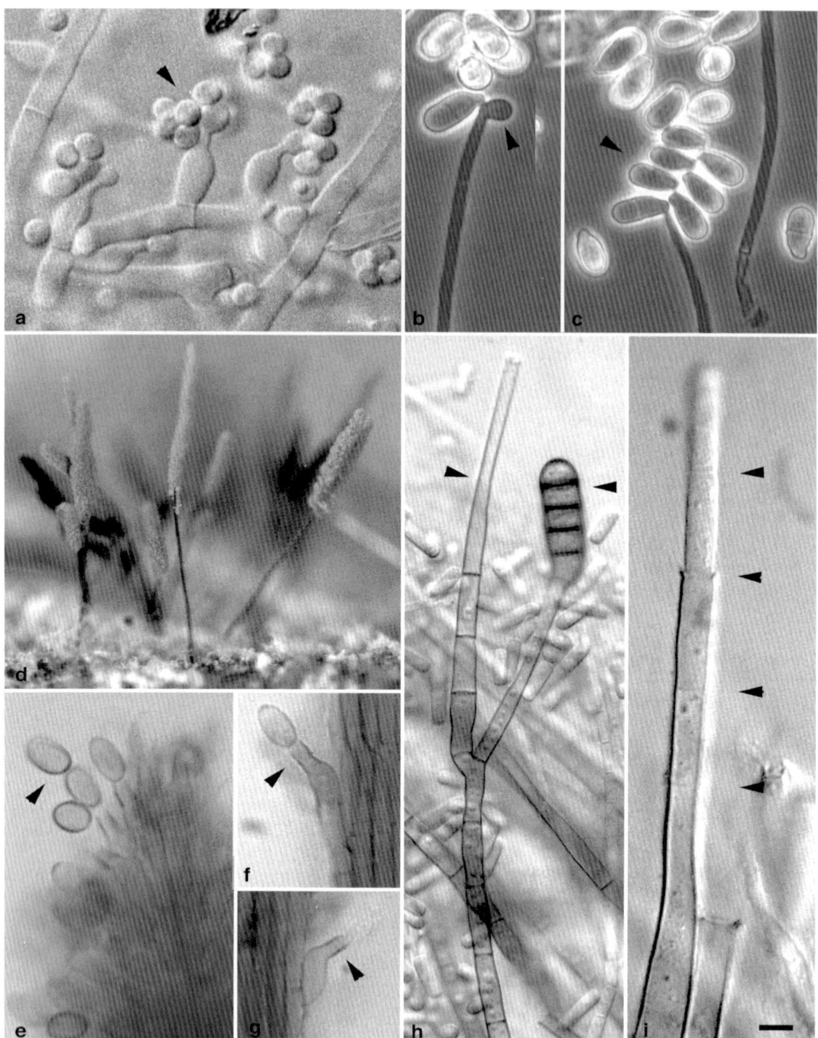

Abb. IX.15. Enteroblastische Konidienbildung ohne Ketten (a), retrogressive Konidienbildung, Konidien in Ketten (b, c), enteroblastische Konidienbildung mit Ketten (d–i), Anelliden (d–g).

a. ***Trichoderma*** sp.: Phialiden an wenig differenzierten Konidienträgern, Konidien in Tröpfchen (Pfeil). **b, c.** ***Trichothecium roseum***: **b.** Entstehung einer Konidie an einem Filament (Pfeil); vorangegangene Konidie noch angeheftet. **b.** Zweizellige Konidien in einer Kette (Pfeil). **d–g.** ***Cephalotrichum microsporum***: **d.** Synnemata. **e.** Spitze eines Synnemas mit konidiogenen Zellen; Konidien in Ketten (Pfeil). **f, g.** Konidiogene Zellen mit Anelliden (Pfeile). **h, i.** ***Thielaviopsis basicola***: **h.** Konidienträger; Phialide mit langem Hals (Pfeil links: Konidienbildungsstelle); vierzellige Arthrokonidie, die später in Einzelzellen zerfällt (Pfeil rechts). **i.** Konidienkette, z.T. noch im Phialidenhals (Pfeile: Septen, wo Kette zerfällt). Maßstab: d: 200 µm; b, c, h: 10 µm; a, e–g, i: 4 µm.

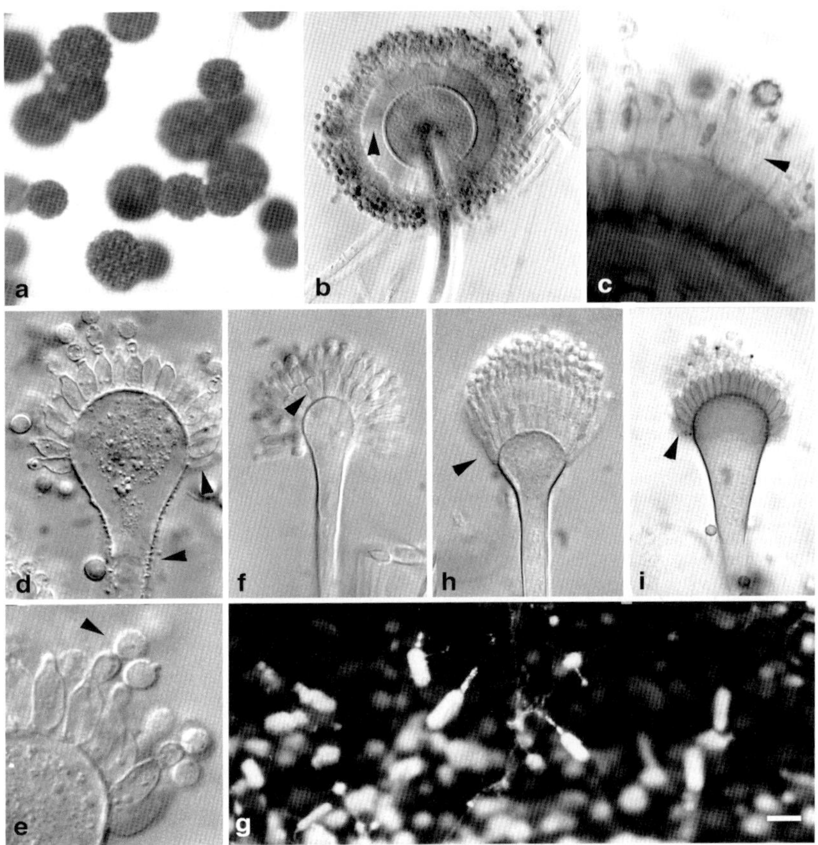

Abb. IX.16. Enteroblastische Konidienbildung mit Ketten: **Aspergillus** *spp. (vgl. Abb. X.1).*

a–f. Phialiden direkt auf dem Vesikel (einreihige Arten) oder auf einer Zellreihe (Metulae) sitzend (zweireihige Arten), radiär um den Vesikel angeordnet und somit Köpfchen bildend. **a–c.** ***A. niger***: a. Köpfchen. **b.** Konidienträger mit Vesikel (im Zentrum), Metulae (Pfeil), Phialiden und Konidien (zweireihig). **c.** Konidien, Phialiden (Pfeil) und Metulae. **d, e.** ***A. flavus***: **d.** Phialiden (Pfeil) direkt auf Vesikel sitzend (einreihig); Stiel rau (Pfeil); eine zweireihige Anordnung ist bei *A. flavus* auch möglich, v.a. in älteren Kulturen. **e.** Phialiden, Konidien in Ketten (Pfeil). **f.** ***A. versicolor***: Phialiden auf Metulae (Pfeil) sitzend (zweireihig), Stiel glatt. **g–i.** Phialiden in der oberen Vesikelhälfte angeordnet und somit Säulen bildend. **g, h.** ***A. terreus***: **g.** Säulen. **h.** Konidienträger mit Vesikel (im Zentrum), Metulae (Pfeil), Phialiden und Konidien (zweireihig). **i.** ***A. fumigatus***: Phialiden (Pfeil) direkt auf Vesikel sitzend (einreihig). Maßstab: a, g: 100 µm; b: 20 µm; d, f, h, i: 8 µm; c, e: 4 µm.

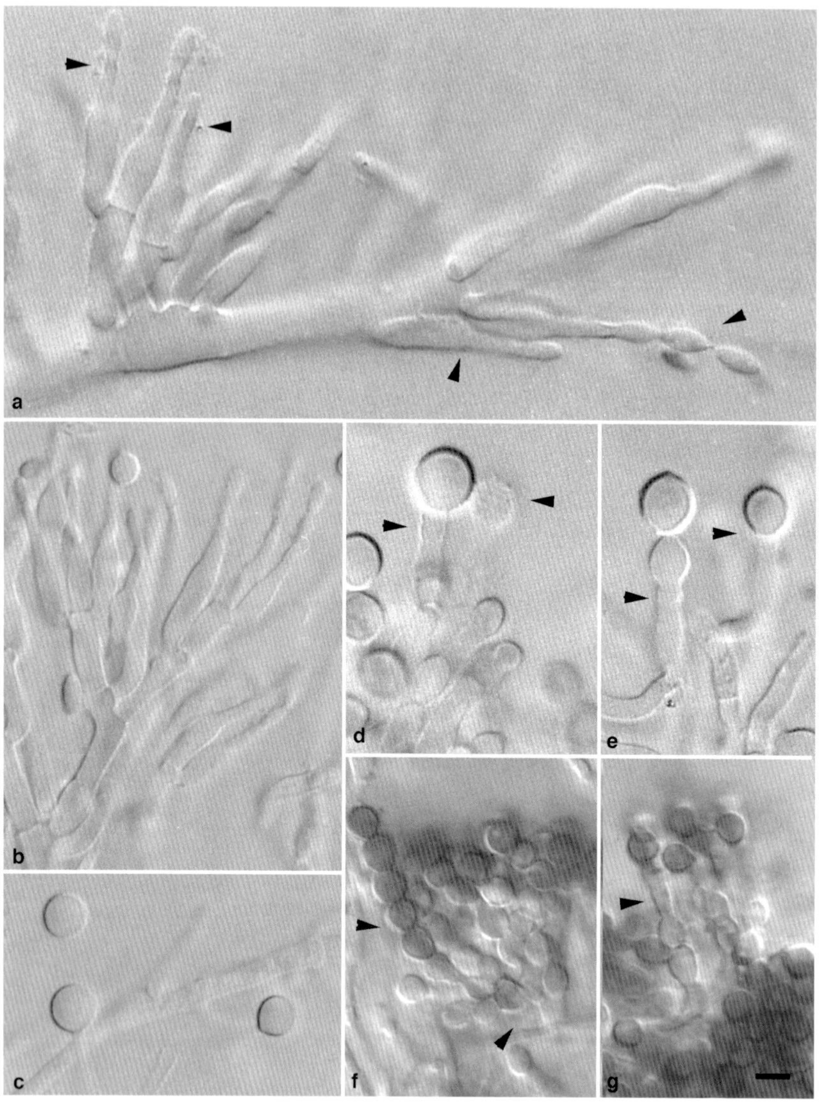

Abb. IX.17. Enteroblastische Konidienbildung mit Ketten (a–c), anellidische Konidienbildung (d–g).

a–c. ***Paecilomyces variotii***: **a.** Pfriemenförmige Phialiden (Pfeil Bildmitte); Konidienbildungsstelle dunkel gefärbt (Pfeile links); Konidien in Ketten (Pfeil rechts); **b.** Unregelmäßig verzweigter Konidienträger. **c.** Aleurosporen. **d, e.** ***Scopulariopsis flava***: **d.** Konidiogene Zelle mit Anelliden (Pfeil links); ältere Konidie mit warziger Oberfläche (Pfeil rechts). **e.** Konidiogene Zelle mit Anelliden (Pfeil links); Konidie mit breiter Ansatzstelle (Pfeil rechts); Konidien in Ketten (links). **f, g.** ***Scopulariopsis fusca***: **f.** Verzweigter Konidienträger (Pfeil rechts); Konidien in Ketten (Pfeil links). **g.** Konidiogene Zelle mit Anelliden (Pfeil). Maßstab: a–g: 4 µm.

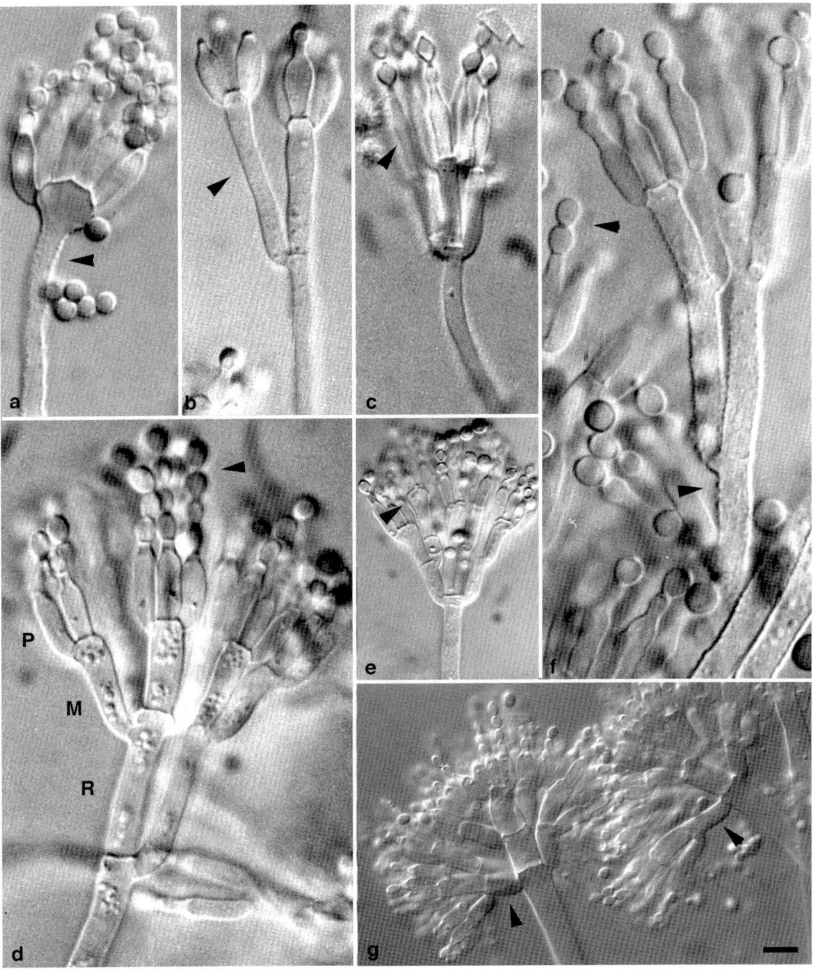

Abb. IX.18. Enteroblastische Konidienbildung mit Ketten:* Penicillium *spp. (vgl. Abb. X.2).

a. ***P. glabrum*** (Subgenus *Aspergilloides*): Phialiden direkt auf Konidienträger sitzend, mit kleinem Vesikel; Stiel rau (Pfeil). **b.** ***P. corylophilum*** (Subgenus *Furcatum*): Metulae (Pfeil) ungleich lang, länger als Phialiden. **c.** ***Talaromyces variabilis*** (= *P. variabile*): Phialiden (Pfeil) etwa gleich lang wie Metulae. **d.** ***P. chrysogenum*** (Subgenus *Penicillium*): Konidienträger zweimal verzweigt; Phialide (P), Metulae (M), Rami (R); Stiel glatt; Konidien in Ketten (Pfeil). **e.** ***P. brevicompactum*** (Subgenus *Penicillium*): Penicilli breiter als hoch, da Metulae (Pfeil) häufig erweitert und Rami kurz sind. **f.** ***P. commune*** (Subgenus *Penicillium*): Stiel rau (unterer Pfeil), Konidien in Ketten (oberer Pfeil). **g.** ***P. olsonii*** (Subgenus *Penicillium*): Rami (Pfeile) und Metulae sehr kurz und zahlreich. Maßstab: e, g: 8 µm; a–d, f: 4 µm.

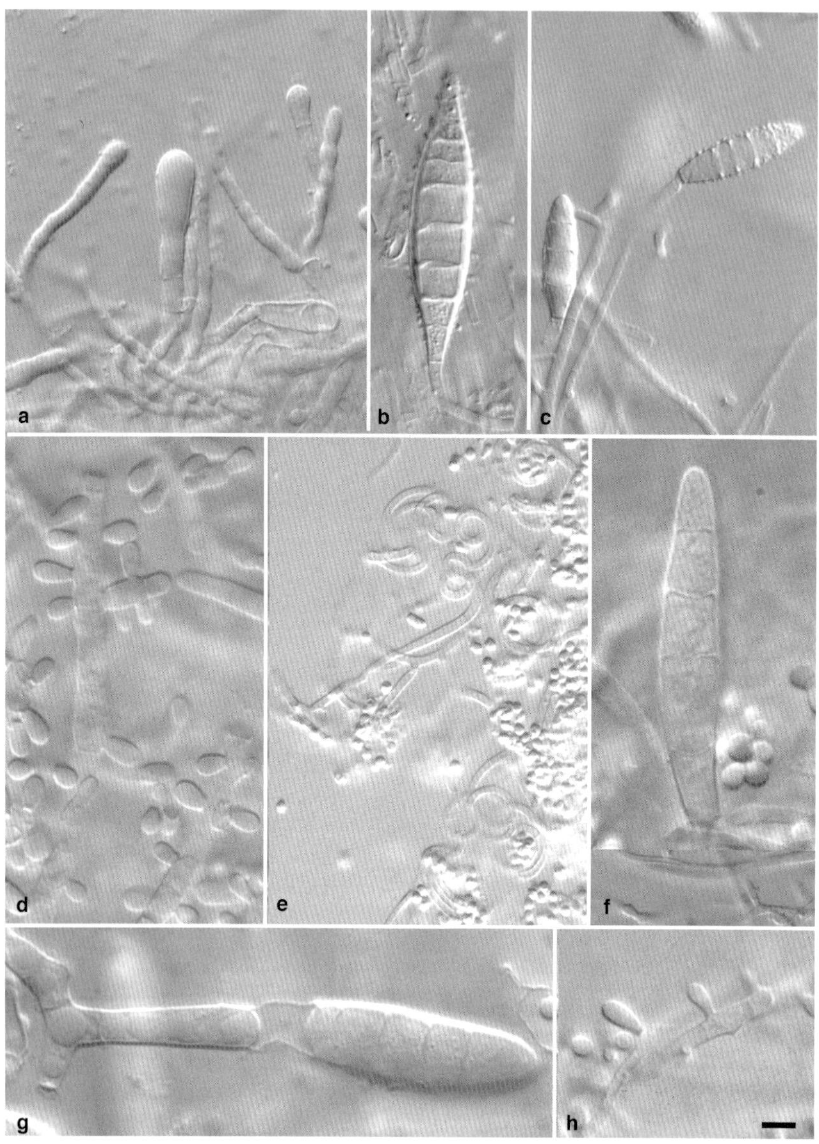

Abb. IX.19. Dermatophyten – holothallische Konidienbildung.
a. *Epidermophyton floccosum*: Bildung von Makrosporen. **b. *Microsporum canis***: rauwandige Makrospore mit dicker Zellwand. **c. *Microsporum gypseum***: rauwandige Makrospore mit dünner Zellwand. **d. *Trichophyton erinacei*. e, f. *Trichophyton mentagrophytes***: **e.** Gewundene Hyphen und Mikrosporen. **f.** Makrospore. **g. *Trichophyton ajelloi***: Makrospore, die freigesetzt wird. **h. *Trichophyton rubrum***. Maßstab: a-c, e: 10 µm; d, g-h: 4 µm.

X. Die wichtigsten Gattungen der Schimmelpilze

Die taxonomische Zugehörigkeit folgt den Angaben der CABI Datenbank (http://www.indexfungorum.org/) sowie Kirk et al. (2011). MycoBank (Crous et al., 2004a; Robert et al., 2005) wurde ergänzend als Quelle verwendet. Gattungskommentare stützen sich hauptsächlich auf Domsch et al. (2007), Samson et al. (2004, 2010), Seifert et al. (2011) sowie eigene Erfahrung.

Die Literatur in Fettdruck kann für die Artbestimmung herangezogen werden.

Incertae sedis: taxonomische Stellung unsicher.

Unter „gegenwärtiger Name" wird die taxonomische Einteilung nach der am 01.01.2013 in Kraft getretenen „Ein-Pilz-ein-Name" Nomenklaturregel (one fungus, one name) (Hawksworth et al., 2011; Norvell, 2011; Taylor, 2011) verstanden.

***Absidia* v. Tieghem** Abb. IX.2a–g

Cunninghamellaceae*, *Zygomycota

Anzahl Taxa: >20

Literatur: **Domsch et al. (2007)**, **Hessseltine et al. (1990**, Schlüssel), Samson et al. (2004, 2010), Schipper (**1990**, Schlüssel), Zycha et al. (1969). Internet: http://zygomycetes.org/index.php?id=108

Beispiele: *Absidia cylindrospora* Hagem, *A. spinosa* Lendner.

Anmerkungen: *Absidia*-Arten sind meistens Bodenpilze und können aus der Rhizosphäre und verrottetem Pflanzenmaterial isoliert werden.

***Acremonium* Link** Abb. IX.13a

Anamorphe *incertae sedis* und von *Hypocreales*, *Ascomycota*

Anzahl Taxa: ca. 117

Literatur: **De Hoog et al. (2000a)**, **Domsch et al. (2007)**, **Gams (1971a)**, Peberdy (1987, Biotechnologie, Sekundärmetaboliten), Rossman et al. (1999), Samson et al. (2004, 2010), Summerbell et al. (2011, Phylogenie).

Beispiele: *A. charticola* (Lindau) W. Gams: u.a. feuchte Tapeten, Wände, Pflanzen, Luft. *A. rutilum* W. Gams: Boden.

Anmerkungen: Die Gattung ist polyphyletisch und eher ein Bund ähnlich aussehender Arten. Die Arten sind sehr schwierig zu bestimmen; es empfiehlt sich, einen Spezialisten zu konsultieren.

Actinomucor **Schostak.**

Mucoraceae, Zygomycota

Anzahl Taxa: 1

Literatur: **Benjamin & Hesseltine (1957)**, **Domsch et al. (2007)**, Jong & Yuan (1985). Internet: http://zygomycetes.org/index.php?id=107

Beispiel: *A. elegans* (Eidam) Benjamin & Hesseltine: kommt in Kulturböden vor. Aufgrund seiner starken proteolytischen Aktivität wird er für die Fermentation von Sojabohnen zu Sufu oder Tofu verwendet.

Alternaria **Nees** Abb. IX.11a

Anamorphe von *Pleosporaceae, Ascomycota*

Anzahl Taxa: ca. 300

Teleomorph: *Lewia* M. E. Barr & E. G. Simmons.

Literatur: **Ellis (1971, 1976)**, Rotem (1994, Ökologie), Samson et al. (2004, 2010), **Simmons** (1967, 1996a, 1996b, 1997, 1998, **2007**), Wiltshire (1947), Woudenberg et al. (2013, Phylogenie; 2014).

Beispiel: *A. alternata* (Fr.) Keissler (= *A. tenuis* Nees): kosmopolitisch, Sekundärbesiedler abgestorbener Vegetation, z.T. Verursacher von Fäulen an Kulturpflanzen, z.B. Tomaten; Wachstum in feuchten Innenräumen, Erreger von Atemwegsallergien; Verwendung zur Herstellung standardisierter Allergenextrakte. *A. cucumerina* (Ellis & Everh.) J.A. Elliott: Flecken auf Blättern und Früchten von Kürbisgewächsen.

Anmerkungen: Die Bestimmung der Arten, v.a. derjenigen, welche kurze Ketten bilden, ist außerordentlich schwierig. Die pflanzenpathogenen Arten werden meist anhand der Wirtspflanze identifiziert.

***Ascochyta* Lib.**

Anamorphe *incertae sedis* und von *Pleosporales*, *Ascomycota*

Anzahl Taxa: ca. 388

Teleomorph: *Didymella* Sacc.

Literatur: Boerema & Dorenbosch (1973), Buchanan (1987), Mel'nik (1977), Peever (2007, Wirtsspezifität), Peever et al. (2007, Phylogenie), **Punithalingam (1979, 1981, 1988)**, **Sutton (1980)**.

Beispiele: *A. pisi* Lib., *A. cucumis* Fautr. & Roum. [gegenwärtiger Name: *Didymella bryoniae* (Fuckel) Rehm]: Erreger von Blattfleckenkrankheiten auf Erbsenpflanzen, bzw. Gurken.

Bemerkung: Bestimmung meistens nach Wirtspflanze. Pathogene u.a. von Leguminosen.

***Ascotricha* Berk.**

Xylariaceae*, *Ascomycota

Anzahl Taxa: >20

Anamorph: *Dicyma* Boulanger, *Nodulisporium* Preuss.

Literatur: Ames (1963), Ellis (1971), Hawksworth (1971).

Beispiel: *A. chartarum* Berk.: auf abgestorbenen Blättern, Stängeln, Papier, Karton, weltweite Verbreitung.

***Aspergillus* P. Micheli ex Link** Abb. IX.16, X.1

Anamorphe von *Aspergillaceae* (von *Trichocomaceae* abgesondert), *Ascomycota*

Anzahl Taxa: >200

Teleomorph: *Chaetosartorya* Subram., *Cristaspora* Fort & Guarro, ?*Dichlaena*, *Dichotomomyces* Saito ex D. B. Scott, *Emericella*, *Eurotium*, *Fennellia*, *Neocarpenteles*, *Neopetromyces*, *Neosartorya*, *Petromyces*, *Sclerocleista* Subram.

Literatur: Dijksterhuis & Wösten (Hrsg. 2013, *A. niger*), **Domsch et al. (2007)**, Gravesen et al. (1994, detaillierte Information zu einzelnen Arten), **De Hoog et al.** (2000a, medizinisch bedeutsame

Arten), Frisvad & Samson (2000), Geiser et al. (2007, Molekularbiologie), Houbraken & Samson (2011, Phylogenie, Aufteilung der *Trichocomaceae*), Houbraken et al. (2014a, Taxonomie biotechnologisch wichtiger Arten), Hubka et al. (2013, Nomenklatur; 2015), **Klich** (1993, **2002**, 2009, Gesundheitsaspekte), **Kozakiewicz (1989)**, Machida & Gomi (Hrsg. 2010, Genomforschung, Übersichtsarbeit), Mücke & Lemmen (2005, humanpathogene Arten, Mykotoxine), Peterson (2008, Molekularbiologie), Pitt & Taylor (2014, Nomenklatur), Pitt & Samson (1993, gegenwärtige Namen, Synonyme), Powell et al. (1994, industrielle Anwendungen), **Raper & Fennel (1965)**, Samson (1979, 1992, 1994), Samson & Gams (1985), Samson & Pitt (1985, 1990, 2000, Artendifferenzierung auf molekularer Ebene), **Samson et al. (2004**, **2010**, 2011a, 2014, Nomenklatur), **Samson & Varga (2007)** , Singh et al. (1991, v.a. Arten auf Getreide), Subramanian (1972, Teleomorph), Varga & Samson (2008, Phylogenie, Genomik, Biotechnologische Anwendungen, Klinik), Varga et al. (2010a, b), Visagie et al. (2014a; Vorkommen in Hausstaub, 2014b). Internet: www.aspergillus.org.uk

Beispiele: *A. flavus* Link ex Gray und *A. parasiticus* Speare: auf Nüssen und Getreide, Aflatoxinbildner.
A. fumigatus Fres.: thermotolerant, in Heu, Kompost, Müll, Haushaltsstaub, Innen- und Außenluft; humanpathogen, u.a. Erreger von Lungenaspergillose.
A. niger v. Tiegh.: kosmopolitisch, Verderber von Lebensmitteln und Materialien wie Papier, Leder, Textilien; Verwendung zur industriellen Produktion organischer Säuren, v.a. Zitronensäure.
A. terreus Thom: in Boden, Rhizosphäre, Textilien, Luft, Hausstaub; Synthese von Mevinolin, einer Substanz (Statin) zur Senkung des Blutcholesterolspiegels.

Anmerkungen: Anhand morphologischer und molekularbiologischer Merkmale wird die Gattung in 6 physiologisch und phenotypisch verschiedene Untergattungen unterteilt (resp. die Sektionen zu Untergattungen erhoben): Untergattung *Aspergillus* (Tel. *Eurotium*), *Circumdati* (Tel. *Petromyces*, *Neopetromyces*, *Fennellia*), *Fumigati* (Tel. *Dichotomomyces*, *Neocarpenteles*, *Neosartorya*), *Cremei* (Tel. *Chaetosartorya*, *Cristaspora*), *Nidulantes* (Tel. *Emericella*), wobei die Namen der *Aspergillus* Form, weil älter, als gegenwärtige Namen vorgeschlagen werden (Samson et al., 2014). *Aspergillus* ist polyphyletisch und um die zu konservierenden Telemorph-Namen wird debattiert (Pitt & Taylor, 2014).
Die Differenzierung von Arten auf molekularbiologischer Ebene führt laufend zur Beschreibung neuer Taxa (z.B. Jurjević et al., 2012a, b; Samson et al., 2011b; Visagie et al., 2014a, b).

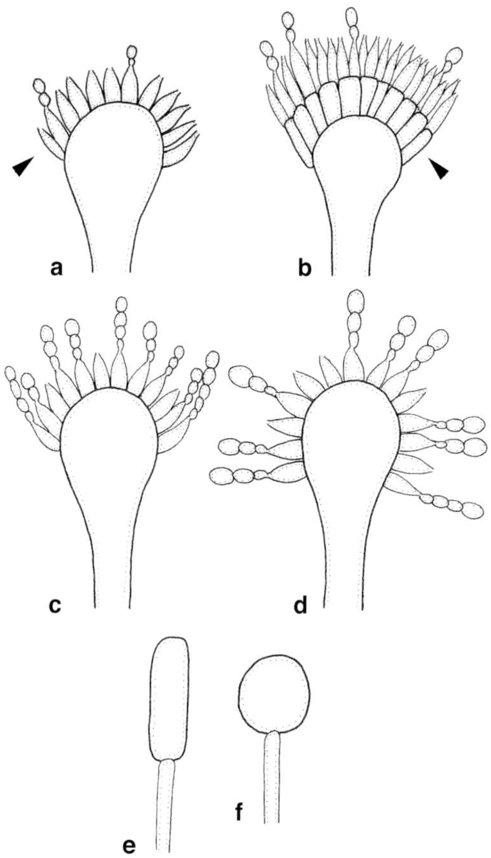

***Abb. X.1. Subgenerische Einteilung der Gattung* Aspergillus.**
a. Phialiden (Pfeil) direkt am Vesikel entstehend. **b.** Phialiden auf einer Zellreihe (Metulae; Pfeil) entstehend. **c.** Phialiden nur an der oberen Vesikelhälfte angeordnet, einen säulenförmigen Kopf bildend. **d.** Phialiden am ganzen Vesikel angeordnet, einen kugeligen Kopf bildend. **e.** Säulenförmiger Kopf. **f.** Kugeliger Kopf.

Aspergillus-Arten werden morphologisch in erster Linie durch die Anordnung der konidienbildenden Zellen auf dem Vesikel (Abb. IX.1) und Kulturmerkmale abgegrenzt. Taxonomische Gruppen werden anhand der Teleomorphe und der Produktion von Sekundärmetaboliten eingeteilt. Viele Arten sind Bodenbewohner und xerophil.

Verschiedene Arten sind einerseits wirtschaftlich wichtige Lebensmittelverderber und Lagerschädlinge (z. B. Getreidelager, Kaffeebohnen) sowie als Toxinproduzenten und Erreger von klinisch schweren Allergien (v.a. *A. fumigatus*: durch Sporen, flüch-

tige Stoffwechselprodukte) für den Konsumenten gefährlich. Manche Arten (z.B. *A. flavus*, *A. fumigatus*, *A. niger*, *A. terreus*) sind opportunistische Humanpathogene. Bestimmte Arten werden kommerziell für die Herstellung asiatischer Esswaren (Sojasauce), Vitamine, Enzyme, Antibiotika und organische Säuren industriell eingesetzt.
Gelagerte, durch *Aspergillus* kontaminierte Getreidekörner zeigen eine reduzierte Keimungsrate, eine Dunkelfärbung des Embryos, sowie veränderte Fettsäuremuster (Bilgrami & Choudhary, 1998; Bullerman & Bianchini, 2011; Gupta, 2010; Kozakiewicz, 1989).
Für menschen- und tierpathogene *Aspergilli* steht eine spezialisierte, sehr ausführliche und gute Internetseite zur Verfügung (http://www.aspergillus.org.uk/).

***Aureobasidium* Viala & Boyer** Abb. IX.11b–e

Anamorphe von *Dothioraceae*, *Ascomycota*

Anzahl Taxa: ca. 7

Teleomorph: *Discosphaerina* Höhn.

Literatur: De Hoog (1999), De Hoog & Hermanides-Nijhof (1977), De Hoog & Grube (2008, schwarze Hefen), **Hermanides-Nijhof (1977)**, Samson et al. (2004, 2010), Zalar et al. (2008b).

Beispiel: *A. pullulans* (De Bary) Arnaud: Saprob, auf Getreidekörnern, in Mehl, Nüssen, auf Tomaten (Lagerfäule), Früchten, in Fruchtsäften, gefrorenem Früchtekuchen, Haut, Nägel, in Innenräumen in Zusammenhang mit Feuchtigkeitsproblemen, an feuchtem Material wie Fensterrahmen, Silikonfugen; Durchdringen von Farbanstrichen und somit Verursacher von schwarzen Verfärbungen; resistent gegenüber der Farbe beigemischten Fungiziden.

Anmerkungen: Die Konidiogenese bei *Aureobasidium* verläuft synchron, im Gegensatz zu *Hormonema*. Ähnliche Gattungen, die zu diesem Gattungskomplex gehören, sind u.a. *Exophiala*, *Hormonema*, *Moniliella*, *Ramichloridium* und *Rhinocladiella*. Sie werden schwarze Hefen genannt und können leicht mit *Aureobasidium* verwechselt werden. Die genaue Bestimmung ist sehr schwierig, bisweilen für den Nicht-Experten unmöglich. Eine genaue Bestimmung kann nur mit Hilfe molekularbiologischer Methoden erfolgen.

***Basipetospora* G. T. Cole & W. B. Kendr.** Abb. IX.6g–i

Anamorphe von *Aspergillaceae* (früher *Monascaceae*), *Ascomycota*

Anzahl Taxa: ca. 4

Teleomorph: *Monascus*

Literatur: Houbraken & Samson (2011), **Stchigel et al.** (**2004**, Teleomorph).

Beispiel: *B. chlamydospora* Matsush.

***Bipolaris* Shoemaker**

Anamorphe von *Pleosporaceae*, *Ascomycota*

Anzahl Taxa: ca. 73

Teleomorph: *Cochliobolus* Drechsler.

Literatur: **Ellis (1971, 1976)**, **Manamgoda et al. (2014)**, **Sivanesan (1987)**, **Smiley et al.** (**2000**, pathogene Arten auf Rasen).

Beispiel: *B. maydis* (Nisikado & Miyake) Shoemaker: Verursacher von Blattflecken auf Mais in der Südhemisphäre.

Anmerkungen: In einigen Bestimmungsschlüsseln häufig unter *Drechslera* aufgeführt. Meistens saprobisch auf *Poaceae*. Einige Arten können sich auf Rasen pathogen entwickeln.

***Botrytis* P. Micheli ex Pers.** Abb. IX.12a–c

Anamorphe von *Sclerotiniaceae*, *Ascomycota*

Anzahl Taxa: ca. 54

Teleomorph: *Botryotinia* Whetzel (= *Sclerotinia* Fuckel *p.p.*).

Literatur: Domsch et al. (2007), **Ellis (1971)**, Jarvis (1977), Samson et al. (2004, 2010).

Beispiele: *B. aclada* Fres. (Syn.: *B. allii* Munn): auf *Allium*, Halsfäule von Zwiebeln und Schalotten, v.a. während des Transportes.
B. cinerea Pers.: Pflanzenpathogene, als grauer Schimmel auf gelagerten, weichen Früchten (z.B. Erdbeeren), Gemüsen; Edelfäule bei Trauben: befallene Trauben werden in Frankreich und anderen Ländern zur Produktion von süßen Dessertweinen (z.B.

Sauternes) verwendet. Anwendung zur industriellen Produktion pectinolytischer Enzyme, welche in der industriellen Fruchtverarbeitung verwendet werden. *B. cinerea* ist ein bisher nicht befriedigend bearbeiteter Artenkomplex und fasst deshalb die anamorphen Formen verschiedener Teleomorphe zusammen. Empfindlich auf Veränderungen der Feuchtigkeit, Freisetzung der Sporen durch hygroskopische Bewegungen der Konidienträger.

Byssochlamys **Westling** Abb. IX.5a–d

Thermoascaceae, Ascomycota

Anzahl Taxa: 5 (4 davon mit gegenwärtigem Namen *Paecilomyces*).

Anamorph: *Paecilomyces*

Literatur: Bayne & Michener (1979, Hitzeresistenz), Houbraken & Samson (2011, Phylogenie), Kotzekidou (1997, Hitzeresistenz), **Samson (1974)**, **Samson et al. (2004, 2009, 2010)**, Sant'ana et al. (2009, Hitzeresistenz), Stolk & Samson (1971).

Beispiele: *B. fulva* Olliver & G. Smith (gegenwärtiger Name: *P. fulvus* Stolk & E. S. Salmon): in Fruchtsäften und -konserven, auf geernteten Trauben, im Boden.
B. nivea (gegenwärtiger Name: *P. niveus* Stolk & Samson): im Boden, auf Getreidekörnern, verletzten Früchten, in Fruchtsäften.

Anmerkungen: Ascosporen sind hitzeresistent und keimen nach einem Hitzeschock aus. Zudem bildet *Byssochlamys* hitzeresistente Aleurokonidien.

Cephalotrichum **Link** Abb. IX.15d–g

Anamorphe von *Microascaceae, Ascomycota*

Synonym: *Doratomyces* Corda.

Anzahl Taxa: ca. 22

Literatur: **Morton & Smith (1963)**, Ellis (1971), **Domsch et al. (2007)**.

Beispiel: *C. stemonitis* (Pers. ex Steud.) Morton & G. Smith: auf Holz, Grasstängeln, Mist, Boden, Kompost.

***Ceuthospora* Grév.**

Anamorphe von *Phacidiaceae, Ascomycota*

Anzahl Taxa: ca. 106

Teleomorph: *Phacidium* Fr.

Literatur: DiCosmo et al. (1983, 1984), **Nag Raj (1993)**, Sutton (1980).

Beispiel: *C. pinastri* (Fr.) Höhnel fruktifiziert auf abgefallenen Föhrennadeln.

***Chaetomium* Kunze** Abb. IX.7d–f

Chaetomiaceae, Ascomycota

Anzahl Taxa: 95

Anamorph: u.a. *Botryotrichum* Sacc. & March.

Literatur: Ames (1963), von Arx et al. (1984, 1986), **Domsch et al. (2007)**, **Dreyfuss (1975)**.

Beispiel: *C. globosum* Kunze: auf feuchten, cellulosehaltigen Substraten (Karton, Papier, Pflanzenreste); im Boden, in Kompost, auf Stroh und Mist.

***Chrysonilia* v. Arx**

Anamorphe von *Sordariaceae, Ascomycota*

Anzahl Taxa: 3

Teleomorph: *Neurospora*

Literatur: von Arx (1981a), Samson et al. (2004, 2010).

Beispiel: *C. sitophila* (Mont.) von Arx: wächst außerordentlich schnell, gewöhnlich als roter Schimmel auf Brotprodukten (nicht zu verwechseln mit dem roten Brotschimmel, durch das Bakterium *Serratia marcescens* verursacht), in Silagen, auf Fleisch, Fruchtfäule von Erdbeeren, Himbeeren, Äpfeln, gefürchtet als Laborkontaminant wegen des extrem schnellen Wachstums und reichlicher Konidienproduktion.

Chrysosporium **Corda**

Anamorphe von *Onygenaceae*, z.T. *Arthrodermataceae*, *Ascomycota*

Anzahl Taxa: ca. 65

Teleomorph: *Ajellomyces* McDonough & A.L. Lewis, *Amauroascus* J. Schröt., *Aphanoascus* Zukal, *Apinisia* La Touche, *Arthroderma* Currey, *Ctenomyces* Eidam, *Keratinophyton* H.S. Randhawa & R.S. Sandhu, *Nannizziopsis* Currah, *Neoxenophila* Apinis & B.M. Clark, *Pectinotrichum* Varsausky & Orr, *Renispora* Sigler & J. Carm., Shanorella R. K. Benj.

Literatur: Cabañes et al. (2014), Carmichael (1962), **Sigler & Carmichael (1976)**, van Oorschot (1980), Vidal & Guarro (2002, Molekularbiologie, Phylogenie), Vidal et al. (2000, Molekularbiologie).

Beispiel: *C. pannicola* (Corda) Oorschot & Stalpers: einzelne Infektionen auf Hundehaut, Keratinomykose beim Pferd (Cabañes et al., 2014).

Anmerkungen: *Chrysosporium*-Arten sind Saproben mit keratinophilen Eigenschaften. Sie kolonisieren häufig Haarreste und Federn im Boden. Wenige Arten sind opportunistisch human- (de Hoog et al., 2000a) oder tierpathogen (Cabañes et al., 2014). Die einst polyphyletische Gattung wurde in verschiedene monophyletische Gattungen aufgeteilt (Pitt et al., 2013; Vidal & Guarro, 2002; Vidal et al., 2000).
Xerophile *Chrysosporium* Arten, wie *C. inops* Carm., *C. farinicola* (Burnside) Skou und *C. xerophilum*, z.B. auf Lebensmitteln mit niedriger Wasseraktivität wie Schokolade vorkommend (Kinderlerer, 1997), wurden aufgrund phylogenetischer Analysen in die Gattungen *Bettsia* (Betts) Skou und *Xerochrysium* Pitt gestellt (Pitt et al., 2013).

Cladophialophora **Borelli**
Anamorphe von *Herpotrichiellaceae*, *Ascomycota*

Anzahl Taxa: ca. 22–30

Teleomorph: *Capronia* Sacc.

Literatur: Badali et al. (2009), De Hoog et al. (2000b), Kantarcioglu & de Hoog (2004).

Beispiel. *C. bantiana* (Sacc.) de Hoog, Kwon-Chung & McGinnis: humanpathogen (Hirnabszesse), Bodenpilz.

Anmerkungen: Human- und tierpathogene Arten, im Boden, auf Pflanzen.

***Cladosporium* Link** Abb. IX.11f, g

Anamorphe von *Davidiellaceae*, *Ascomycota*

Anzahl Taxa: ca. 150

Teleomorph: *Davidiella* Crous & U. Braun.

Literatur: **Bensch et al. (2010, 2012)**, Crous et al. (2007), **David (1997)**, Domsch et al. (2007), Ellis (1971), **Ho et al. (1999)**, **Samson et al. (2004, 2010)**, **Schubert et al. (2007)**, **Zalar et al. (2007)**.

Beispiele: *C. cladosporioides* (Fres.) de Vries, *C. herbarum* (Pers.) Link, *C. macrocarpum* Preuss (gegenwärtiger Name: *D. macrocarpa* Crous, K. Schub. & U. Braun), *C. sphaerospermum* Penzig: ubiquitär, in Böden, auf Lebensmitteln, Getreide, in Raumluft.
C. cucumerinum Ellis & Arth.: Schorf auf Gurken und Kürbissen.

Anmerkungen: *Cladosporium*-Arten wachsen bei hoher Wasseraktivität (a_w >0.85), v.a. *C. cladosporioides* und *C. herbarum* verursachen u.a. schwarze Beläge in feuchten Badezimmern, an Fensterrahmen, auf Silikonfugen; angepasste Stämme können bei Temperaturen bis -6 °C wachsen; Schwarzverfärbungen von Farbanstrichen, Textilien, Tapeten; Verwendung (wie *Alternaria*) zur Herstellung standardisierter Allergenextrakte.

***Clonostachys* Corda** Abb. IX.13b, c

Anamorphe von *Bionectriaceae*, *Ascomycota*

Anzahl Taxa: 48

Teleomorph: *Bionectria* Speg.

Literatur: Rossman et al. (1999), **Schroers (2001)**, **Schroers et al. (1999)**.

Beispiel: *C. rosea* (Link : Fr.) Schroers et al. [Syn.: *Gliocladium roseum* (Link) Thom; Tel.: *Bionectria ochroleuca* (Schw.) Schroers et al.; Syn.: *Nectria ochroleuca* (Schw.) Berk.]: Bodenpilz, Besiedler von verrottetem Pflanzenmaterial, als destruktiver Mykoparasit in der biologischen Kontrolle pflanzenpathogener Pilze verwendet.

***Colletotrichum* Corda** Abb. IX.8d, e

Anamorphe von *Glomerellaceae, Ascomycota*

Anzahl Taxa: ca. 60

Teleomorph: *Glomerella* Spauld. & Schrenk.

Literatur: von Arx (1957, 1970), Damm et al. (2012, 2014), Prusky et al. (2000, pflanzenpathologische Aspekte), **Sutton (1980)**.

Beispiele: *C. acutatum* Simmonds: Fruchtfäule v.a. bei Erdbeeren sowie deren Blüten. *C. gloeosporioides* (Penz.) Sacc. [Syn.: *Gloeosporium fructigenum* Berk.; gegenwärtiger Name: *Glomerella cingulata* (Stoneman) Spauld. & H. Schrenk]: Anthracnose, Fäule von reifen Erdbeeren, Lageräpfeln. *C. trichellum* (Fr. : Fr.) Duke: Blattfleckenkrankheit auf Efeu.

Anmerkungen: *Colletotrichum*-Arten sind weitverbreitet und die meisten davon pflanzenpathogen.

***Coniochaeta* (Sacc.) Cooke**

Coniochaetaceae, Ascomycota

Anzahl Taxa: 65

Anamorph: *Lecythophora* Nannf.

Literatur: Checa et al. (1988), **Hawksworth & Yip (1981)**, Weber (2002).

Beispiel: *C. ligniaria* (Grév.) Massee.

Anmerkungen: Die meisten Arten sind Saproben auf Holz oder koprophil.

***Cryptosporiopsis* Bubák & Kabát** Abb. IX.8f, g

Anamorphe von *Dermateaceae, Ascomycota*

Anzahl Taxa: ca. 40

Teleomorph: *Neofabraea* H. S. Jacks., Pezicula Tul. & Tul.

Literatur: Sigler et al. (2005, Phylogenie), Sutton (1980), **Verkley (1999)**.

Beispiel: *C. malicorticis* (Cordl.) Nannfeldt (gegenwärtiger Name: *Neofabraea malicorticis* H. S. Jacks; Syn.: *Gloeosporium malicorticis* Cordl.; *Gloeosporium perennans* Zeller & Childs): *Gloeospori-*

um Lagerfäule von Äpfeln und Birnen, Verursacher von Obstbaumkrebs.

Anmerkungen: *Cryptosporiopsis*-Arten sind saprobisch oder pathogen auf verschiedenen Laubhölzern oder Koniferen; v.a. in gemäßigten Gebieten weit verbreitet.

Cunninghamella Matr.

Abb. IX.2i, j

Cunninghamellaceae*, *Zygomycota

Anzahl Taxa: ca. 13

Literatur: Domsch et al. (2007), Samson (1969), **Zheng & Chen (2001)**. Internet: http://www.zygomycetes.org/; http://www.doctorfungus.org/Thefungi/cunninghamella.php

Beispiel: *C. elegans* Lendner: meistens im Boden vorkommend, nur gelegentlich ein Kontaminant von Lebensmitteln. *C. bertholletiae* Stadel (als Synonym von *C. elegans* im *Index fungorum*): human- und tierpathogen, Zygomykose in prädisponierten, immunkompromittierten Patienten verursachend, Wachstum bei Temperaturen bis zu 45 °C.

Curvularia Boedjin

Anamorphe von *Pleosporaceae*, *Ascomycota*

Anzahl Taxa: >90

Teleomorph: *Cochliobolus* Drechsler

Literatur: Carter & Boudreaux (2004, klinischer Bericht), **Ellis (1966, 1971, 1976)**, Pimentel et al., 2005, klinischer Bericht), **Sivanesan (1987)**, **Smiley et al. (2000**, pathogene Arten auf Rasen), **Watanabe (2002)**.

Beispiel: *C. lunata* (Wakker) Boedijn: auf verschiedenen Kulturpflanzen, selten humanpathogen; v.a. in tropischen Gebieten.

Anmerkungen: Die meisten Arten leben saprobisch auf Kräutern. Einige Arten können sich auf Rasen zu Pathogenen entwickeln. Humanpathogene bei immunkompromittierten Patienten.

Cylindrocarpon **Wollenw.** Abb. IX.14a, b

Anamorphe von ***Nectriaceae, Ascomycota***

Anzahl Taxa: ca. 60

Teleomorph: *Ilyonectria* P. Chaverri & C. Salgado, *Neonectria* Wollenw., *Rugonectria* P. Chaverri & Samuels, *Thelonectria* P. Chaverri & C. Salgado.

Literatur: **Booth (1959, 1966)**, Chaverri et al. (2011, Phylogenie), Domsch et al. (2007), Gerlach (1959a, 1959b), Rossman et al. (1999), Schroers et al. (2008, Phylogenie).

Beispiel: *C. destructans* (Zinssm.) Scholten [gegenwärtiger Name: *Ilyonectria radicicola* (Gerlach & L. Nilsson) P. Chaverri & C. Salgado]: Bodenpilz, mit Baumwurzeln assoziiert, manchmal pathogen.

Anmerkungen: Phylogenetische Untersuchungen wiesen 5 genetische Gruppen in *Cylindrocarpon*-Anamorphen von *Neonectria* auf, die eine Aufteilung in 5 Gattungen (*Ilyonectria, Neonectria*, *Rugonectria*, *Thelonectria*, und *Campylocarpon* Halleen, Schroers & Crous) rechtfertigen (Chaverri et al. (2011). Namen von *Cylindrocarpon*-Arten mit bekanntem Teleomorph sind als Synonyme der verschiedenen Teleomorphgattungen aufgelistet.

Cylindrocladium **Morgan**

Anamorphe von ***Nectriaceae, Ascomycota***

Anzahl Taxa: ca. 68

Teleomorph: *Calonectria* de Not.

Literatur: Boedijn & Reitsman (1950), Crous (2002, Taxonomie, Pathologie, Molekularbiologie), Crous et al. (2004b), **Crous & Wingfield (1994)**, **Lombard et al. (2010)**, **Peerally (1991)**, Rossman et al. (1999).

Beispiel: *C. scoparium* Morg. (gegenwärtiger Name: *Calonectria morganii* Crous, Alfenas & M.J. Wingf.): wurzelpathogener Bodenpilz.

Anmerkungen: Konidienträger von *Cylindrocladium* sind an der Spitze scheitelförmig verzweigt und bilden einen langen, alles überragenden, am Apex keulenförmig erweiterten, sterilen Auswuchs. *Cylindrocladium*-Arten sind auf vielen Pflanzen pathogen.
Der gegenwärtige Name der meisten *Cylindrocladium*-Arten ist *Calonectria*.

***Dichlaena* Durieu & Mont.**

Trichocomaceae*, *Ascomycota

Anzahl Taxa: 4

Anamorph: *Aspergillus*

Literatur: Malloch & Cain (1972), Samson (1979).

Beispiel: *D. lentisci* Mont. & Dur.: durch gelb-orange, harte Stromata charakterisiert.

Anmerkungen: In den neuesten Arbeiten über *Aspergillus*-Anamorphe wird *Dichlaena* nicht behandelt (Peterson, 2008).

***Didymella* Sacc.** Abb. IX.8a

Anamorphe von *Didymellaceae*, *Ascomycota*

Anzahl Taxa: >120

Anamorph: *Ascochyta*, *Phoma*

Literatur: Corbaz (1957), Corlett (1981), Punithalingam (1981), Sivanesan (1984).

Beispiele: *D. bryoniae* (Fuckel) Rehm [Syn.: *Mycosphaerella cucumis* (Fautrey & Roum.) W.F. Chiu & J.C. Walker]: verursacht Gurkenfäule. *D. applanata* (Niessl.) Sacc.: auf Himbeersträuchern.

***Diplodia* Fr.**

Anamorphe von *Botryosphaeriaceae*, *Ascomycota*

Anzahl Taxa: >100, viele unbearbeitete Namen.

Literatur: **Philips et al. (2013)**, Sutton (1980), Zambettakis (1954).

Beispiel: *D. malorum* Fuckel: weit verbreitet, auf Apfel- und Birnbäumen.

Anmerkungen: Im Ganzen schlecht bearbeitete Gattung.

Discula **Sacc.** Abb. IX.8h, i

Anamorphe von *Gnomoniaceae, Ascomycota*

Anzahl Taxa: ca. 34

Teleomorph: *Apiognomonia* von Höhnel

Literatur: Monod (1983), von Arx (1957, 1970), Hämmerli et al. (1992).

Beispiele: *D. umbrinella* (Berk. &. Br.) M. Morelet [gegenwärtiger Name: *A. errabunda* (Roberge ex Desm.) Höhn.], *D. platani* (Peck) Sacc. [gegenwärtiger Name: *A. veneta* (Sacc. & Speg.) Höhn.]: Verursacher von Blattfleckenkrankheiten bei Laubhölzern.

Drechslera **Ito**

Anamorphe von *Pleosporaceae, Ascomycota*

Anzahl Taxa: ca. 44

Teleomorph: *Pyrenophora* Fr.

Literatur: **Ellis (1971, 1976)**, Sivanesan (1987), **Smiley et al.** (**2000**, pathogene Arten auf Rasen).

Beispiel: *D. poae* (Baudyš) Shoemaker: kann auf *Poa* spp. pathogen sein. Infektion von Wurzeln, Rhizomen oder Samen.

Anmerkungen: Die meisten Arten sind saprobisch auf Gramineen; einige Arten können sich auf Rasen zu Pathogenen entwickeln, v.a. als Verursacher von Blattflecken oder Fäule von Sämlingen. Humanpathogen für immunkompromittierte Patienten.

Emericella **Berk.** Abb. IX.5e–j

Aspergillaceae, Ascomycota

Anzahl Taxa: 35

Anamorph: *Aspergillus* Sektion *Nidulantes* (Untergattung *Nidulantes* in Samson et al., 2014).

Literatur: Domsch et al. (2007), Houbraken & Samson (2011, Molekularbiologie), Pitt & Taylor (2014), Raper & Fennell (1965), Samson (1979), Samson et al. (2004, 2010, 2014), Zalar et al. (2008a).

Beispiel: *E. nidulans* (Eidam) Vuill. [gegenwärtiger Name: *A. nidulans* (Eidam) G. Winter]: typischer Bodenpilz, luftbürtig, isoliert aus Kartoffeln, Samen, Getreide, Baumwolle; tier- und humanpathogen (opportunistische Infektionen), Verursacher von Aspergillosen bei Vögeln; Verwendung in der Pilzgenetik.

Anmerkungen: Gemäß Samson et al. (2014) und *Index Fungorum* sollte *Aspergillus* für die meisten gebräuchlichen Namen von *Emericella* verwendet werden. Nur gerade noch 12 *Emericella* Namen werden als gültig betrachtet. Pitt & Taylor (2014) hingegen schlagen vor, alle Arten des Subgenus *Nidulantes* als *Emericella* zu benennen.

Epicoccum Link

Abb. IX.9a, b

Anamorphe von *Pleosporaceae*, *Ascomycota*

Anzahl Taxa: ca. 4

Literatur: Aveskamp et al. (2010), Domsch et al. (2007), Samson et al. (2004, 2010).

Beispiel: *E. nigrum* Link (Syn.: *E. purpurascens* Ehrenb.): Sekundärbesiedler von abgestorbenen Pflanzen; in Boden, Samen, Bohnen, an Hausfassaden, auf Papier, Textilien; als Endophyt in verschiedenen Pflanzen.

Epidermophyton Sabour.

Abb. IX.19a

Anamorph von *Arthrodermataceae*, *Ascomycota*

Anzahl Taxa: 1

Teleomorph: *Arthroderma* Curr.

Literatur: **de Hoog et al. (2000a)**, De Respinis et al. (2013, 2014), Gräser et al. (2008), St-Germain & Summerbell (2011).

Beispiel: *E. floccosum* (Harz) Langer. & Milochevitch: humanpathogen, Verursacher von *tinea pedis*, *tinea cruris*, *tinea corporis* und manchmal von Onychomykosen.

Anmerkungen: *Epidermophyton* unterscheidet sich von *Trichophyton* und *Microsporum* durch das Fehlen von Mikrokonidien und die verhältnismäßig dünnwandigen Makrokonidien, welche sich als seitliche oder apikale Auswüchse an Hyphen entwickeln. Die Art *E. stockadeleae* Prochacki & Engelhardt-Zasada wurde inzwischen zu *Trichophyton ajelloi* (Vanbreuseghem) Ajello gestellt: sie wächst bei 7% NaCl.

Eupenicillium **Ludwig**

Aspergillaceae, Ascomycota

Anzahl Taxa: ca. 46, sowie eine beträchtliche Zahl Anamorphe.

Anamorph: *Penicillium*

Literatur: **Domsch et al. (2007)**, Houbraken & Samson (2011, Phylogenie, Aufteilung der *Trichocomaceae*), Peterson (2008, Molekularbiolgie), **Pitt** (1974, **1979**, **2000**), Stolk & Samson (1983), Visagie et al. (2014c).

Beispiel: *E. lapidosum* Scott & Stolk (gegenwärtiger Name: *P. lapidosum* Raper & Fennell: Vorkommen in verschiedenen Bodentypen, Rhizosphäre von Weizen; an der Sukzession beim Blattabbau beteiligt; aus gefrorenem Früchtekuchen, Heidelbeeren aus Konservendosen, Maiskörnern und faulenden Orangen isoliert. Die Ascosporen sind ungewöhnlich hitzeresistent (terminaler Abtötungspunkt: >70 °C, 30 Min.); *E. lapidosum* kann unter anaeroben (mikroanaeroben) Bedingungen überleben.
Der gegenwärtige Name für *Hamigera striata* (Raper & Fennell) Stolk & Samson ist *Penicillium lineatum* Pitt, und die Art gehört zu *Eupenicillium*. Sie hat sehr hitzeresistente Ascosporen und ist ein Kontaminant von Fruchtkonserven.

Anmerkungen: Viele Arten sind Patulinproduzenten.
Molekularbiologische Untersuchungen ergaben, dass *Eupenicillium* eng mit Arten von *Penicillium s. str.* clustert (Houbraken & Samson, 2011). Gemäß der Ein-Pilz-ein-Name Nomenklaturregel ist *Eupenicillium* Synonym von *Penicillium*, weil die Beschreibungen der verschiedenen *Eupenicillium*-Arten jünger als diejenigen des zugehörigen Anamorphes sind (Houbraken & Samson, 2011; Visagie et al., 2014c).

Eurotium **Link** Abb. IX.6a–e

Aspergillaceae, Ascomycota

Anzahl Taxa: 25

Anamorph: *Aspergillus* Sektion *Aspergillus* (Untergattung *Aspergillus* in Samson et al., 2014).

Literatur: **Blaser (1976)**, **Kozakiewicz (1989)**, **Hong et al.** (**2011**, Arten aus Meju, fermentierte Sojabohnen), **Hubka et al.** (**2013**, Nomenklatur, Schlüssel), Peterson (2008, Molekularbiologie), Samson et al. (2004, 2010), Splittstoesser et al. (1989, hitzeresistente Arten).

Beispiele: *E. amstelodami* Mangin (gegenwärtiger Name: *A. amstelodami* Thom & Church), *E. chevalieri* Mangin (gegenwärtiger Name: *A. chevalieri* Thom & Church), *E. herbariorum* (Wiggers) Link [gegenwärtiger Name: *A. glaucus* (L.) Link]: kosmopolitisch, v.a. in tropischen und subtropischen Gebieten; in Böden, Getreidekörnern, Früchten, Fruchtsäften, Erbsen, Reis, Gewürzen, Trockenprodukten, z.T. opportunistisch humanpathogen, xerophil.

Anmerkungen: *Eurotium*-Arten bilden hitzeresistente Ascosporen. Ihre Keimung wird durch einen Hitzeschock ausgelöst (30–60 Min. bei 60 °C).
Molekularbiologische Untersuchungen ergaben, dass *Eurotium* eng mit Arten der Sektion *Aspergillus* clustert (Peterson, 2008). Gemäß der Ein-Pilz-ein-Name Nomenklaturregel ist *Eurotium* Synonym von *Aspergillus*, weil der Name *Aspergillus* älter als *Eurotium* ist (Hubka et al., 2013). Pitt & Taylor (2014) hingegen argumentieren für die Beibehaltung der Teleomorphnamen aufgrund der xerophilen Eigenschaften und wirtschaftlichen Bedeutung von *Eurotium*.

Exophiala Carmichael

Anamorphe von *Herpotrichiellaceae*, *Ascomycota*

Anzahl Taxa: ca. 33

Teleomorph: *Capronia* Sacc.

Literatur: **De Hoog** (**1977**, 1999), Domsch et al. (2007), Rogers et al. (1999).

Anmerkungen: vgl. Diskussion unter *Aureobasidium*.

Exserohilum Leonard & Suggs

Anamorphe von *Pleosporaceae*, *Ascomycota*

Anzahl Taxa: ca. 34, viele unbearbeitete Namen.

Teleomorph: *Setosphaeria* Leonard & Suggs.

Literatur: Ellis (1971, 1976, unter *Drechslera*), **Sivanesan (1987)**, **Smiley et al. (2000**, pathogene Arten auf Rasen).

Beispiel: *E. turcicum* (Pass.) Leonard & Suggs: weltweite Verbreitung auf Hirse und Mais, verursacht chlorotische Flecken auf den Blättern des Wirtes und bringt diese zum Absterben (Blattfäule bei Mais), v.a. in Tropen und Subtropen. *E. rostratum* (Drechsler) K.J. Leonard & Suggs kann in seltenen Fällen Phaeohyphomykosen verursachen (Chiller et al., 2013; Lahoti & Berger, 2013; Smith et al., 2013: iatrogene Infektionen durch kontaminierte Prednisolon-Spritzen).

Anmerkungen: *Exserohilum*-Arten kommen vorwiegend saprobisch oder pathogen auf Gramineen, v.a. auf Rasen, vor.

Fennellia Wiley & Simmons

Aspergillaceae*, *Ascomycota

Anzahl Taxa: 3

Anamorph: *Aspergillus* Sektion *Circumdati* (Untergattung *Circumdati* in Samson et al. 2014).

Literatur: Domsch et al. (2007), Houbraken & Samson (2011), Peterson (2008), Samson (1979), Samson et al. (2014).

Beispiele: *F. nivea* (B. J. Wiley & E. G. Simmons) Samson (gegenwärtiger Name: *A. neoniveus* Samson, S. W. Peterson, Frisvad & Varga): weltweite Verbreitung v.a. in den tropischen, subtropischen und mediterranen Gebieten; Vorkommen in verschiedenen Bodentypen, Rhizosphäre; halophil, Toxinproduzent.

Anmerkungen: Die gegenwärtigen Namen der zwei noch in dieser Gattung verbleibenden Arten *F. flavipes* B. J. Wiley & E. G. Simmons und *F. nivea* sind diejenigen der dazugehörigen Anamorphe *A. neoflavipes* Hubka et al. bzw. *A. neoniveus* (Samson et al., 2014).

Fraseriella Cif. & A.M. Corte

Anamorphe von *Aspergillaceae* (früher *Monascaceae*), *Ascomycota*

Anzahl Taxa: 1

Teleomorph: *Xeromyces*

Literatur: Samson et al. (2004, 2010).

Beispiel: *F. bispora* Cif. & A.M. Corte.

Anmerkungen: siehe Kommentare unter *Xeromyces*.

***Fusarium* Link** Abb. IX.14c–f

Anamorphe von *Nectriaceae, Ascomycota*

Anzahl Taxa: ca. 111

Teleomorph: *Geejayessia* Schroers, Gräfenhan & Seifert, *Gibberella* Sacc., *Haematonectria* Samuels & Nirenberg, *Albonectria* (Berk. & Broome) Rossman & Samuels, *Cyanonectria* Samuels & Chaverri.

Literatur: Aoki et al. (2014, phytopathogene Arten), **Booth (1959, 1971b, 1977)**, Burgess et al. (1988, Laboranleitung), Chelkowski (1989), Desjardin (2006, Toxine), Domsch et al. (2007), **Gerlach & Nirenberg (1982)**, Gräfenhan et al. (2011, Phylogenie), Joffe (1986), **Leslie & Summerell (2006)**, Marasas et al. (1984, Toxine), Mücke & Lemmen (2005, Toxine), **Nelson et al. (1983)**, Rossman et al. (1999), **Samson et al. (2004, 2010)**, Schroers et al. (2009, 2011, Phylogenie), Sing et al. (1991), Summerell et al. (2001, 2003, 2010, Bio- und Phylogeographie), Triest et al. (2015a, b).

Beispiele: *F. graminearum* Schwabe (gegenwärtiger Name. *Gibberella zeae* (Schwein.) Petch: weltweite Verbreitung, hauptsächlich auf Gramineen, v.a. Mais, Gerste; bildet Trichothecen und Zerealenon.
F. oxysporum Schlecht. : Fr.: weltweite Verbreitung, meistens als Saprob im Boden; unter geeigneten Bedingungen für viele Pflanzen pathogen, deshalb von wirtschaftlicher Bedeutung; als Endophyt auch aus Getreidekörnern, Früchten und Gemüse isoliert.
F. venenatum Nirenberg: wird zur Herstellung von Mycoprotein für den menschlichen Konsum verwendet (Quorn®).

Anmerkungen: *Fusarium*-Arten werden morphologisch anhand der konidiogenen Zellen (Monophialiden, Polyphialiden) und der Sporen (Makro-, Mikrokonidien) unterschieden. Als zusätzliche Merkmale werden Sekundärmetabolite bzw. Toxinbildung und molekularbiologische Methoden herangezogen; die Verwendung molekularbiologischer Techniken ist oftmals wesentlich für eine genaue Bestimmung. Leslie & Summerell (2006) beschreiben umfas-

send die bekannten Arten und diskutieren die Bestimmungsmethoden. Die neuesten Publikationen über *Fusarium* fokussieren auf phylogenetische Analysen.
Die meisten *Fusarium*-Arten sind Bodenpilze mit weltweiter Verbreitung. Darunter gibt es sowohl Pflanzenpathogene, die Wurzel- und Stängelfäule, Gefäßwelke und Fruchtfäule bei Gemüsen, Getreide und Früchten verursachen, als auch opportunistische human- und tierpathogene Arten. Andere sind Lagerschädlinge von Getreide. Viele Arten sind bedeutende Toxinbildner (u.a. Trichothecene, Fumonisine, Zearalenone) und somit für die Lebensmittelsicherheit (Getreide- und Futtermittel) besonders wichtig.

***Geotrichum* Link** Abb. IX.10a–c

Anamorphe von *Dipodascaceae, Ascomycota*

Anzahl Taxa: ca. 32

Teleomorph: *Dipodascus* Agerh., *Galactomyces* Redhead & Malloch.

Literatur: **De Hoog & Smith (2004)**, **De Hoog et al. (1986)**, Domsch et al. (2007), Samson et al. (2004, 2010), Sigler & Carmichael (1976), **Smith et al. (2000)**.

Beispiel: *G. candidum* Link (= *Oidium lactis* Fres., gegenwärtiger Name: *Galactomyces candidus* de Hoog & M. Th. Smith): weltweite Verbreitung, opportunistisch pathogen bei Menschen, Pflanzen und Tieren; gewöhnlich auf nassen, fettreichen Substraten, in verschmutztem Wasser, u.a. Verderber von Früchten, Gemüsen, Milch und Milchprodukten; wächst noch gut bei reduziertem O_2-Gehalt oder unter anaeroben Bedingungen. Kulturwachstum gleicht demjenigen von Hefen, der Pilz bildet aber ein echtes Myzel.

Anmerkungen: Die Artbestimmung erfolgt hauptsächlich anhand von Substrat- und Temperaturansprüchen.

***Gelasinospora* Dowding**

Sordariaceae, Ascomycota

Anzahl Taxa: 24

Literatur: Lundqvist (1972), von Arx (1982).

Beispiel: *G. retispora* Cain auf pflanzlichen Substraten.

***Gibberella* Sacc.**

Nectriaceae, Ascomycota

Anzahl Taxa: >30

Anamorph: *Fusarium* Link.

Literatur: Booth (1971b), Rossman et al. (1999), Samuels et al. (2006b).

Beispiel: *G. fujikuroi* (Sawada) Wollenw. (Anam.: *F. fujikuroi* Nirenberg; in der Literatur auch als *F. moniliforme* Sheldon zu finden): produziert Gibberelline, ein Komplex hormonähnlicher Substanzen, die ein übermäßiges Wachstum bei höheren Pflanzen verursachen; ursprünglich als Bakanae-Krankheit bei Reis in Japan beschrieben. Gibberelline werden für die Verwendung im Gemüsebau kommerziell hergestellt.

Anmerkungen: Meistens wird nur das Anamorph in Kultur gefunden.

***Gliocladium* Corda** Abb. IX.13d

Anamorphe von *Hypocreaceae, Ascomycota*

Anzahl Taxa: 13

Teleomorph: *Protocrea* Petch, *Sphaerostilbella* (Henn.) Sacc. & D. Sacc.

Literatur: **Domsch et al. (2007)**, Jaklitsch et al. (2008b), Kubiček & Harman (1998, industrielle Anwendungen), Rossman et al. (1999), **Seifert (1985)**, **Watanabe (2002)**.

Beispiele: *G. penicillioides* Corda [gegenwärtiger Name: *Sphaerostilbella aureonites* (Tul.) Seifert et al.]: Konidien in Massen gelb bis orange; parasitisch auf Basidiomata v.a. von *Stereum* spp.

Anmerkungen: Die Konidienträger sind ähnlich wie bei *Penicillium* stark verzweigt, die Konidien werden aber einzeln (nicht in Ketten) gebildet und vereinigen sich zu schleimigen Köpfchen an der Konidienträgerspitze. *Gliocladium*-Arten produzieren industriell nützliche Enzyme.

***Glomerella* Spauld. & v. Schrenk**

Glomerellaceae, Ascomycota

Anzahl Taxa: ca. 11

Anamorph: *Colletotrichum* Corda.

Literatur: von Arx (1970).

Beispiele: *G. cingulata* (Stonem.) Spauld. & v. Schrenk (gegenwärtiger Name: *Colletotrichum gloeosporioides* Penz.): Verursacher von Fruchtfäule, v.a. bei Äpfeln. *G. tucumanensis* (Speg.) v. Arx & E. Müller: saprob oder parasitisch auf Gramineen, v.a. Hirse, Mais, Zuckerrohr.

Anmerkungen: Häufig wird nur das Anamorph in Kultur vorgefunden.

Graphium Corda

Anamorphe von *Microascaceae*, *Ascomycota*

Anzahl Taxa: ca. 19

Teleomorph: *Microascus* Zukal, *Pseudallescheria* Negroni & I Fisch.

Literatur: Ellis (1971, 1976), Okada et al. (1998, 2000, Neotypisierung, Neudefinition der Gattung), Seifert & Okada (1993, Gattungsdefinition).

Anmerkungen: Zu *Graphium* wurden Anamorphe von *Ophiostomataceae* gestellt, die Synnemata bilden und Konidien in hellen schleimigen Köpfchen ausscheiden. Aufgrund der Konidiogenese wurden viele *Graphium*-Namen zu Synonymen anderer Gattungen. Neueste Untersuchungen (Okada et al., 2000) zeigten, dass die verbleibenden Arten nichts mit den *Ophiostomataceae* zu tun haben, sondern Anamorphe der *Microascaceae* sind.

Gymnoascus Baranetzki

Gymnoascaceae*, *Ascomycota

Anzahl Taxa: ca. 9

Anamorph: *Chrysosporium*- oder *Malbranchea*-ähnlich

Literatur: **von Arx (1986)**, Domsch et al. (2007), Orr et al. (1963), Samson (1972).

Beispiel: *G. reesii* Baran.: u.a. Bodenpilz.

Hainesia Ell. & Sacc.

Anamorphe *incertae sedis* und von *Leotiomycetes*, *Ascomycota*

Anzahl Taxa: ca. 22

Teleomorph: *Discohainesia* Nannf.

Literatur: Sutton (1980), Sutton & Gibson (1977).

Beispiel: *H. lythri* (Desm.) Höhn. (gegenwärtiger Name: *Discohainesia oenotherae* (Cooke & Ellis) Nannf.): Verursacher von Blattflecken, Erdbeerfäule.

Hamigera Stolk & Samson

Aspergillaceae*, *Ascomycota

Anzahl Taxa: 7

Anamorph: *Merimbla* Pitt.

Literatur: Houbraken & Samson (2011, Phylogenie, Aufteilung der Trichocomaceae), **Peterson et al. (2010)**, Samson et al. (2011b, Phylogenie), Scaramuzza & Berni (2014, Hitzeresistenz), Stolk & Samson (1971).

Beispiel: *H. avellana* Stolk & Samson: u.a. in pasteurisierten sauren Produkten, extrem hitzeresistente Ascosporen.

Hemicarpenteles Sarbhoy & Elphick

Trichocomaceae*, *Ascomycota

Anzahl Taxa: 1

Anamorph: *Penicillium*

Literatur: Samson (1979), Houbraken & Samson (2011, Phylogenie, Aufteilung der *Trichocomaceae*), Peterson (2008, Phylogenie), Visagie et al. (2014c).

Beispiele: *H. paradoxus* A.K. Sarbhoy & Elphick [gegenwärtiger Name: *Penicillium paradoxum* (A.K. Sarbhoy & Elphick) Samson, Houbraken, Visagie & Frisvad].

Anmerkungen: Die Typusart dieser Gattung, *H. paradoxus* (Anam.: *Aspergillus paradoxus* A.K. Sarbhoy & Elphick), ist eng mit *Penicilli-*

um und *Eupenicillium* verwandt (Houbraken & Samson, 2011) und wurde deshalb zu *Penicillium* gestellt (Visagie et al., 2014c). Die verbleibenden drei Arten gehören zu *Neocarpenteles* und *Sclerocleista*.

Hormonema Lagerberg & Melin

Anamorphe von *Dothioraceae, Ascomycota*

Anzahl Taxa: 5–10

Teleomorph: *Dothiora* Fr.

Synanamorph: *Dothichiza* Lib.

Literatur: De Hoog (1999), **Hermanides-Nijhof (1977)**.

Beispiel: *H. dematioides* Lagerberg & Melin: verursacht Blaufärbung des Holzes und ist wahrscheinlich ein Artenkomplex. Das Teleomorph und zur Zeit gegenwärtiger Name ist *Sydowia polyspora* (Bref. & Tavel) E. Müller; der Name seiner Pyknidienform *Dothichiza pithyophila* (Corda) Petrak ist ebenfalls ein Synonym von *S. polyspora*. *H. prunorum* (Dennis & Buhagiar) Herm.-Nijh. kommt auf Pflaumenfrüchten vor.

Anmerkungen: *Hormonema* gleicht in Kultur *Aureobasidium*, doch die Konidiogenese erfolgt enteroblastisch (in basipetaler Sukzession) wobei schleimige Köpfe gebildet werden. Vgl. Diskussion unter *Aureobasidium*.

Humicola Traaen

Abb. XI.11h

Anamorphe von *Chaetomiaceae, Ascomycota*

Anzahl Taxa: ca. 20

Literatur: De Bertoldi (1976), Domsch et al. (2007), **Ellis (1971)**, Fassatiová (1967), Watanabe (2002).

Beispiele: *H. grisea* Traaen, *H. fuscoatra* Traaen: auf Pflanzenresten, in verschiedenen Böden.

Anmerkungen: Zwei verschiedene Konidienformen werden gebildet: kleine, hyaline Phialokonidien und größere, dunkelbraune, einzelstehende Aleurosporen.

Hypocrea **Fr.**

Hypocreaceae*, *Ascomycota

Anzahl Taxa: >100

Anamorph: *Trichoderma*

Literatur: Chaverri & Samuels (2003), Doi (1972), Doi & Yamatoya (1989), Gams (2006), **Jaklitsch (2009**, 2011), Jaklitsch et al. (2008a), Rossman et al. (1999), Samuels et al. (1998).

Beispiel: *H. koningii* Lieckf., Samuels & W. Gams (gegenwärtiger Name: Anam. *T. koningii* Oudem.): auf verrottendem Holz, kosmopolitisch, v.a. in der gemäßigten Zone vorkommend.

Anmerkungen: *Hypocrea*-Arten wachsen saprobisch auf Rinde und Holz, z.T. parasitisch auf anderen Pilzen (*Aphyllophorales*). Viele bilden häufig nur das Anamorph.

Lecanicillium **W. Gams & Zare**

Anamorph von *Cordycipitaceae*, *Ascomycota*

Anzahl Taxa: 15

Literatur: Gams (1971a), **Zare & Gams (2001**, 2003).

Beispiel: *L. aphanocladii* Zare & W. Gams (2003): parasitisch auf Kulturchampignon.

Anmerkungen: Eine morphologisch ähnliche, aber phylogenetisch nicht verwandte Gattung ist *Aphanocladium*, wobei häufig *A. album*, parasitisch auf Myxomyceten, mit *L. aphanocladii* verwechselt wurde.
Kosmopolitisch auf Insekten, Pilzen, Spinnen. *Lecanicillium*-Stämme werden zur biologischen Kontrolle von Insekten eingesetzt.

Leptosphaerulina **McAlpine**

Didymellaceae*, *Ascomycota

Anzahl Taxa: >30

Literatur: Aveskamp et al. (2010), Graham & Luttrell (1961).

Beispiel: *L. australis* McAlpine: saprobisch auf Gräsern und Kräutern.

***Lichtheimia* Vuill.**

Lichtheimiaceae*, *Zygomycota

Anzahl Taxa: 4

Literatur: De Hoog et al. (2000a), St-Germain & Summerbell (2011) (beide als *Absidia*). Internet: http://www.zygomycetes.org/

Beispiel: *L. corymbifera* (Cohn) Vuill.: humanpathogen, thermotolerant, zwischen 37 °C und 42 °C schnell wachsend (Wachstumsbereich 20–53 °C).

Anmerkungen: *Lichtheimia* bildet verhältnismäßig kleine Sporangien mit Apophyse und sich auflösender Wand; der Sporangienträger weist ein einzelnes Septum auf und bildet Stolonen und Rhizoide. Im Gegensatz zu *Rhizopus* wird der Sporangienträger nicht gegenüber von Rhizoiden gebildet. Die Zygosporen sind ornamentiert und ihre Suspensorzellen sind im Unterschied zu *Absidia* gegenständig und ohne Anhängsel. *Lichtheimia*-Arten wachsen bei höheren Temperaturen. Viele Autoren stellen *Lichtheimia* noch zu *Absidia*.

***Mammaria* Ces. ex Rabenh.** Abb. IX.12e, f

Anamorphe von *Lasiosphaeriaceae*, *Ascomycota*

Anzahl Taxa: 1

Teleomorph: *Pseudocercophora* Subram. & Sekar.

Literatur: Domsch et al. (2007).

Beispiel: *M. echinobotryoides* Ces.: auf verfaulenden Pflanzen, seltener aus Böden oder organischem Material in Süßwasser isoliert, manchmal schwarze Flecken auf Käserinde von Tessiner Alpkäse bildend. Minimale Wachstumstemperatur <10 °C, kein Wachstum bei 37 °C.

***Melanconium* Link** Abb. IX.9c

Anamorphe von *Melanconidaceae*, *Ascomycota*

Anzahl Taxa: ca. 50

Teleomorph: *Melanconis* Tul. & Tul.

Literatur: Sieber et al. (1991), Sutton (1980).

Beispiel: *M. atrum* Lk.: auf Rinde.

Anmerkungen: Revision der Gattung notwendig.

Melanospora Corda

Ceratostomataceae, Ascomycota

Anzahl Taxa: ca. 30

Literatur: **Cannon & Hawksworth (1982)**, Doguet (1955).

Beispiel: *M. chionea* (Fr.) Corda: auf abgefallenen Föhrennadeln.

Anmerkungen: *Melanospora*-Arten kommen gewöhnlich saprobisch auf Holz, Mist oder parasitisch auf anderen Pilzen vor.

Microascus Zukal

Microascaceae, Ascomycota

Anzahl Taxa: ca. 25

Anamorph: *Scopulariopsis*, *Wardomyces* Brooks & Hansford, *Wardomycopsis* Udagawa & Furuya.

Literatur: Abbott et al. (1998), **von Arx (1975a)**, Barron et al. (1961), Morton & Smith (1963).

Beispiele: *M. trigonosporus* Emmons & Dodge: in verschiedenen Böden, auf Holz, Getreidekörnern, Reis, Mist. *M. brevicaulis* S. P. Abbott [Syn.: *Scopulariopsis brevicaulis* (Sacc.) Bainier]: häufigste Art der Gattung, weltweite Verbreitung; auf Getreide (Weizen), Früchten (Äpfeln), Sojabohnen, gemahlenen Nüssen, Fleisch, Käse, Milch, Butter vorkommend; in Kultur wird meistens nur das Anamorph gebildet.

Anmerkungen: Einige Arten (z.B. *M. brevicaulis*) können opportunistisch humanpathogen sein.

***Microsporum* Gruby** Abb. IX.19b, c

Anamorphe von *Arthrodermataceae*, *Ascomycota*

Anzahl Taxa: ca 25

Teleomorph: *Arthroderma* Curr.

Literatur: **De Hoog et al. (2000a)**, De Respinis et al. (2013, 2014), Gräser et al. (2008), **St-Germain & Summerbell (2011)**.

Beispiel: *M. canis* (Bodin) Bodin: Verursacher der Borken- oder Glatzflechte bei Katzen, Hunden und Affen; gelegentlich auf Menschen (vor allem auf Kinder) übertragen und dann *tinea capitis* oder *tinea corporis* verursachend.

Anmerkungen: *Microsporum* kann von *Epidermophyton* und *Trichophyton* durch seine stachligen, rauen Makrokonidien unterschieden werden. Ein ähnlicher Dermatophyt, *Keratinomyces* Punsola & Guarro, bildet sehr dickwandige, glatte Makrokonidien und keine Mikrokonidien.

***Monascus* van Tieghem** Abb. IX.6f–i

Aspergillaceae*, früher *Monascaceae*, *Ascomycota

Anzahl Taxa: ca. 11

Anamorph: *Basipetospora*

Literatur: Domsch et al. (2007), Hawksworth & Pitt (1983), Houbraken & Samson (2011, Phylogenie, Aufteilung der *Trichocomaceae*), Samson et al. (2004, 2010), **Stchigel et al. (2004)**.

Beispiel: *M. ruber* v. Tieghem (Anam.: *Basipetospora rubra* Cole & Kendrick), *M. purpureus* Went: isoliert aus Erde, gekochten Kartoffeln, Reis, Hafersamen, Soja, Hirse, Tabak, gelagertem Getreide, Silage; allg. auf stärkehaltigen Lebensmitteln vorkommend, die bei höheren Temperaturen (>25 °C) gelagert werden.

Anmerkungen: *M. ruber* produziert sehr stark gelbe bis rote Pigmente, je nach N-Quelle. In China wird Angka, ein roter Farbstoff, durch Fermentation von Reis hergestellt. Verwendung als Farbstoff in orientalischen Esswaren. Ascosporen sind gegenüber kurzer Heißluftbehandlung (≤96 °C) resistent. *M. ruber* produziert auch cholesterolsenkende Statine. Stchigel et al. (2004) geben an, dass *M. ruber* nur braune, *M. sanguineus* P.F. Cannon, Abdullah & B.A. Abbas hingegen rote, lösliche Pigmente bildet.

***Moniliella* Stolk & Dakin**

Anamorphe von *Tremellomycetes, Basidiomycota*

Anzahl Taxa: 3

Literatur: Dakin & Stolk (1968), De Hoog (1979), Samson et al. (2004, 2010).

Beispiele: *M. acetoabutens* Stolk & Dakin: acidophil, in Essigkonserven, Fruchtsäften, Sirup. *M. suaveolens* (Lindner) v. Arx [gegenwärtiger Name: *Saprochaete suaveolens* (Krzemecki) de Hoog & M.T. Sm., Anamorph von *Magnusiomyces* Zender]: lipo- und osmophil, auf Margarine, in Milchprodukten, Verursacher schwarzer Flecken auf Käse.

Anmerkungen: Neben Arthrokonidien werden auch Konidien in akropetalen Ketten gebildet. Vgl. Diskussion unter *Aureobasidium*.

Phylogenetische Analysen stellen *M. suaveolens* in die *Geotrichum* ähnliche Gattung *Saprochaete* (De Hoog & Smith, 2004).

***Monilinia* Pers.**

Sclerotiniaceae, Ascomycota

Anzahl Taxa: ca. 35

Synonym: *Sclerotinia* Fuckel.

Literatur: Beyrde & Willetts (1977); CMI descriptions of pathogenic fungi: 616, 617, 618, 619; Fungi Canadenses: 38.

Beispiele: *M. fructigena* Honey: Erreger der Braunfäule von Früchten, v.a. Äpfeln, Birnen, Pflaumen, Kirschen, Pfirsichen, Nektarinen, Aprikosen, Quitten. *M. fructicola* (G. Winter) Honey: Erreger der Braunfäule bei Steinfrüchten, v.a. Pflaumen, Kirschen, Nektarinen, Aprikosen. *M. laxa* (Aderh. & Ruhland) Honey: Braunfäule von Steinfrüchten.

Anmerkungen: In der älteren Literatur sind Arten dieser Gattung mit dem Namen *Monilia* erwähnt.

***Monographella* Petr.** Abb. IX.13e

Amphisphaeriaceae, Ascomycota

Anzahl Taxa: ca. 7

Anamorph: *Microdochium* Syd.

Literatur: von Arx (1984), Palm et al. (1995), Smiley et al. (2000), Uecker (1993).

Beispiel: *M. cucumerina* (Lindf.) Arx [= *Plectosphaerella cucumerina* (Lindf.) W. Gams, *P. tabacinum* (J.F.H. Beyma) Palm et al.]: häufiger Bodenpilz, Verursacher nekrotischer Flecken auf Kartoffelstängeln; Fruchtfäule junger Gewächshausgurken, Welke von Rüben. *M. nivalis* (Schaffnit) E. Müll.: „rosa Schneeschimmel", auf Gräsern, verursacht rosa Fäule. Beide Arten bilden in Kultur nur das Anamorph.

***Mortierella* Coemans** Abb. IX.2h

Mortierellaceae, Zygomycota

Anzahl Taxa: ca. 90

Literatur: **Domsch et al. (2007)**, Gams (1976, 1977), **Watanabe (2002)**, Zycha et al. (1969).

Beispiel: *M. bainieri* Cost.: häufig auf verfaulenden *Basidiomycota*, parasitisch u.a. auf Kulturchampignons, aus Waldböden isoliert.

***Mucor* Micheli : Fr.** Abb. IX.3a–c

Mucoraceae, Zygomycota

Anzahl Taxa: ca. 75

Literatur: **Domsch et al. (2007)**, Hermet et al. (2012, Arten von Käserinde), Samson et al. (2004, 2010), **Schipper (1978a)**, Zycha et al. (1969).

Beispiele: *M. fuscus* Bainier: auf Rinde von Halbhartkäsen (z.B. Tessiner Formaggella, Tomme de Savoie). *M. hiemalis* Wehmer: häufigste Art, weltweite Verbreitung, gewöhnlichster Bodenpilz, sehr rasch wachsend; CO_2 tolerant, Wachstum noch bei 100% CO_2 beobachtet.

M. plumbeus Bon.: weltweite Verbreitung, luftbürtig, in verschiedenen Böden, auf Pflanzenresten, Heu, Mist, Verderber von Fruchtzubereitungen, Joghurt.
M. racemosus Fres.: häufig, weltweite Verbreitung, in verschiedenen Böden, auf Mist, in Lebensmitteln, Getreidesamen, Gemüsen vorkommend; bildet hitzeresistente Chlamydosporen, terminaler Abtötungspunkt in Fruchtsaft bei 63 °C, 25 Min.

Anmerkungen: Ausgewählte Arten werden für die Fermentation von Sojabohnen verwendet.

Mycogone Link

Abb. IX.12d

Anamorphe von *Hypocreaceae*, *Ascomycota*

Anzahl Taxa: ca. 10

Teleomorph: *Hypomyces* (Fr.) Tul.

Literatur: Barron (1968), Tubaki (1955).

Beispiele: *M. rosea* Link., *M. perniciosa* (gegenwärtiger Name: *H. perniciosus* Magnus): parasitisch auf Basidiomycota, u.a. auf Kulturchampignons.

Anmerkungen: *Mycogone*-Arten bilden manchmal nebst den zweizelligen Aleurokonidien eine *Verticillium*-Form (Synanamorph).

Nectria (Fr.) Fr.

Nectriaceae*, *Ascomycota

Anzahl Taxa: ca. 120, sowie unbearbeitete Namen.

Anamorph: (*Cylindrocarpon*), *Gyrostroma* Naumov, *Tubercularia* Tode, *Zythiostroma* Höhn.

Literatur: **Booth (1959)**, Hirooka et al. (2011, 2012), Rossman (1983, 1989), **Rossman et al. (1999)**, Samuels (1976, 1988, 1989), Samuels et al. (1991).

Beispiel: *N. cinnabarina* (Tode : Fr.) Fr.: auf kürzlich abgestorbenen oder geschwächten Laubhölzern; breites Wirtsspektrum, v.a. in der gemäßigten Zone verbreitet.

Anmerkungen: *Nectria*-Arten dürften kaum im Lebensmittelbereich auftreten. *Nectria sensu* Fr. ist ein Gattungskomplex, von einigen Autoren bereits in mehrere Gattungen unterteilt. Eine gute Bearbeitung findet man in Rossman et al. (1999).

***Neocarpenteles* Udagawa & Uchiy.**

Aspergillaceae, Ascomycota

Anzahl Taxa: 1

Anamorph: *Aspergillus* Sektion *Fumigati* (Untergattung *Fumigati* in Samson et al., 2014).

Literatur Samson et al. (2014, Phylogenie, Nomenklatur), Udagawa & Uchiyama (2002), Varga et al. (2007).

Beispiel: *N. acanthosporum* (Udagawa & Takada) Udagawa & Uchiy (Anam.: *Aspergillus acanthosporus* Udagawa & Takada): aus Boden isoliert.

***Neopetromyces* Frisvad & Samson**

Aspergillaceae, Ascomycota

Anzahl Taxa: 1

Anamorph: *Aspergillus* Sektion *Circumdati* (Untergattung *Circumdati* in Samson et al., 2014).

Literatur: Frisvad & Samson (2000), Samson et al. (2014, Phylogenie, Nomenklatur).

Beispiel: *N. muricatus* (Udagawa, Uchiy. & Kamiya) Frisvad & Samson (gegenwärtiger Name: *A. muricatus* Udagawa, Uchiy. & Kamiya) bildet unter anderem Ochratoxin A.

***Neosartorya* Malloch et Cain** Abb. IX.7a–c

Aspergillaceae, Ascomycota

Anzahl Taxa: >20

Anamorph: *Aspergillus* Sektion *Fumigati* (Untergattung *Fumigati* in Samson et al., 2014).

Literatur: Domsch et al. (2007), Kozakiewicz (1989), Pitt &Taylor (2014, Nomenklatur), Samson et al. (1990, 2004, 2007, 2010, 2014).

Beispiel: *N. fischeri* (Wehmer) Malloch & Cain (gegenwärtiger Name: *A. fischeri* Wehmer): thermotolerant, aus verschiedenen Bodentypen, Reis, Baumwolle, Kartoffeln, gemahlenen Nüssen,

Leder und Papierprodukten isoliert; manchmal opportunistisch human- und tierpathogen; Ascosporen keimen nach Hitzeschock (60–65 °C während 30 Min.); gutes Wachstum auf Medien mit 15% NaCl.

Anmerkungen: *Neosartorya*-Arten sind aufgrund der hitzeresistenten Ascosporen u.a. Verderber von Fruchtkonserven.

Neurospora Shear et Dodge

Sordariaceae*, *Ascomycota

Anzahl Taxa: ca. 25

Anamorph: *Chrysonilia*

Literatur: Moreau-Froment (1956), Perkins et al. (2000, Genetik), Samson et al. (2004, 2010).

Beispiele: *N. sitophila* Shear & Dodge: kosmopolitisch, häufig auf verbrannten Pflanzenteilen. *N. crassa* Shear & Dodge: Verwendung in der Pilzgenetik.

Anmerkungen: In der Regel wird nur das Anamorph *Chrysonilia* (= „*Monilia*“) in Kultur beobachtet; nur ausnahmsweise bildet der Pilz das Teleomorph in Kultur. Kulturen sind orange-rosa gefärbt, sehr schnell wachsend (eine Petrischale von 90 mm im Durchmesser ist in weniger als einem Tag überwachsen): deshalb ist sie ein gefürchteter Laborkontaminant.

Paecilomyces Bainier

Abb. IX.17a–c

Anamorphe von *Thermoascaceae*, *Ascomycota*

Anzahl Taxa: >70, wovon ca. 10 in der Sektion *Paecilomyces*, wichtig als Verderber.

Teleomorph: *Byssochlamys*

Literatur: **Domsch et al. (2007)**, Houbraken & Samson (2011), Houbraken et al. (2010c, klinische Isolate), Pieckova & Samson (2000, Hitzeresistenz), **Samson (1974)**, **Samson et al.** (2004; **2009**, hitzeresistente Arten mit *Byssochlamys* Teleomorph; 2010).

Beispiel: *P. variotii* Bainier: aus verschiedenen Böden isoliert, luftbürtig, v.a. in wärmeren Gegenden vorkommend; Wachstum und somit

Verderber unüblichster Substrate wie Palmöl, Kosmetika, pharmazeutischer Emulsionen, Tinte, Jute, Papier, Leder, optischer Linsen, Getränke. Thermophil, mit hitzeresistenten Aleurosporen: somit überlebt er Kompostierungsvorgänge und Getränkepasteurisation. Abbau verschiedener Plastikmaterialien, PVC, Kerosen. Resistent gegenüber verschiedenen Konservierungsmitteln. Mykotoxikosen-Erreger bei Menschen und Tieren, Patulin- und Viriditoxinbildner; opportunistisch humanpathogen.

Anmerkungen: *Paecilomyces*-Arten unterscheiden sich von *Penicillium* durch die pfriemenförmig verlängerten Phialiden, unregelmäßige Penicilli und Kulturfarbe. *Paecilomyces*-Arten sind potentielle Toxinbildner, v.a. von Patulin.
Byssochlamys fulva und *B. nivea* haben gemäß der Ein-Pilz-ein-Name Nomenklaturregel *P. fulvus* bzw. *P. niveus* als gegenwärtige Namen.

***Parastagonospora* Quaedvlieg, Verkley & Crous**

Anamorphe von *Phaeosphaeriaceae*, *Ascomycota*

Anzahl Taxa: 4

Teleomorph: *Phaeosphaeria*-ähnlich

Literatur Castellani & Germano (1977), Hsieh (1979), Quaedvlieg et al. (2013, Molekularbiologie, Gattungsaufteilung), Smiley (2000, pathogene Arten auf Rasen), Sutton (1980).

Beispiele: *P. nodorum* (Berk.) Quaedvl., Verkley & Crous [Syn.: *Stagonospora nodorum* (Berk.) Castellani & Germano, *Phaeosphaeria nodorum* (E. Müll.) Hedjar.]: pathogen auf Weizen, verursacht Spelzenbräune und Blattdürre, Blattflecken bei Rasen. Es wird vermutet, dass es sich um einen Artenkomplex handelt (McDonald et al., 2012).

Anmerkungen: Die Gattung *Parastagonospora* wurde für die auf Getreide pathogenen *Stagonospora*-Arten eingeführt. Molekularbiologische Untersuchungen zeigten, dass diese pathogenen Arten nicht mit *Stagonospora s. str.* und *Phaeosphaeria s. str.* verwandt sind (Quaedvlieg et al., 2013). Morphologisch unterscheidet sich *Parastagonospora* von *Stagonospora* v.a. durch ihre zylindrischen, an der Spitze abgerundeten und an der Basis abgeflachten Konidien, von anderen ähnlichen Gattungen durch ihre hyalinen Konidien (Quaedvlieg et al., 2013).

***Penicillium* Link** Abb. IX.18, X.2

Aspergillaceae*, früher *Trichocomaceae*, *Ascomycota

Anzahl Taxa: >100

Teleomorph: *Eupenicillium*, *Hemicarpenteles*

Literatur: Dörge et al. (2000, Bestimmung durch Bildanalyse), Domsch et al. (2007), Frisvad & Filtenborg (1989, Chemotaxonomie), Houbraken & Samson (2011, Phylogenie, Aufteilung der Trichocomaceae), Houbraken et al. [2010a, b, 2011, 2012b, 2014a (Taxonomie biotechnologisch wichtiger Arten), 2014b], Mücke & Lemmen (2005, Mykotoxine, Gesundheitsgefahren), Peberdy (1987, Biotechnologie, Sekundärmetaboliten), **Pitt** (1974, 1979, **2000**), Pitt & Samson (1993, gegenwärtige Namen, Synonyme), Ramirez (1982), **Samson & Frisvad** (**2004**, terverticillate Arten), Samson & Pitt (1985, 1990, 2000, Artendifferenzierung auf molekularer Ebene), **Samson et al.** (1976, **2004**, **2010**, 2011c), Singh et al. (1991), Stolk & Samson (1983), Visagie et al. (2013, 2014a, c), Zhelifonova et al. (2010, Sekundärmetaboliten).

Beispiele: *P. camemberti* Thom: zur Herstellung von Weichkäse verwendet. *P. chrysogenum* Thom: auf verschiedenen Lebensmitteln mit niedriger Wasseraktivität wie Nüssen, Trockenfrüchten, Fruchtsäften; Wachstum auf Fresken, optischen Linsen; Raumluftkontaminant; ausgewählte Stämme werden immer noch zur industriellen Herstellung von Penicillin verwendet. *P. expansum* Link: Verursacher von Fruchtfäule bei Äpfeln, u.a. Produktion von Patulin.

Anmerkungen: Zur morphologischen Identifikation der Artengruppen müssen die Isolate unter Standardbedingungen inkubiert werden (CZY, MEA, 25 °C, 7 Tage). Differenzierungsmerkmale sind das Verzweigungsmuster der Konidienträger (Abb. X.2), deren Beschaffenheit und Größe, Konidienform und -farbe, Bildung löslicher Pigmente und Exsudate, Wachstumsrate. Zuverlässige Methoden zur Artendifferenzierung sind TLC (Muster der produzierten Sekundärmetaboliten). PCR und Sequenzierung haben sich nun zur raschen Identifikation der häufigsten Arten etabliert.
Die Forschung konzentriert sich gegenwärtig auf die Verbesserung zuverlässiger molekularer Instrumente zur Bestimmung einzelner Arten, v.a. deren Barcoding. Sobald zuverlässige Datenbanken von MALDI-TOF Spektren zur Verfügung stehen, sollte eine rasche Bestimmung der häufigsten Arten mit dieser Methode möglich sein.

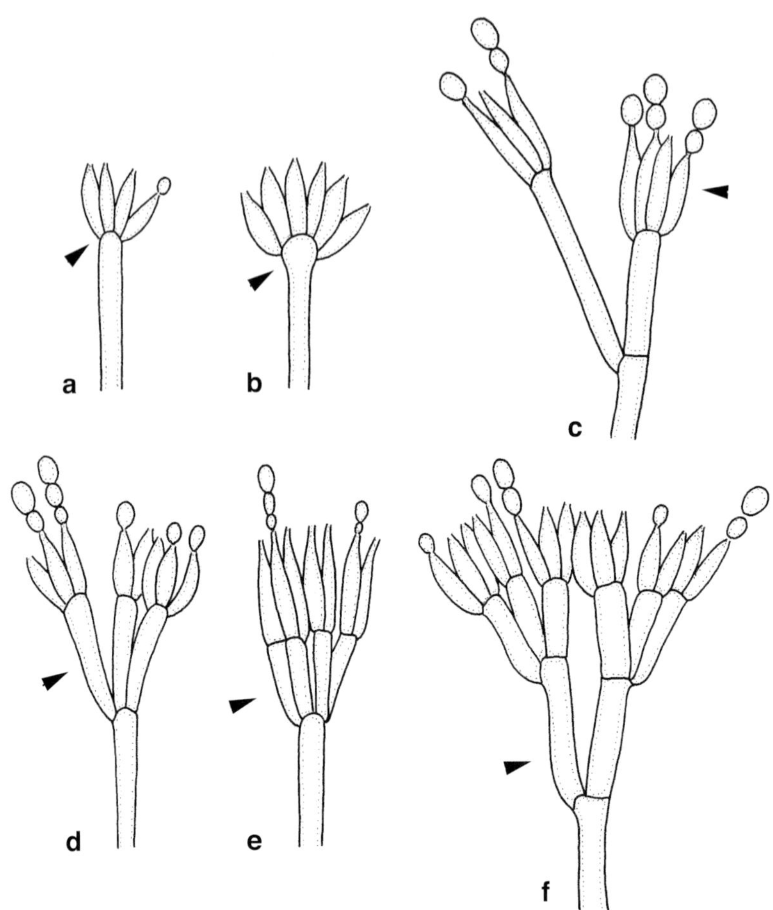

Abb. X.2. Subgenerische Einteilung der Gattung **Penicillium** *(nach Pitt, 2000).*

a, b. Subgenus *Aspergilloides*, Konidienträger unverzweigt: **a.** Sektion *Exicaulis*: oben nicht erweitert (Pfeil). **b.** Sektion *Aspergilloides*: oben zu kleinem Vesikel (Pfeil) erweitert. **c, d.** Subgenus *Furcatum*: **c.** Sektion *Divaricatum*: Konidienträger wenig, unregelmäßig und nicht am Scheitel verzweigt (Pfeil: Phialide). **d.** Sektion *Furcatum*: Konidienträger einmal verzweigt, Phialiden auf Metulae (Pfeil) sitzend, wobei die Metulae länger als die Phialiden sind. **e.** *Talaromyces* (ehem. Subgenus *Biverticillium*): Konidienträger einmal verzweigt, Phialiden auf Metulae (Pfeil) sitzend, wobei Metulae und Phialiden etwa gleich lang sind. **f.** Subgenus *Penicillium* (*Terverticillati*): Konidienträger zweimal verzweigt, Phialiden auf Metulae, diese auf Rami (Pfeil) sitzend.

Penicillium ist polyphyletisch. Die Untergattung *Biverticillium* wurde aufgrund phylogenetischer Untersuchungen zu *Talaromyces* gestellt (Samson et al., 2011c; Yilmaz et al., 2014).

Penicillium-Arten sind weltweit verbreitet und kommen vor allem in der gemäßigten Zone vor. Sie können aus den verschiedensten Bodentypen isoliert werden. Meistens sind sie gewöhnliche Kontaminanten unterschiedlichster Substrate, ubiquitäre Saproben, deren Sporen durch die Atmosphäre verbreitet werden. *Penicillium* spp. erbringen ungewöhnliche Stoffwechselleistungen, indem sie unter Laborbedingungen ein breites Spektrum sekundärer Metaboliten produzieren und viele nützliche Substanzen wie die Antibiotika Penicillin und Griseofulvin (bis zum industriellen Niveau), aber auch Mykotoxine (z.B. Citrinin, Cyclopiazonsäure, Patulin, Roquefortine, Viriditoxin) synthetisieren. Deshalb finden ausgewählte Stämme routinemäßige Verwendung in der Biotechnologie.

Petromyces **Malloch & Cain**

Aspergillaceae, Ascomycota

Anzahl Taxa: 1

Anamorph: *Aspergillus* Sektion *Circumdati* (Untergattung *Circumdati* in Samson et al., 2014).

Literatur: Kozakiewicz (1989), Samson (1979), Samson et al. (2014).

Beispiel: *P. albertensis* J.P. Tewari (gegenwärtiger Name: *A. albertensis* J.P. Tewari).

Pestalotiopsis **Steyaert**

Anamorphe von ***Amphisphaeriaceae, Ascomycota***

Anzahl Taxa: >150

Teleomorph: *Pestalosphaeria* M.E. Barr.

Literatur: Maharachchikumbura et al. (2014), **Nag Raj (1993)**, Sutton (1980), Xu et al. (2010, Sekundärmetaboliten).

Beispiel: *P. funerea* (Desm.) Steyaert: kosmopolitisch, auf Koniferennadeln, Schwächeparasit von *Thuja*, Verursacher von Nadelsterben.

Anmerkungen: *Pestalotiopsis*-Arten sind Pflanzenbewohner und vielmals schwach pathogen. Die Artbestimmung anhand von Kulturen ist außerordentlich schwierig, weil zuverlässige Studien fehlen. Gegenwärtig werden die früher zu *Pestalotia* gestellten Arten folgendermaßen unterteilt (nach Sutton, 1980; Nag Raj, 1993):

Dichotomer Schlüssel zu nahestehenden Gattungen

1. Conidiomata kuppelförmig; Konidien distoseptiert .... ***Pestalotia***

1.* Conidiomata als Acervuli; Konidien euseptiert 2

2. Basales Anhängsel, wenn vorhanden, exogen gebildet ..... ***Seimatosporium***

2.* Basales Anhängsel, wenn vorhanden, endogen gebildet 3

3. Konidien mit einem apikalen Anhängsel 4

3.* Konidien mit mehreren apikalen Anhängseln 5

4. Konidien 3–4-septiert .... ***Monochaetia***

4.* Konidien 5-septiert .... ***Seiridium***

5. Konidien dreiseptiert .... ***Truncatella***

5.* Konidien vierseptiert .... ***Pestalotiopsis***

***Phialophora* Medlar** Abb. IX.13f–i

Anamorphe von *Herpotrichiellaceae*, *Ascomycota*

Anzahl Taxa: 38

Teleomorph: *Capronia* Sacc.

Literatur: Cole & Kendrick (1973), De Hoog (1999), **Domsch et al. (2007)**, Gams (2000, Gattungsabgrenzung), Samson et al. (2004, 2010), **Schol-Schwarz (1970)**, **Seifert et al.** (**2011**, Gattungsbestimmung), **Watanabe (2002)**.

Beispiele: *P. bubakii* (Laxa) Schol-Schwarz (Syn.: *Margarinomyces bubakii* Laxa): u.a. aus Butter, Margarine isoliert, worauf er kleine schwarze Kolonien bildet. *P. cinerescens* (Wollenw.) Beyma: verursacht Gefäßwelke bei Nelken, auf Erdbeeren. *P. mustea* Neergard: in Fruchtsäften, v.a. Süßmost; hitzeresistente Aleurosporen überleben eine normale Pasteurisierung.

Anmerkungen: Kolonien sind in der Regel schwarz, olivefarben, cremefarben wenn jung. Von Schol-Schwarz (1970) unter *P. hoffmannii* zusammengefasste Arten bilden helle, rosafarbene Kolonien und sind zu *Lecythophora* [z.B. *L. hoffmannii* (J.F.H. Beyma) W. Gams & McGinnis, Syn.: *P. hoffmannii* (J.F.H. Beyma) Schol-

Schwarz], Anamorphe von *Coniochaeta*, gestellt worden. Nicht alle Arten weisen eine deutliche Kollarette, das charakteristische Gattungsmerkmal, auf.
Phialophora ist polyphyletisch und einige Arten wurden zu anderen Gattungen gestellt. Verschiedene Teleomorphe bilden *Phialophora*-ähnliche Anamorphe, sind aber mit *Phialophora s.str.* nicht verwandt (Gams, 2000).

***Phlyctema* Desm.**

Anamorphe von *Dermateaceae*, *Ascomycota*

Anzahl Taxa: >30

Teleomorph: *Neofabraea* H.S. Jacks.

Literatur: von Arx (1970), Quaedvlieg et al. (2013, Molekularbiologie), Sutton (1980).

Beispiel: *P. asparagi* Fautrey & Roum., *P. vagabunda* Desm. [gegenwärtiger Name: *N. alba* (E.J. Guthrie) Verkley]: saprobisch und parasitisch auf Phanerogamen, Blattfleckenkrankheiten verursachend; Fäulniserreger bei Äpfeln.

***Phoma* Sacc.**

Abb. IX.9d–g

Anamorphe von *Didymellaceae*, *Ascomycota*

Anzahl Taxa: ca. 140 (insgesamt ca. 2000 Namen, viele davon sind wahrscheinlich Synonyme).

Teleomorph: *Didymella* Sacc.

Literatur: Aveskamp et al. (2010), Boerema (1976, 1993), Boerema & De Gruyter (1998), Boerema & Dorenbosch (1973), **Boerema et al.** (1977, 1981, 1994, 1996, 1997, **2004**, Monographie), De Gruyter & Noordeloos (1992), De Gruyter et al. (1993, 1998, 2010, 2013), **Domsch et al. (2007)**, **Dorenbosch (1970)**, Monte et al. (1990, Physiologie, Biochemie), **Sutton (1980)**, White & Morgan-Jones (1983, 1986, 1987).

Beispiel: *P. glomerata* (Corada) Wollenw. & Hochapfel: aus Boden, Butter, Reiskörnern, Früchten; Verursacher der Tomatenfäule.

Anmerkungen: Außerordentlich häufige und weit verbreitete Gattung; auf verschiedenen Pflanzen und Pflanzenresten saprobisch vorkommend, manchmal parasitisch auf Pflanzen und Früchten, auch aus dem Boden und feuchten Innenräumen isoliert; u.U. human- und tierpathogen. Die Arten sind sehr schwierig zu bestimmen. De Gryter et al. (2010, 2013) teilten die Sektion *Paraphoma* in verschiedene Gattungen auf und grenzten sie gegenüber *Pyrenochaeta* ab. Sie stellten ebenfalls Neukombinationen auf und führten eine Redisposition *Phoma*-ähnlicher Anamorphe in den *Pleosporales* aufgrund molekularbiologischer Untersuchungen aus.

***Phomopsis* (Sacc.) Bubàk** Abb. IX.9h–j

Anamorphe von *Diaporthaceae*, *Ascomycota*

Anzahl Taxa: >200 (insgesamt >800 Namen, viele davon sind wahrscheinlich Synonyme).

Teleomorph: *Diaporthe* Nitschke

Literatur: Sutton (1980), Uecker (1988), Wechtl (1990).

Beispiel: *P. occulta* (Sacc.) Traverso: saprobisch auf Koniferen.

Anmerkungen: *Phomopsis*-Arten sind oftmals Schwächeparasiten von Pflanzen. Das Wirtsspektrum umfasst Phanerogamen, Gräser, Laubbäume, Sträucher und Koniferen. Eine monographische Bearbeitung fehlt. Die Bestimmung erfolgt meistens nach Wirtspflanze. *Phomopsis* bildet oft (aber nicht immer) zwei Konidientypen: ellipsoide Alpha-Konidien und fadenförmige, gerade oder gebogene Beta-Konidien. Intermediäre Formen existieren.

***Phycomyces* Kunze : Fr.**

Phycomycetaceae*, *Zygomycota

Anzahl Taxa: 3

Literatur: Benjamin & Hesseltine (1959), Cerdá-Olmedo (2001), Cerdá-Olmedo & Lipson (1987, Physiologie, Genetik, Lebenszyklus). Internet: http://zygomycetes.org/index.php?id=79

Beispiel: *P. blakesleeanus* Burgeff: Sensitiv gegenüber Licht, Schwerkraft, Wind und Chemikalien, Karotinproduktion, Verwendung für physiologische und genetische Untersuchungen, Phototrophismus.

Anmerkungen: *Phycomyces*-Arten können aus frischem Pferdekot isoliert werden.

Phyllosticta Pers.

Anamorphe von *Botryosphaeriaceae*, *Ascomycota*

Anzahl Taxa: ca. 46

Teleomorph: *Guignardia* Viala & Ravaz

Literatur: **van der Aa (1973)**, van der Aa & Vanev (2002), Bissett (1979, 1986a, 1986b), **Bissett & Palm (1989**, auf Koniferen), Leuchtmann et al. (1992, Isoenzyme), **L. Petrini et al. (1991**, auf Koniferen), Punithalingam (1974, 1981).

Beispiele: *P. ampelicida* (Engelman) van der Aa [Tel. *Guignardia bidwellii* (Ellis) Viala & Ravaz]: Schwarzfäule von Trauben. *P. citricarpa* (Mc Alpine) van der Aa (Tel. *Guignardia citricarpa* Kiely): Schwarzflecken bei *Citrus*.

Anmerkungen: Viele *Phyllosticta*-Arten verursachen Blattflecken auf ihren Wirtspflanzen.

Piptocephalis De Bary

Abb. IX.1e, f

Piptocephalidaceae*, *Zygomycota

Anzahl Taxa: ca. 18

Literatur: Ellis & Ellis (1988), Gräfenhan (1998), Ho (2003, 2004, 2006), **Zycha et al. (1969)**. Internet: http://zygomycetes.org/index.php?id=156

Beispiel: *P. cylindrospora* Bainier: hyperparasitisch auf anderen *Zygomycota* und Kaninchenkot.

Anmerkungen: Die meisten Arten sind Hyperparasiten von *Zygomycota* und kommen auf verschiedenen Tierlosungen vor.

***Pithomyces* Berk. et Broome** Abb. IX.12g

Anamorphe von *Didymellaceae, Ascomycota*

Anzahl Taxa: ca. 40

Teleomorph: *Leptosphaerulina*

Literatur: **Ellis** (1960, **1971, 1976**), **Rao & De Hoog (1986)**.

Beispiel: *P. chartarum* (Berk & Curt.) M.B. Ellis: auf Papier, abgestorbenen Pflanzenresten, aus verschiedenen Bodentypen isoliert; Verursacher eines Fazialekzems bei Schafen v.a. in Neuseeland, Australien, Südafrika: das Fressen von mit *Pithomyces*-Sporen kontaminiertem abgestorbenen Weidegras verursacht durch das in den Sporen enthaltene Mykotoxin Sporidesmin Leberschäden bei den Weidetieren, die sich als Facialekzem (hepatogene Photodermatitis, photodynamische Dermatitis) manifestieren (Behrens et al., 2001; GrazingInfo, 2014; Osweiler, 2012).

***Pseudogymnoascus* Raillo**

Pseudeurotiaceae, Ascomycota

Anzahl Taxa: ca. 10

Anamorph: *Geomyces* Traaen.

Literatur: Domsch et al. (2007), Orr (1979), Samson (1972).

Beispiel: *P. alpinus* E. Müller: verschiedene Bodentypen, extreme Habitats wie alpine Zonen.

***Pyrenochaeta* De Not.**

Anamorphe von *Melanommataceae, Ascomycota*

Anzahl Taxa: über 120, die meisten nicht *sensu stricto*.

Teleomorph: *Herpotrichia* Fuckel

Literatur: De Gruyter et al. (2010), Sutton (1980)

Beispiel: *P. nobilis* De Not. auf abgestorbenen Blättern von *Ilex aquifolium*.

***Ramichloridium* Stahel ex de Hoog**

Anamorphe von *Mycosphaerellaceae* und *Teratosphaeriaceae*, *Ascomycota*

Anzahl Taxa: ca. 27

Literatur: **Arzanlou et al. (2007**, Gattungsschlüssel), Crous et al. (2009b), **De Hoog (1977)**, Domsch et al. (2007).

Beispiel: *R. pini* de Hoog & Rahman: auf abgestorbenen *Pinus*-Ästen.

***Rhinocladiella* Nannfeldt**

Anamorphe von *Herpotrichiellaceae*, *Ascomycota*

Anzahl Taxa: ca. 12

Teleomorph: *Capronia* Sacc.

Literatur: **Arzanlou et al. (2007**, Gattungsschlüssel), De Hoog (1977).

Beispiel: *R. atrovirens* Nannf.

Anmerkungen: Arten dieser Gattung werden als schwarze Hefen behandelt. Unter diesen können verschiedene Taxa opportunistische Human- und Tierpathogene sein, die hartnäckig zu behandelnde Phaeohyphomykosen verursachen. Vgl. Diskussion unter *Aureobasidium*.

***Rhizomucor* Lucet & Costantin** Abb. IX.3d, e

Lichtheimiaceae*, *Zygomycota

Anzahl Taxa: 6

Literatur: Domsch et al. (2007), De Hoog et al. (2000a), Schipper (1978b). Internet: http://zygomycetes.org/index.php?id=72

Beispiel: *R. pusillus* (Lindt) Schipper (Syn.: *Mucor pusillus* Lindt): weltweite Verbreitung, in verschiedenen Bodentypen, überlebt Hitzebehandlung (68 °C während 45 Min.); opportunistisch human- und tierpathogen.

Anmerkungen: *Rhizomucor*-Arten bilden im Gegensatz zu *Mucor* sowohl Stolonen als auch Rhizoide und sind zudem thermophil. Gelegentlich humanpathogen in immunkompromittierten Patienten.

***Rhizopus* Ehrenb.** Abb. IX.4

Rhizopodaceae*, *Zygomycota

Anzahl Taxa: 11

Literatur: **Dabinett & Wellman (1973)**, **De Hoog et al. (2000a)**, Liu et al. (2007, molekulare Phylogenie), Samson et al. (2004, 2010), Schipper (1984), Schipper & Stalpers (1984), **Zheng et al. (2007**, Monographie). Internet: http://zygomycetes.org/index.php?id=70

Beispiele: *R. microsporus* Tiegh. (Syn.: *R. oligosporus* Saito): thermophil, zur Herstellung asiatischer Nahrungsmittel (z.B. Tempe) verwendet. *R. arrhizus* A. Fisch. (Syn.: *R. oryzae* Went & Prinsen Geerlings): thermophil, v.a. in tropischen und subtropischen Gegenden im Boden, auf Getreide, gemahlenen Nüssen, in verschmutztem Wasser, auf Gemüse und verfaulenden Früchten. *R. stolonifer* (Ehrenb. : Fr.) Vuill.: im Boden, auf Getreide, Gemüsen, Früchten, Nüssen.

Anmerkungen: *Rhizopus* unterscheidet sich von *Mucor* durch Bildung von Rhizoiden und Stolonen und durch eine mit einer Apophyse versehene Kolumella. Einige Arten sind opportunistisch human- und tierpathogen, v.a. bei immungeschwächten Organismen.

***Scedosporium* Sacc. ex Castell. et Chalm.**

Anamorphe von *Microascaceae*, *Ascomycota*

Anzahl Taxa: 6

Teleomorph: *Pseudallescheria* Negr. et I. Fisch, Petriella Curzi

Literatur: Cortez et al. (2008, klinische Review), **De Hoog et al. (2000a)**, Gilgado et al. (2006), **Guarro et al. (2006)**, **St-Germain & Summerbell (2011)**.

Beispiele: *S. prolificans* (Hennebert et Desai) Guehó et de Hoog: isoliert aus warmen Böden; infiziert den menschlichen Körper durch Verletzungen und wird häufig aus perkutanen und subkutanen Wunden isoliert. Kann in immunkompromittierten Patienten fatale Infektionen (häufig Hirnabszesse) hervorrufen.

Anmerkungen: *Scedosporium*-Arten sind bekannte Humanpathogene und können von *Scopulariopsis* durch schleimige Konidienköpfchen und das Fehlen von Konidienketten unterschieden werden.

***Scopulariopsis* Bainier** Abb. IX.17d–g

Anamorphe von *Microascaceae, Ascomycota*

Anzahl Taxa: ca. 20

Teleomorph: *Microascus*

Literatur: **Morton & Smith (1963)**, Domsch et al. (2007), Abbott et al. (1998, Teleomorph), **De Hoog et al. (2000a)**, Samson et al. (2004, 2010).

Beispiele: *S. brevicaulis* (Sacc.) Bainier (gegenwärtiger Name: *Microascus brevicaulis* S.P. Abbott). *S. candida* (Guéguen) Vuill.: u.a. aus Boden, Reis, Papier, Käse, Nägeln, Haut isoliert; *S. flava* (Sopp) F.J. Morton & G. Sm.: u.a. auf Rinde von Halbhart- und Hartkäse vorkommend. *S. fusca* Zach: auf Käserinde, in Hühnereiern, auf Kakaoblättern vorkommend; Durchwachsen von Haaren nachgewiesen (Bildung von Keratinasen).

Anmerkungen: Verschiedene *Scopulariopsis*-Arten können humanpathogen sein; sie sind meistens keratinophil, Verursacher u.a. von Onychomykosen.

***Sepedonium* Link**

Anamorphe von *Hypocreaceae, Ascomycota*

Anzahl Taxa: ca. 22

Teleomorph: *Hypomyces* (Fr.) Tul.

Literatur: Barron (1968), Domsch et al. (2007).

Beispiel: *S. chrysospermum* (Bull.) Link (gegenwärtiger Name: *Hypomyces chrysospermus* Tul. & C. Tul.): parasitisch auf Steinpilzen (Boletales) und Blätterpilzen (*Agaricales*); auch Goldschimmel genannt.

***Sordaria* Ces. et de Not.** Abb. IX.7g–j

Sordariaceae, Ascomycota

Anzahl Taxa: >20

Literatur: Domsch et al. (2007), Ellis & Ellis (1988), **Lundqvist (1972)**.

Beispiel: *S. fimicola* (Rob.) Ces. & De Not.: weltweite Verbreitung in den gemäßigten Zonen, koprophil, manchmal auch aus Boden und regelmäßig als Endophyt aus verschiedenen Pflanzen und Hölzern isoliert; homothallisch und mit kurzem Zyklus (ca. 10 Tage), deshalb für genetische Studien verwendet; aktive, durch Licht stimulierte Ascosporenausschleuderung.

Anmerkungen: Die meisten *Sordaria*-Arten sind Mistbesiedler.

***Spilocaea* Fries**

Anamorphe von *Venturiaceae, Ascomycota*

Anzahl Taxa: ca. 5

Teleomorph: *Venturia* Sacc.

Literatur: **Ellis** (1971, **1976**), Sivanesan (1977, 1984).

Beispiel: *S. pomi* Fr. [gegenwärtiger Name: *Venturia inaequalis* (Cooke) G. Winter]: Verursacher von Schorf auf Kernobst.

Bemerkung: *Spilocaea*-Arten sind in der Literatur meistens unter *Venturia* oder *Fusicladium* Bonord. zu finden.

***Stachybotrys* Corda** Abb. IX.13j, k

Anamorphe *incertae sedis* und von *Hypocreales, Ascomycota*

Anzahl Taxa: über 20, sowie unbearbeitete Namen.

Literatur: **Domsch et al. (2007)**, **Ellis (1971)**, Gravesen et al. (1994, schädigende Eigenschaften), Samson et al. (2004, 2010).

Beispiel: *S. chartarum* (Ehrenb.) Hughes (Syn.: *S. atra* Corda): weltweite Verbreitung; Vorkommen auf abgestorbenem Pflanzenmaterial, Heu, Gips, Papier, Textilien, Weizen- und Hafersamen, Efeu. Abbau von Zellulose, Wachstum bei hoher Feuchtigkeit (a_w>0.94), deshalb tritt sie auch in wassergeschädigten oder sehr feuchten Gebäuden auf.

Anmerkungen: *Stachybotrys*-Arten produzieren verschiedene Mykotoxine mit immunsupressiven Eigenschaften (u.a. makrozyklische Trichothecene, Satratoxine und Atranone) sowie große Mengen von spirozyklischen Verbindungen, welche für die Pharma-Industrie wegen ihrer fibrinolytischen Aktivität von Interesse sind. Die

von *Stachybotrys* produzierten Toxine sind stabil, deshalb bleibt das kontaminierte Heu oder Stroh über längere Zeit toxisch und verursacht Toxikosen in Tieren (Stachybotryotoxikose), die das kontaminierte Futter gefressen haben.
Stachybotrys-Arten wachsen in feuchtigkeitsgeschädigten Gebäuden, v.a. auf Gips und Tapeten und stellen deshalb ein Anzeichen von Feuchtigkeit in Innenräumen dar. Sporen können toxische und allergene Wirkungen haben.

Stagonospora (Sacc.) Sacc.

Anamorphe von (?)*Phaeosphaeriaceae*, *Ascomycota*

Anzahl Taxa: über 100 beschrieben

Teleomorph: *Didymella*-ähnlich

Literatur: Castellani & Germano (1977), Hsieh (1979), Quaedvlieg et al. (2013, Molekularbiologie, Gattungsaufteilung), Smiley (2000, pathogene Arten auf Rasen), Sutton (1980).

Anmerkungen: Die pathogenen *Stagonospora*-Arten wurden von *Stagonospora s. str.* abgetrennt und zu *Parastagonospora* gestellt. Die Typusart der Gattung, *S. paludosa* (Sacc. & Speg.) Sacc. und andere, nicht-pathogene *Stagonospora* Arten zeigen Affinitäten mit den *Massarinaceae* (Quaedvlieg et al., 2013).

Stemphylium Wallr.

Anamorphe von *Pleosporaceae*, *Ascomycota*

Anzahl Taxa: ca. 55, sowie viele unbearbeitete Namen.

Teleomorph: *Pleospora* Rabenh. ex Ces. & De Not.

Literatur: Ellis (1971, 1976), Simmons (1967, 1969, 1985), Wang et al. (2010, Molekularbiologie).

Beispiel: *S. botryosum* Wallr. (gegenwärtiger Name: *Pleospora tarda* E.G. Simmons): kosmopolitisch, saprobisch oder schwach parasitisch auf verschiedensten Pflanzen.

Syncephalastrum Schröter

Syncephalastraceae, Zygomycota

Anzahl Taxa: 2

Literatur: Domsch et al. (2007), Samson et al. (2004, 2010), **Zycha et al (1969)**. Internet: http://zygomycetes.org/index.php?id=61

Beispiel: *S. racemosum* Cohn ex J. Schröt.: tropisch, subtropisch; im Boden, Mist, Getreide und Gewürzen vorkommend; toleriert anaerobische Bedingungen, aber darunter findet kein Wachstum statt.

Talaromyces C. R. Benj.

Trichocomaceae, Ascomycota

Anzahl Taxa: ca. 88

Anamorph: *Merimbla* Pitt, *Penicillium* Subgenus *Biverticillium*

Literatur: **Domsch et al. (2007)**, Frisvad et al. (1990, Chemotaxonomie), Houbraken et al. (2011, Molekularbiologie, Aufteilung der *Trichocomaceae*), **Pitt (1979, 2000)**, Samson et al. (2004, 2010, 2011c, Molekularbiologie), Stolk (1965), Stolk & Samson (1972), Visagie et al. (2014a, Hausstaub), **Yilmaz et al.** (2012, **2014**, morphologische Beschreibungen), Zhelifonova et al. (2010, Sekundärmetaboliten).

Beispiel: *T. flavus* (Klöcker) Stolk & Samson var. *flavus*: weltweite Verbreitung, aus Boden, organischem Material und aus tropischen Fruchtsäften isoliert; hitzeresistent. Ascosporen im Boden überleben Hitzebehandlung (70 °C während 30 Min.), in Apfelsaft werden sie bei 80 °C während 40 Min. abgetötet; die Kleistothecien überleben 100 °C während 30 Min. Gutes Medium für Isolation und Kultivierung ist Hafer-Agar (Oatmeal Agar). Produktion verschiedener Mykotoxine, einige mit antibiotischen Eigenschaften.

Anmerkungen: Molekularbiologische Untersuchungen zeigten eine abgesonderte Stellung der *Penicillium* Untergattung *Biverticillium*, die mit *Talaromyces* eine monophyletische Gruppe bildet. Unter Anwendung des Ein-Pilz-ein-Name Konzeptes wurden die *Penicillium*-Arten der Untergattung *Biverticillium* zu *Talaromyces* transferiert (Samson et al., 2011c). Dieser schließt die klinisch und biotechnologisch wichtigen Arten *P. funiculosum*, *P. marneffei* und *P. purpurogenum* mit ein.

Die gegenwärtig 88 Taxa in *Talaromyces* sind in sieben Sektionen unterteilt: *Bacillispori*, *Helici*, *Islandici*, *Purpurei*, *Subinflati*, *Talaromyces* und *Trachyspermi* (Yilmaz et al., 2014).
Die thermophilen *Talaromyces*-Arten wurden in die Gattung *Rasamsonia* Houbraken & Frisvad transferiert (Houbraken et al., 2012a).

***Thamnidium* Link** Abb. IX.1a–d

Mucoraceae, Zygomycota

Anzahl Taxa: 1

Literatur: Domsch et al. (2007), Hesseltine & Anderson (1956), **Zycha et al. (1969)**. Internet: http://zygomycetes.org/index.php?id=65

Beispiel: *T. elegans* Link: psychro- und koprophil, in kälteren Regionen verbreitet, aus verschiedenen Böden, Getreidesamen, aus der Luft und aus dem Staub isoliert; gelegentlich auf Lebensmitteln wie auf kühl gelagertem Fleisch oder frischem Ziegenkäse wachsend; Fruktifikation durch Licht stimuliert, Wachstum noch bei 1–2 °C möglich.

***Thermoascus* Miehe**

Thermoascaceae*, früher *Trichocomaceae, Ascomycota

Anzahl Taxa: 5

Anamorph: *Paecilomyces*, *Polypaecilum* G. Sm.

Literatur: Domsch et al. (2007), Houbraken & Samson (2011, Molekularbiologie, Aufteilung der Trichocomaceae), **Samson (1974)**, Scaramuzza & Berni (2014, Hitzeresistenz), Stolk (1965).

Beispiel: *T. crustaceus* (Apinis & Chester) Stolk: thermophiler Bodenpilz, gelegentlich aus pasteurisierten Getränken isoliert. D-Werte von *T. crustaceus* liegen zwischen 18 und 91 Min. bei 90 °C, zwischen 1.1 und 2.5 Min. bei 95 °C (Scaramuzza & Berni, 2014).

Anmerkungen: *Thermoascus*-Arten sind thermophil und bilden hitzeresistente Ascosporen.

***Thermomyces* Tsiklinsky**

Trichocomaceae*, *Ascomycota

Anzahl Taxa: 4

Literatur: Apinis & Eggins (1966), Cooney & Emerson (1965), Domsch et al. (2007), Ellis (1971), Houbraken & Samson (2011, Molekularbiologie, Aufteilung der *Trichocomaceae*), Pugh et al. (1964).

Beispiel: *T. lanuginosus* Tsiklinsky: thermophiler Bodenpilz, u.a. in Kompost von Champignonkulturen während der Pasteurisationsphase vorkommend. Minimale Temperatur für das Wachstum: 30 °C, Optimum 40–55 °C. Produktion verschiedener Enzyme, u.a. einer Esterase, die plastifizierende Substanzen angreift.

***Thielavia* Zopf**

Chaetomiaceae*, *Ascomycota

Anzahl Taxa: ca. 31

Anamorph: *Acremonium*-ähnlich, *Myceliophthora* Costantin.

Literatur: von Arx (1975b), **Domsch et al. (2007)**, Malloch & Cain (1973).

Beispiel: *T. heterothallica* Klopotek [gegenwärtiger Name: *M. heterothallica* (Klopotek) van den Brink & Samson]: thermophil, auf kompostierten Substraten. *T. terricola* (Gilman & Abbott) Emmons: kosmopolitisch in wärmeren Regionen, kolonisiert u.a. Böden, Mist, Samen, faulende Früchte; kann Chitin und Cellulose abbauen.

***Thielaviopsis* Went.** Abb. IX.15h, i

Anamorphe *Incertae sedis*, *Microascales*, *Ascomycota*

Anzahl Taxa: 1

Teleomorph: *Ceratocystis* Ellis & Halst.

Literatur: Ellis (1971), De Beer et al. (2014).

Beispiel: *T. basicola* (Berk. & Br.) Ferraris (Syn.: *Chalara elegans* Nag Raj & Kendrick): Wurzelfäule bei verschiedenen Pflanzen, wie Karotten, Chicorée, Bockshornklee, Tabak verursachend.

***Tolypocladium* W. Gams**

Anamorphe von *Ophiocordycipitaceae*, *Ascomycota*

Anzahl Taxa: 9

Teleomorph: *Elaphocordyceps* G.H. Sung & Spatafora

Literatur: Gams (1971b), Sung et al. (2007, phylogenetische Arbeit).

Beispiel: *T. cylindrosporum* W. Gams: Bodenpilz.

Anmerkungen: Der gegenwärtige Name der Cyclosporin (immunsuppressive Substanz) produzierenden Art *T. inflatum* W. Gams ist *Elaphocordyceps subsessilis* (Petch) G.H. Sung, J.M. Sung & Spatafora.

***Torula* Pers.**

Anamorphe *incertae sedis*, *Ascomycota*

Anzahl Taxa: 16, >400 Namen in der Literatur.

Teleomorph: *Pezizomycotina*

Literatur: Domsch et al. (2007), Ellis (1971), **Rao & De Hoog (1975)**.

Beispiel: *T. ligniperda* (Willk.) Sacc. & D. Sacc.: bildet dunkle Kolonien auf abgestorbenem Holz; Verfärbung des Kernholzes von Laubhölzern.

Bemerkung: *Torula*-Arten kommen auf abgestorbenem Pflanzenmaterial vor und werden auch aus Mist und Boden isoliert.

***Trichoderma* Pers.** Abb. IX.15a

Anamorphe von *Hypocreaceae*, *Ascomycota*

Anzahl Taxa: ca. 130

Teleomorph: *Hypocrea* Fr.

Literatur: **Bissett (1984, 1991a, b, c)**, Chaverri et al. (2003), De Respinis et al. (2010), Degenkolb et al. (2008), Domsch et al. (2007), Druzhinina et al. (2006, 2008), Gams (2006), **Jaklitsch (2009, 2011)**, Jaklitsch et al. (2006, 2008a), Kindermann et al. (1998), Klein & Eveleigh (1998), Komon-Zelazowska et al. (2007), Kraus et al. (2004), Kubiček & Harman (1998, industrielle Applikation), Kubiček et al. (2008), Kuhls et al. (1997), Lu et al. (2004), **Rifai**

(1969), Samson et al. (2004, 2010), Samuels (2006), Samuels & Ismaiel (2009), Samuels et al. (1998, 1999, 2002, 2006a, 2006b, 2010).

Beispiele: *T. aggressivum* Samuels et al.: kommt epidemisch im Kompost der Zuchtbeete des Kulturchampignons vor und verhindert dadurch die Entwicklung des *Agaricus bisporus* Myzels.
T. deliquescens (Sopp) Jaklitsch (= *Gliocladium viride* Matr.): Konidien in Massen grün, in verschiedenen Böden.
T. harzianum Rifai: in verschiedenen Böden, auf Papier, Textilien, Getreidekörnern, Nüssen; Abbau von Stärke und Cellulose.
T. viride Pers.: Konidien warzig, kolonisiert u.a. Holz, verschiedene Böden, gelagertes Getreide, Nüsse, Tomaten, süße Kartoffeln, Zitrusfrüchte.

Anmerkungen: Die nach Rifai (1969) interpretierten *Trichoderma*-Arten sind als Artenkomplexe zu bezeichnen, die nun mittels molekularbiologischer Methoden und Proteomik in verschiedene Arten unterteilt wurden. Einige davon sind kryptisch (vgl. die neueste, oben erwähnte taxonomische Literatur). *Trichoderma*-Arten werden zur biologischen Kontrolle von phytopathogenen Pilzen angewendet und sind dank der Fähigkeit, Cellulose abzubauen, von industriellem Interesse. Einige von *Trichoderma* spp. verursachte, klinische Fälle sind beschrieben.

Trichophyton Malmsten

Abb. IX.19d-h

Anamorphe von *Arthrodermataceae*, *Ascomycota*

Anzahl Taxa: ca. 30, mehr als 100 Namen in der Literatur (darunter wahrscheinlich viele Synonyme).

Teleomorph: *Arthroderma* Curr.

Literatur: **De Hoog et al. (2000a)**, De Respinis et al. (2013, 2014), **Gräser et al. (2008)**, **St-Germain & Summerbell (2011)**, Summerbell et al. (2002).

Beispiel: *T. mentagrophytes* (Teleomorphe: *A. vanbreuseghemii* Takashio, *A. benhamiae* Ajello et S. L. Cheng) ist ein verbreiteter Artenkomplex: anthropophile Isolate können chronische Infektionen an Füßen (Athletenfuß), Nägeln und Leiste, zoophile Isolate Wunden am Haarboden, auf der Haut, an Nägeln und in der Bartregion verursachen.

Anmerkungen: *Trychophyton* unterscheidet sich von *Microsporum* durch glatte, meistens dünnwandige Makrokonidien und von *Epidermophyton* durch regelmäßig geformte Makrokonidien. *Trichophyton* bildet nicht immer Mikrokonidien, weshalb deren An- oder Abwesenheit nur ein bedingtes Differenzierungsmerkmal gegenüber *Epidermophyton* darstellt, das keine Mikrokonidien bildet. Die Artbestimmung ist mit MALDI-TOF möglich.

Trichothecium **Link** Abb. IX.15b, c

Anamorphe *incertae sedis*, *Hypocreales*, *Ascomycota*

Anzahl Taxa: 5

Literatur: Barron (1968), Domsch et al. (2007), Samson et al. (2004, 2010), Summerbell et al. (2011).

Beispiel: *T. roseum* (Pers.) Link: weltweite Verbreitung, auf abgestorbenem pflanzlichem Substrat, auf Fruchtkörpern von Hutpilzen, aus verschiedenen Böden, Getreidekörnern, Esswaren und mehlhaltigen Speisen isoliert; kann Fruchtfäule bei Äpfeln verursachen; Sporenverbreitung durch die Luft, schnell wachsend.

Ulocladium **Preuss** Abb. IX.12h

Anamorphe von *Pleosporaceae*, *Ascomycota*

Anzahl Taxa: 17–23

Literatur: **Ellis** (1971, **1976**), Samson et al. (2004, 2010), **Simmons (1967)**.

Beispiel: *U. chartarum* (Preuss) Simmons: kommt im Boden, auf Mist, abgestorbenen Pflanzen, Holz, in der Luft, im Staub, auf Papier und Textilien vor; in feuchtigkeitsgeschädigten Gebäuden können Tapeten und Farbanstriche kolonisiert werden; kann Luftwegeallergien hervorrufen.

Anmerkungen: Im Unterschied zu *Alternaria* sind bei *Ulocladium* die Konidien ohne Schnabel (Rostrum); die Spitze verlängert sich und wird zur konidiogenen Zelle; bei den meisten Arten werden die Konidien nicht in Ketten gebildet.

Verticillium **Nees**

Anamorphe von *Plectosphaerellaceae, Ascomycota*

Anzahl Taxa: ca. 10 *s. str.*, >100 Namen in der Literatur

Literatur: **Domsch et al. (2007), Gams (1971a)**, Gams & Zare (2001, 2002), Inderbitzin & Subbarao (2014, Nomenklatur), Rossman et al. (1999), Sung et al. (2001), Tjamos et al. (2000, phytopathogene Aspekte), Zare & Gams (2001, 2004), Zare et al. (2001).

Beispiel: *V. albo-atrum* Reinke & Berthold: Verbreitung in der nördlichen gemäßigten Zone, wurzelbewohnend; Verursacher von Welkekrankheiten bei verschiedenen Kulturpflanzen (z.B. Kartoffeln, Tomaten).
V. dahliae Kleb.: Verbreitung bis in subtropische Regionen; ebenfalls wurzelbewohnend und Verursacher von Welkekrankheiten; unterscheidet sich von *V. albo-atrum* durch die Bildung von Mikrosklerotien.

Anmerkungen: Die Sektion *Prostrata* wurde sukzessive bearbeitet und von der Gattung *Verticillium* abgespalten (Gams & Zare, 2002).

Wallemia **Johan-Olsen** Abb. IX.10d–g

Anamorphe von *Wallemiaceae, Basidiomycota*

Anzahl Taxa: 3

Literatur: **Ellis (1971), Domsch et al. (2007)**, Desroches et al. (2014, Sekundärmetaboliten), **Samson et al. (2004, 2010), Zalar et al. (2005)**.

Beispiel: *W. sebi* (Fr.) v. Arx: kosmopolitisch, osmophil, xerophil; aus Boden und Hausstaub isoliert; luftbürtig, kontaminiert getrocknete Lebensmittel, Marmelade, Marzipan, Datteln, Brot, Kuchen, Nüsse, gesalzener Fisch, gesalzene Bohnen, Kondensmilch, Trockenfrüchte.

Anmerkungen: Die für die Immunoglobulin-E Sensitivierung verantwortlichen Allergene von *W. sebi* aus dem Wohn- und Arbeitsbereich wurden charakterisiert (Desroches et al., 2014).

Xeromyces **Fraser**

Aspergillaceae**, früher** ***Monascaceae*****,** ***Ascomycota***

Anzahl Taxa: 1

Anamorph: *Fraseriella bispora* Cif. & Corte

Literatur: Hawksworth & Pitt (1983), Houbraken & Samson (2011, Molekularbiologie, Aufteilung der *Trichocomaceae*), Leong et al. (2011, Wachstumsexperimente), Pettersson et al. (2011, Phylogenie, Physiologie, Mikroskopie), Pitt & Hocking (1983), Samson et al. (2004, 2010), Stchigel et al. (2004).

Beispiel: *X. bisporus* L.R. Fraser: besonders xerophile, eher seltene Pilzart weil vielmals übersehen; minimaler a_w-Wert 0.66 (0.48 mm/Tag, Optimum 0.84 bei 30 °C (Leong et al., 2011), deshalb Wachstum nur auf Medien mit hohem Saccharose-Gehalt; isoliert aus getrockneten Esswaren, Datteln, Früchtekuchen, Puddings; toleriert niedrigen Sauerstoffgehalt; Ascosporen sind hitzeresistent, überleben noch bei 80 °C. Er scheint ein wirtschaftlich wichtiger Lebensmittelverderber zu sein (Pettersson et al., 2011).

Anmerkungen: Molekularbiologische Untersuchungen zeigten die Verwandtschaft von *Xeromyces* mit *Monascus* auf (Stchigel et al., 2004; Houbraken & Samson, 2011), wobei *Monascus* aufgrund des Wachstums bei höherem a_w-Wert als verschieden angesehen wird (Houbraken & Samson, 2011; Pettersson et al., 2011).

Zygorhynchus **Vuill.** Abb. IX.3f–h

Mucoraceae**, Zygomycota**

Anzahl Taxa: 11

Literatur: **Hesseltine et al. (1959)**, **Domsch et al. (2007)**.
Internet: http://zygomycetes.org/index.php?id=62

Beispiel: *Z. moelleri* Vuill. [gegenwärtiger Name: *Mucor moelleri* (Vuill.) Lendn.]: weltweite Verbreitung, v.a. in verschiedenen Böden vom Flachland bis zur alpinen Stufe vorkommend; Wachstum auch bei hohen CO_2 Konzentrationen.

Anmerkungen: *Zygorhynchus*-Arten können an den deutlich ungleichen Zygophoren erkannt werden.

XI. Kulturmedien und Einschlussmittel

1. Kulturmedien

Verschiedene Nährböden werden in der Mykologie routinemäßig verwendet. Malzagar ist ein Universalnährboden, der leicht hergestellt oder fertig als Pulver oder in Petrischalen gekauft werden kann. Er ist für viele Pilze geeignet und genügt für Bestimmungen bis zum Gattungsniveau, weil sich die meisten Beschreibungen von in Kultur sporulierenden Pilzen auf Malzagar-Kulturen beziehen. Für die Bestimmung der Art müssen die Organismen jedoch meistens auf besonderen Medien gezüchtet werden. Es gilt immer, die Pilze auf den in der Spezialliteratur angegebenen Substraten zu kultivieren. Nur so werden die Fruktifikationsstrukturen und die Kulturmerkmale (Wachstumsrate, Verfärbungen) optimal ausgebildet und können mit den Beschreibungen in der Literatur verglichen werden.

Hier wird eine Auswahl der am häufigsten verwendeten Nährböden für Schimmelpilze aufgelistet. Die Rezepte sind nach Booth (1971a) und Samson et al. (2004) wiedergegeben. Crous et al. (2009a) sowie Samson et al. (2010) enthalten eine ausführlichere Liste vieler zur Pilzkultivierung verwendeter Medien. Die meisten, hier beschriebenen Kultursubstrate können auch fertig gekauft werden. Dies erhöht die Standardisierung und Reproduzierbarkeit der Resultate: käufliche Medien können aber teurer als selbst hergestellte sein.

Creatinagar (Crea, für *Penicillium*)

3 g Creatin; 30 g Saccharose; 0,5 g Kcl; 1,3 g $K_2HPO_4.3H_2O$; 0,5 g $MgSO_4.7H_2O$; 0,01 g $FeSO_4.7H_2O$; 0,05 g Brom-cresolpurpur; 15 g Agar; 1000 ml dest. Wasser. pH 8.

Czapek Agar (CZ, z.B. für *Aspergillus* und *Penicillium*)

3 g $NaNO_3$; 1 g K_2HPO_4; 0,5 g $MgSO_4.7H_2O$; 0,5 g KCl; 0.01 g $FeSO_4.7H_2O$; 30 g Saccharose; 15 g Agar; 1 ml Spurenelementlösung; 1000 ml dest. Wasser.

Czapek-Hefe Agar (CYA , Czapek-Yeast agar, z.B. für *Aspergillus* und *Penicillium*)

CZ mit 5 g Hefeextrakt.

Getreide- oder Leguminosenmehl-Agar

1000 ml Wasser; 2 g Agar; 20 g Mehl. Variante: zuerst 50 g Mehl in 1000 ml Wasser kochen, filtrieren, wiederum zu 1000 ml auffüllen und 2 g Agar dazugeben.

Haferagar (Oat meal agar, OA, z. B. für *Xylariaceae*)

30 g Hafermehl (oat meal) in 1 L Wasser während 2 Stunden köcheln, filtrieren; 15 g Agar dazugeben; auf 1000 ml Wasser auffüllen.

Hefe-Saccharose Agar (Yeast extract sucrose agar, YES, für *Penicillium*)

20 g Hefeextrakt; 150 g Saccharose; 0,5 g $MgSO_4.5H_2O$; 20 g Agar; 1000 ml dest. Wasser.

Kartoffel-Dextrose-Agar (Potato Dextrose Agar, PDA, u.a. für *Fusarium* und *Trichoderma*)

230 ml Kartoffelextrakt, filtriert aus 300 g in 900 ml Wasser während einer Stunde gekochten Kartoffeln; 20 g Dextrose (Glukose); 15 g Agar dazugeben; auf 1000 ml mit dest. Wasser auffüllen. pH: 6,5–7.

Malzagar (MEA, nach Difco oder Bacto; einfaches Medium, für die meisten Pilze geeignet)

1,5–2% Malzextrakt ; 2% Agar; Brunnenwasser.

Malzagar mit 20% Saccharose (M20, z.B. für osmophile Pilze, insb. *Aspergillus* spp., *Eurotium*)

1,5–2% Malzextrakt; 20% Saccharose; 2% Agar; Brunnenwasser.

Spezieller Nährstoffarmer Agar (SNA, für *Fusarium*)

1 g KNO_3; 1 g KH_2PO_4; 0,5 g $MgSO_4.7H_2O$; 0,5 g KCl; 0,2 g Glukose; 0,2 g Saccharose; 20 g Agar; 1000 ml dest. Wasser.

Spurenelementlösung (v. A. für *Penicillium* und *Aspergillus*-Medien)

1 g $ZnSO_4.7H_2O$; 0,5 g $CuSO_4.5H_2O$; 100 ml H_2O.

2. Einschlussmittel

Milchsäure

L(+) Milchsäure, unverdünnt

Baumwollblau

100 mL L(+) Milchsäure, unverdünnt
1 g Anilinblau, kristallin

Lactophenol

20 mg Phenol (kristallin)
20 g L(+) Milchsäure (unverdünnt)
40 g Glycerin
20 g Wasser

3. Fluoreszenzmikroskopie

3.1. Kernfärbung mit DAPI

Material: 1 µg/ml DAPI (4',6'–diamidino–2–phenylindole) in 2 mM Tris-HCl Puffer, pH 7,5–8 lösen. Die Anwendung einer gepufferten Lösung ist vorteilhaft, aber nicht unbedingt nötig; dest. Wasser kann ebenfalls (unter geringfügigem Fluoreszenzverlust) gebraucht werden.

Vorgehen: Präparate herstellen, ca. 15–30 Minuten lang im Dunkeln inkubieren und im Fluoreszenzmikroskop unter UV-Anregung beobachten. Kerne und DNA-haltiges Material fluoreszieren blau.

3.2. Färbung von Pilzzellwänden mit Calcofluor

Material: 0,1–0,5 µg/ml Calcofluor-Lösung in 0,1 M Tris-HCl Puffer, pH 7,5–8 vorbereiten. Auch bei dieser Färbung ist die Anwendung einer gepufferten Lösung nicht unbedingt nötig, dest. Wasser kann ebenfalls gebraucht werden. Die Calcofluor-Konzentration darf auch etwas höher sein; man sollte darauf achten, dass die Hintergrundfluoreszenz nicht allzu stark wird.

Vorgehen: Präparate herstellen, unter UV-Anregung nach Inkubation von ca. 15 Minuten im Dunkeln betrachten.

Entgegen vieler Literaturangaben und der allgemeinen Meinung ist Calcofluor keine spezifische Färbung von Zellwänden! Sehr viele Polysaccharide (also auch solche, die in der pflanzlichen Zellwand enthalten sind) werden mit Calcofluor gefärbt. Calcofluor (auch „Tinopal LPW“ oder „Fluorescent brightener 28“ benannt) kann u.U. auch als Vitalfärbung eingesetzt werden (Streiblová, 1988).

XII. Lexikon zum Pilzbestimmen

Acerose (engl.)	nadelförmig.
Acervulus	Flacher, oben offener Fruchtkörper der Anamorphe, Konidienlager (Abb. IX.9a, c, j).
Acicular	nadelförmig.
Acroauxisch (engl. acroauxic)	die konidiogene Zelle steht apikal (Gegenteil: basauxisch).
Acrogen	an der Spitze (Gegenteil: basigen).
Adelophialiden	zu "Nadeln" reduzierte Phialiden.
Akrokont	(bei Zoosporen) Geißel an der Spitze ansitzend.
Akropetal (für eine Konidienkette)	Verlängerung der Kette an der Spitze (jüngste Konidie apikal; Gegenteil: basipetal).
Aleurospore (Aleurokonidie)	Funktion wie Chlamydospore: endständiges Konidium wird zur Dauerspore umgewandelt. Sie wird oft ungenau als Chlamydospore bezeichnet (s. auch Chlamydospore) (Abb. IX.5d, IX.13f).
Allantoid	wurstförmig.
Amerospor	einzellige Spore, ohne Septen.
Amyloid	sich mit Jod oder Melzer's Reagens blau oder violett färbend.
Anamorph	die asexuelle Fortpflanzungsform eines Pilzes (sexuell: Teleomorph). Von "anatomic morphology" hergeleitet.
Anellide, anellidisch (engl. annellidic)	konidiogene Zelle mit Scheitelverlängerung nach jeder Konidienbildung (Abb. IX.15f, g; IX.17d, e, g).
Antheridium	männliches Gametangium.
Anthropophil	(bei Dermatophyten) bevorzugt den Menschen kolonisierend.

Apikalapparat (engl. Ascus tip)	der Sporenausschleuderung dienende, porenförmige Struktur im Scheitel des Ascus von unitunikaten Asci (Abb. IX.2.1g; IX.7j). Die Apikalstruktur kann verschieden geformt sein und ist manchmal als deutlicher Ring oder komplexere Struktur ausgebildet.
Apophyse	trichterförmige Ausweitung des Sporangienträgers beim Übergang zum Sporangium (bei *Zygomycota*, Abb. IX.4e).
Apothecium	(bei *Ascomycota*) Fruchtkörper mit offener Fruchtschicht, gestielt oder sitzend, krug-, schüssel-, becher-, kappenförmig oder konvex auf der Außenseite.
Appendiculat	mit Anhängseln versehen.
Appressorium	sich an der Keimhyphenspitze entwickelnde Struktur, welche zur Haftung dient, v.a. bei *Colletotrichum*.
Arthrisch (engl. arthric)	Art der Konidienbildung, wobei die Konidien durch Fragmentierung von Hyphenstücken entstehen (Abb. IX.10; IX.19).
Ascogene Hyphen	dikaryotische Hyphen (nach der Plasmogamie). An ihnen entstehen die Asci, ernährungsphysiologisch in der Regel unselbständig (Ausnahme: *Taphrinales*).
Ascogon	weibliches Gametangium.
Ascoma(ta)	allgemeiner Begriff für Fruchtkörper der *Ascomycota*.
Ascospore	im Ascus gebildete Spore, meiotische Spore.
Ascus (asci)	Meiosporangium der *Ascomycota* (Abb. IX.7a, j). Organ, worin die Kernteilung stattfindet und die sexuell gebildeten Ascosporen entstehen.
Azygospore	parthenogenetisch entstehende Zygospore.
Bacilliform	stäbchenförmig.

Basalstroma	oberflächliches, dem Substrat aufsitzendes Pilzgewebe, worauf Ascomata sitzen.
Basauxisch (engl. basauxic)	die konidiogene Zelle steht basal an der gesamten Struktur; aus ihr gehen die Konidienträger hervor, wobei nur die innere Zellwandschicht an der Bildung beteiligt ist (Gegenteil: acroauxisch).
Basidie	Meiosporangium der *Basidiomycota*. Die Zelle, worin die Kernteilung stattfindet und worauf die sexuell gebildeten Basidiosporen sitzen (Abb. IX.8c).
Basidiospore	auf Basidie gebildete Spore, meiotische Spore (Abb. IX.8b).
Basipetal (für eine Konidienkette)	Verlängerung der Kette an der Basis (jüngste Konidie basal; Gegenteil: akropetal).
Bikonisch (engl. biconical)	in der Mitte am dicksten, gegen beide Enden regelmäßig kegelförmig.
Bitunikat	Ausbildungsform der Asci. Diese bestehen aus zwei in ihrer Elastizität verschiedenen Wandschichten (Abb. IX.8a).
Biverticillat	zweistufiges Verzweigungsmuster der Konidienträger, v.a. bei *Penicillium*; Phialiden sitzen auf einer Zellreihe (Metulae), welche direkt auf den Trägern sitzen (Abb. IX.18b–c; X.2c–e).
Blastisch (engl. blastic)	Konidienbildung durch Sprossung (Abb. IX.11–18) (Gegenteil: thallisch).
Blastokonidie	durch Sprossung entstandene Konidie.
Borste	s. Seta (-ae) (Abb. IX.8d).
Catenat	in Ketten.
Cheiroid	handförmig geteilt.
Chitinoid	aus chitinartigen Substanzen aufgebaut, mit Jod nicht blau anfärbbar, dagegen mit Baumwollblau oder Tinte färbbar.

Chlamydospore	aus den Hyphenzellen gebildete Dauerspore (Abb. IX.9g; IX.14b).
Chondroid	von Hyphen mit dicken, verquellenden Wänden; bei *Gliomastix*.
Chromophil	Bezeichnung von Strukturen (Phialiden, Chlamydosporen, Konidien) mit gallertigen, warzigen, stark färbbaren Ausscheidungen (*Acremonium*) (Abb. IX.13a).
Cicatrized (engl.)	vernarbt; von einer Bildungszone, wo deutliche Bildungsnarben zu sehen sind.
Ciliat	mit Zilien (fädigen oder borstigen Anhängseln) versehen.
Cirrhus	Sporen fadenartig verklebt.
Clavat	keulig, größte Breite distal.
Cleistothecium (engl.)	s. Kleistothecium.
Clypeus (engl.)	s. Klypeus.
Coenocytisch	unseptiertes Myzel, ohne Querwände; allerdings sollte man mit diesem Merkmal besonders vorsichtig sein, weil manche *Zygomycota* septierte Hyphen aufweisen; ebenfalls sind alte Hyphen der *Mucorales* häufig septiert. Als zusätzliche Hilfe kann man den Durchmesser der Hyphen herbeiziehen, die bei *Mucorales* recht breit – bis 20 µm – sein können, während *Ascomycota, Basidiomycota* und deren anamorphe Formen sehr selten so dicke Hyphen besitzen.
Conidioma(-ta)	Fruchtkörper der Coelomycetes (Abb. IX.8d, f, h; IX.9a, c, d, j).
Conidiophor (Konidiophore)	s. Konidienträger.
Cuneiform	keilförmig (s. auch spatulat).
Cupulat	kuppelförmig.

Determiniert (engl. determinated)	Abschluss des Wachstums der konidiogenen Zelle vor der Konidienbildung (Gegenteil: indeterminiert).
Dichotom	gabelartig verzweigt (Abb. IX.1b, c, f).
Dictyospore	mauerförmig septierte Spore (Abb. IX.11a; IX.9a, b).
Didymospore	zweizellige Spore.
Dikaryon	Pilzhyphen, die zwei haploide Kerne pro Zelle enthalten; v.a. bei *Basidiomycota*.
Dikaryotisch	mit zwei Zellkernen versehen.
Dimorphismus, dimorphisch	Fähigkeit von Pilzen, sowohl mit einem echtem Myzel als auch hefeartig zu wachsen, v.a. bei humanpathogenen Pilzen. Der Wechsel vom sprossenden zum filamentösen Wachstum wird hauptsächlich durch ökologische Faktoren gesteuert. Verschiedene dimorphische Pilze sind fakultativ human- oder tierpathogen und wachsen hefeartig in der parasitischen, filamentös in der saprobischen Phase.
Diploid	Zellkern enthält zwei Chromosomensätze.
Discomycetes	*Ascomycota*, welche unitunikate Asci und Apothecien bilden.
Disjunktorzelle	eine meist kernlose Verbindungszelle in Konidienketten.
Diskret (engl. discrete)	von den übrigen Trägerzellen verschiedene konidiogene Zelle.
Distoseptiert	Septum undeutlich; einzelne Zellen mit einer sackähnlichen Wand umgeben (s. *Drechslera*); Gegensatz: euseptiert.
Doliiform	tonnenförmig.
Doliporus	besonders ausgebildetes Hyphenseptum bei dikaryotischen *Basidiomycota* (s. Abb. II.2.1d), normalerweise im Lichtmikroskop schwer zu erkennen.

Echinulat	stachelig.
Ektostroma	äußeres (und meist primäres) Stroma von stromatischen Holzpilzen, worin oder worauf sich vor der Ascusform die Konidienlager entwickeln.
Ellipsoid (engl. elliptic, ellipsoidal)	in Seitenansicht elliptisch.
Endogen	im Inneren gebildet.
Endophyten	sich im Inneren der Wirtsgewebe befindende Pilze.
Endostroma	inneres (und meist sekundäres) Stroma (meistens von Holzpilzen), worin sich die Perithecien entwickeln.
Enteroblastisch (engl. enteroblastic)	an der Konidienbildung ist nur die innere Wandschicht der konidiogenen Zelle beteiligt (tretisch, phialidisch; Gegenteil: holoblastisch) (Abb. IX.13–18).
Epiphyten	sich auf der Wirtsoberfläche entwickelnde Pilze.
Epithecium	bei Apothecien über dem Hymenium noch vorhandene Zellschicht.
Eukaryotisch	Zellkern von Membran umschlossen.
Euseptiert	deutlich septiert (Gegensatz: distoseptiert).
Eutunikat	Ascus mit aktiver Sporenschleuderung, in Stielansatz und Scheitel gegliedert (Gegenteil: prototunikat) (Abb. IX.7j).
Excipulum	Fruchtkörperwand (Peridie) der Discomyceten.
Exogen	außerhalb eines Organs oder einer Zelle gebildet.
Falcat	sichelförmig.
Fasciculat	gebündelt.
Filiform	fadenförmig (Abb. IX.9i).
Fruchtschicht	Hymenium.
Fusiform (engl. fusoid)	spindelförmig.

Fußzelle	unterste, leicht eingedellte Zelle von mehrzelligen *Fusarium*-Konidien (Abb. IX.14c). Die Form der Fußzelle bei *Fusarium*-Makrokonidien ist ein wichtiges Merkmal zur Artendifferenzierung.
Geophil	(bei Dermatophyten) vorzugsweise im Boden vorkommend und gelegentlich Menschen oder Tiere kolonisierend.
Gymnothecium	Kleistothecium (geschlossener Fruchtkörper und ohne Mündung) mit Wand aus lose vernetzten Hyphen, bei *Ascomycota* mit prototunikaten Asci z.B. *Gymnoascus*, *Pseudogymnoascus*.
Haken	die Struktur, woraus die Asci entstehen. Die Form dieser Struktur ähnelt einem Haken.
Haploid	Zellkern enthält einen Chromosomensatz.
Helicoid, helicospor (engl. helicosporous)	schneckenförmig eingerollt (spiralig, schraubig).
Heterokaryotisch	von Zellen mit genetisch verschiedenen Zellkerntypen (+/-) im selben Zytoplasma (Gegenteil: homokaryotisch).
Hilum	mehr oder weniger dunkel gefärbte Narbe oder Verdickung an der Ansatzstelle einer Konidie.
Holoblastisch (engl. holoblastic)	Die ganze Wandschicht der konidiogenen Zelle ist an der Konidienbildung beteiligt (Gegenteil: enteroblastisch) (Abb. IX.11; IX.12).
Holomorph	"der ganze Pilz", aus Anamorph und Teleomorph bestehend.
Homokaryotisch	von Zellen mit genetisch identischen Zellkerntypen (+/+ oder -/-) im selben Zytoplasma.
Hyalin	farblos, durchsichtig.
Hymenium	Fruchtschicht; durchgehende Schicht von parallel stehenden Asci, dazwischen Paraphysen oder Paraphysoiden.

Hyphopodien	Haftzellen der Hyphen, meist nur bei oberflächlich wachsenden Pilzen (v.a. bei *Meliolaceae*, schwarze Mehltaupilze).
Hypogaeisch	unterirdisch.
Hypostroma	dem Substrat eingewachsenes Pilzgewebe, worauf – meist oberflächlich – die Ascomata sitzen.
Hypothecium	Zellschicht in Apothecium, welche sich unmittelbar unter dem Hymenium befindet.
Indeterminiert (engl. undeterminated)	die konidiogene Zelle wächst nach der Konidienbildung weiter (Gegenteil: determiniert).
Inoperculat	unitunikater Ascus mit porusartiger (meist von einem Apikalapparat umgebener) Öffnung im Scheitel (Abb. IX.7j).
Integriert (konidiogene Zelle) (engl. integrated)	die konidiogene Zelle sieht wie die übrigen Trägerzellen aus (Gegenteil: diskret).
Karyogamie	Verschmelzung zweier Zellkerne.
Keimporus (engl. germ pore)	vorgebildete, dünne Stelle in der Sporenwand (als heller Fleck meist an den Enden von dunkel gefärbten Sporen erkennbar), wodurch die Keimhyphe austreten kann (Abb. IX.7f, h).
Keimspalt (engl. germ slit, germ fissure)	feiner, meist der Länge nach verlaufender Spalt in der Sporenwand, meist nur als heller Strich in dunkel gefärbten Ascosporen sichtbar; er dient ebenfalls dem Austritt der Keimhyphen (Abb. IX.12e–f).
Kleistothecium	geschlossener Fruchtkörper ohne Mündung; Peridium (Fruchtkörperwand) kompakt, aus Zellen oder Hyphen, oder locker, aus hyphenartigen Elementen (= Gymnothecium); bei *Ascomycota* mit prototunikaten Asci (Abb. IX.6f).
Klypeus (engl. Clypeus)	dichtes Pilzgewebe oder -geflecht, welches sich deckelartig über einen oder auch mehrere Fruchtkörper wölbt.

Kollarette (engl. collarette)	kragenförmige Erweiterung am oberen Ende der Phialide, aus den äußeren Wandpartien gebildet; sie umschließt die sich bildenden Konidien (Abb. IX.13e, g–i).
Kolumella	sterile, zentrale Ausweitung in den Fruchtkörpern einiger Pilzgruppen, v.a. Sporangien der *Mucorales* (Abb. IX.2d–g; IX.4e).
Konidie (engl. conidium)	asexuell gebildete, unbegeißelte Spore; mitotische Spore (Mitospore).
Konidienträger (engl. conidiophore)	Struktur, welche die konidiogene(n) Zelle(n) trägt. Kann eine einzige Zelle oder eine mehrzellige, differenzierte Hyphe sein.
Konidiogene Zelle	Zelle, woraus unmittelbar die Konidie hervorgeht.
Konidiogenese	Konidienbildung.
Koremium (-ien)	s. Synnema.
Lenticular (engl.)	linsenförmig.
Limoniform	zitronenförmig, meist an gegenüberliegenden Stellen genabelt.
Loculus (-i)	Fruchtkörper als Höhlungen in kompaktem Stroma erkennbar; nur bei bitunikaten *Ascomycota* mit bitunikaten Asci.
Lunat	(halb)mondförmig.
Makrokonidie	die größere Art Konidien eines Pilzes, bei welchem zweierlei Konidien vorhanden sind (größere Konidien: Makrokonidien; kleinere, meist einzellige Konidien: Mikrokonidien).
Makronemat (engl. macronematous)	Konidienträger von den vegetativen Hyphen morphologisch deutlich verschieden.
Margo	Rand der Apothecien.
Mazaedium	von Fruchtkörpern ausgestoßene Massen aus Ascosporen und besonderen Hyphen (v.a. bei der Flechtenordnung der *Caliciales*).

Meiose	Reduktionsteilung, Neukombination des genetischen Materials. Bei Pilzen ist sie die letzte Phase der sexuellen Reproduktion.
Meiosporangium	Sporangium, in dem die Meiose stattfindet (Zygosporangium, Ascus oder Basidie).
Meiospore (meiotische Spore)	sexuell (durch Meiose) gebildete Spore.
Memnospore	eine Überdauerfunktion übernehmende Sporen, welche das genetische Material während ökologisch ungünstigen Perioden schützen. Beim Auftreten günstiger Bedingungen keimen sie wieder. i.a. sessil oder nur selten verbreitet (s. S. 28).
Meristem (Adj. meristematisch)	Bildungs-, Teilungsgewebe.
Merosporangium (-ien)	zylindrisches Sporangium (Sporangiole), in welchem wenige Sporangiosporen in einer Reihe angeordnet sind. Es entwickelt sich auf den angeschwollenen Enden der Sporangienträger (Abb. IX.1e).
Mesophil	optimale Wachstumstemperaturen zwischen 10–40 °C.
Metulae	sterile, Phialiden tragende Zellen bei *Aspergillus* und *Penicillium* (Abb. IX.16; IX.18).
Mikrokonidie	s. Makrokonidie.
Mikronemat (engl. micronematous)	sich von den vegetativen Hyphen nicht differenzierende Konidienträger; konidiogene Zellen oft aus den vegetativen Hyphen hervorgehend oder in den Hyphen integriert (Abb. IX.11b, c).
Mitose	Kernteilung, wobei der Chromosomensatz dupliziert und auf zwei Tochterzellen verteilt wird; ohne genetische Rekombination; asexuelle Teilung.
Mitospore (mitotische Spore)	asexuell (durch Mitose) gebildete Spore, ohne Kernphasenwechsel.

Mono- (-blastisch, -phialidisch, - tretisch)	nur ein Bildungszentrum für Konidien an einer konidiogenen Zelle.
Mononemat (engl. mononematous)	einzeln stehender Konidienträger (Gegenteil: synnemat).
Monoverticillat	einstufiges Verzweigungsmuster der Konidienträger bei *Penicillium*: die Phialiden sitzen direkt, ohne sterile Zwischenreihen, auf dem Stiel (Abb. IX.18a; X.2a–b).
Mündung (Ostiolum)	poren- oder kanalförmige Öffnung von Fruchtkörpern, manchmal schnabelartig, meist scheitelständig, seltener seitlich (Abb. IX.9d; IX.7g).
Myzel	aus Hyphen bestehender Vegetationskörper von Pilzen (s. Thallus).
Napiform	genabelt.
Navicular (engl.)	schiffchenförmig.
Obclavat	umgekehrt keulig.
Oblong	kurz zylindrisch.
Obovoid	umgekehrt eiförmig.
Obpyriform	umgekehrt birnenförmig.
Operculat	unitunikater Ascus, der sich mit Hilfe eines scheitelständigen Deckels öffnet.
Osmophil	Wachstum nur bei hohem osmotischen Druck; Zusätze von Zucker oder Salz im Kulturmedium sind für das Wachstum notwendig.
Ostiolum	s. Mündung.
Ovoid	eiförmig.
Paraphysen	fädige Pilzelemente zwischen den Asci. Sie entwickeln sich oft vor den Asci und bilden ein Palisadengeflecht, worin die Asci hineinwachsen. Paraphysen können fädig, keulig, lanzettförmig oder zugespitzt, verzweigt oder unverzweigt, einzellig oder septiert.

Paraphysoiden	typisch für bitunikate *Ascomycota*. Sie wachsen von der Fruchtkörperdecke nach unten und sind also mit der über den Asci stehenden Wandpartien verwachsen. Sie ähneln morphologisch den Paraphysen.
Percurrent (engl.)	durchwachsend.
Peridium	Fruchtkörperwand. Je nach Pilzgruppe mit einer anderen Textur, die durch bestimmte Begriffe näher bezeichnet wird (textura intricata, porrecta, epidermoidea, usw.).
Periphysen	fadenartige Hyphen, welche die Mündungen innen auskleiden.
Perithecium	Ascoma der Pyrenomyceten (*Ascomycota* mit unitunikaten Asci); geschlossene Fruchtkörper, meist kugelig, ovoid, ellipsoid, mit Mündung (Abb. IX.7g).
pfriemenförmig	abrupte Verengung, lange vor dem Ende, z.B. einer Phialide (Abb. IX.5b, c; IX.17a, b).
Phialide, phialidisch (engl. phialide, phialidic)	konidiogene Zelle mit Wiederholung der enteroblastischen Konidienbildung aus fixierten meristematischen Zonen; Sporen werden in basipetaler Sukzession, meistens durch eine, seltener durch zwei oder mehrere Öffnungen gebildet (Abb. IX.5c; IX.13e, g–k; IX.14f).
Phialokonidie	an einer Phialide entstandene Konidie.
Phragmospore	Spore mit mehreren Quersepten.
Plectenchym	Geflecht aus Hyphen, die seitlich zusammenwachsen und einen gewebeartigen Verband in der Peridie bilden. Beim typischen Plectenchym erscheinen die Hyphen als langgestreckte Zellen.
Pleomorphismus	Lebenszyklus mit mehr als einer Form (Anamorph, Teleomorph).
Poly- (blastisch, phialidisch, tretisch)	mehr als eine Zone mit Konidienbildung an ein und derselben konidiogenen Zelle (Abb. IX.14d).

Prosenchym	Plectenchym, bei dem die Hyphen noch gut erkennbar sind .
Prototunikat	Ausbildungsform der Asci. Diese bestehen aus einer einfachen, zarten, undifferenzierten Membran, welche sich oft vor der Sporenreife auflöst (Abb. IX.5a, h; IX.6c; IX.7a, e).
Pseudomyzel	im Unterschied zum echten Myzel trennen sich die Hyphen leicht voneinander und zeigen typische Einschnürungen bei den Querwänden.
Pseudoparaphysen	s. Paraphysoiden.
Pseudoparenchym	pilzliches Gewebe, welches durch Zellteilung in mehreren Ebenen entstanden ist.
Pseudostroma	aus pilzlichen Elementen und Gewebepartien des Wirtes zusammengesetztes Stroma.
Pseudothecium	Fruchtkörper von *Ascomycota* mit bitunikaten Asci.
Psychrophil	optimale Wachstumstemperaturen zwischen 0–5 °C
Pyknidium	geschlossener oder mit einer oder mehreren Mündungen versehener Fruchtkörper der Coelomycetes (Abb. IX.9d).
Pyrenomyceten	perithecienbildende *Ascomycota* mit unitunikaten Asci.
Pyriform	birnenförmig.
Quadrangular	im Umriss quadratisch.
Quellkörper	Schicht gelatinöser Zellen im Innern des scheitelständigen Peridiums bei geschlossenen Fruchtkörpern, welche bei Wasseraufnahme die Scheitelpartie des Fruchtkörpers bei den Gattungen der *Coronophorales* (*Ascomycota*) wegsprengt.
Reniform	nierenförmig.
Retikulat	netzförmig skulptiert.

retrogressiv	die Spitze einer physiologisch differenzierten Hyphe entwickelt sich zum Konidium. Die meristematische Zone bewegt sich nach unten zur Differenzierung des nächsten Konidiums. Die Konidien werden an einer sich verkürzenden, konidiogenen Zelle gebildet. Auch als meristematische Konidienbildung bekannt; z.B. bei *Monascus* und *Trichothecium* (Abb. IX.6g–i; IX.15b, c).
Rhizoide	wurzelähnliche Strukturen, meist bei *Mucorales*, welche an der Basis der Sporangienträger vorhanden sind und wie kleine Würzelchen aussehen (Abb. IX.4a, b).
Rostrat	geschnäbelt, schnabelförmig.
Schnalle	eine Struktur, welche an den Hyphensepten einiger *Basidiomycota* zu sehen ist und in etwa wie eine Gürtelschnalle aussieht (Abb. II.2.1b).
Scleroplectenchym	aus sehr dickwandigen, mehr oder weniger runden Zellen aufgebaute Peridienpartien.
Semi-makronemat (engl. semimacronematous)	Konidienträgerstrukturen, die sich nur wenig von vegetativen Hyphen unterscheiden (vgl. mikronemat, makronemat).
Setae	steife, meist zugespitzte Haare am Thallus und innerhalb der Fruktifikation (auch Borsten genannt) (Abb. IX.8d).
Sigmoid	S-förmig gebogen.
Sklerotium	sterile, knollige, zellige oder hyphige Strukturen, zur Überdauerung bestimmt (Abb. IX.12b, c).
Skulptiert	mit rauer Oberfläche (körnig, netzartig, stachelig, streifig, warzig).
Spatulat	spatelförmig.
Sphaerisch	kugelig.
Sporangiole	wenige Sporangiosporen enthaltendes Sporangium, immer ohne oder mit stark reduzierter Kolumella (Abb. IX.1b, d; IX.2j).

Sporangiophore	Sporangienträger bei *Mucorales* (Abb. IX.4a).
Sporenanhängsel	schleimige oder zelluläre, meist fädige oder auch starre Anhängsel, manchmal aus umgewandelten Zellen hervorgehend.
Sporodochium	Hyphen- oder Zellpolster der Hyphomyceten mit zahlreichen konidiogenen Zellen (in Kultur schwer von den Acervuli zu unterscheiden) (Abb. IX.14e).
Stolonen	Laufhyphen, welche zur Kolonisierung des Substrates dienen; manchmal werden Rhizoide am Ende der Stolonen zur Verankerung im Substrat gebildet; bei *Absidia*, *Rizomucor*, *Rhizopus* (*Mucorales*) (Abb. IX.4d).
Striat	gestreift, streifig (Abb. IX.4e, f).
Stroma (-ta)	1) steriler Komplex pilzlichen Gewebes, welcher Fruchtkörper einschließt, ihnen aufsitzt oder sie überdeckt; 2) Fruchtkörperkomplex bei *Ascomycota*, in der neueren Literatur allerdings nicht mehr in diesem Sinne verwendet.
Subiculum	Hyphenpolster, worauf Fruchtkörper sitzen.
Suspensor(-zelle)	eine Zelle oder Hyphe, welche eine Zygospore "trägt" (Abb. IX.3e–g).
Sympodial	die konidiogene Zelle wächst nach jeder Konidienbildung subapikal weiter. Mehrere Konidien werden an einer subapikal weiterwachsendend konidiogenen Zelle durch Wechsel der Bildungszone gebildet (Abb. IX.11a, f).
Synanamorph	verschiedene anamorphe Formen eines Teleomorphes.
Synnema (-ta) (engl. synnematous)	große, aufrechte, durch gebündelte Konidienträger gebildete Strukturen, einem Stängel gleichend, mit Konidienbildung an der Spitze oder seitlich (Abb. IX.15d).

Teleomorph	die sexuelle Fortpflanzungsform eines Pilzes (asexuell: Anamorph).
Teleomorphes Synonym	Name des Telemorphs, welcher Synonym des älteren Gattungsnamens des Anamorphes ist (e.g. *Byssochlamys nivea* ist Synonym von *Paecilomyces niveus*).
Terverticillat	dreistufiges Verzweigungsmuster der Konidienträger, v.a. bei *Penicillium*. Die Phialiden sitzen auf Metulae, diese wiederum auf Ästen (Rami) (Abb. IX.18d–g; X.2f).
Textura	Peridienstruktur; in der mykologischen Literatur werden verschiedene Typen (*T. intricata*, *T. porrecta*, *T. epidermoidea*) unterschieden.
thallisch (engl. thallic)	Konidienbildung durch Septierung von Hyphenabschnitten; die neu gebildeten Zellen werden zu Konidien (s. arthrisch) (Abb. IX.10; IX.19).
Thallokonidie	durch Hyphenseptierung entstandene Konidie (Abb. IX.10c, g; IX.19a–d, f–h).
Thallus	aus Hyphen bestehender Vegetationskörper der Pilze, gleichbedeutend mit Myzel.
Thermophil	optimale Wachstumstemperaturen bei 50–60 °C, fast kein Wachstum bei Zimmertemperatur (20 °C).
Tretisch (engl. tretic)	blastische Konidienbildung, an der nur die innere Wandschicht der konidiogenen Zelle beteiligt ist; diese bricht durch einen umrandeten Porus der äußeren Wandschicht, zurück bleibt eine ringförmig umrandete Narbe (s. auch phialidisch).
Triangular	in der Seitenansicht dreieckig.
Truncate (engl.)	mit abgeflachter Basis (Abb. IX.17e).
Unitunikat	Ausbildungsform der Asci; diese bestehen aus einer im Lichtmikroskop einschichtigen Wand. Sie können entweder operkulat oder inoperkulat sein (Abb. IX.7j).

	Unitunikate Asci sind häufig zylindrisch oder eng keulenförmig und werden meistens in Perithecien oder Apothecien gebidet. Ascosporen werden aktiv durch einen Porus aus dem Ascus ausgeschleudert (s. Apikalapparat) (Abb. IX.7j).
Vermiform	wurmförmig, sigmoid.
Verrukös (engl. verrucose)	dornige, warzige oder körnige Skulptierung.
Xenosporen	ökologischer Begriff: solche Sporen dienen der schnellen Verbreitung der Art. Sie werden deshalb rasch (i.A. durch den Wind) verbreitet und keimen sehr leicht und schnell (s. S. 28).
Xerophil	Wachstum auf trockenem Substrat oder auf Medien mit wenig freiem Wasser.
Zoophil	(bei Dermatophyten) vorzugsweise Tiere kolonisierend.
Zoospore	eine sexuell oder asexuell gebildete, bewegliche Spore (normalerweise begeißelt).
Zygosporangium	Meiosporangium der *Zygomycota* (Abb. VIII.3e–g).
Zygospore	die in einem Zygosporangium sexuell gebildete Spore.

XIII. Literatur

Aa, van der, H.A. (1973). Studies in *Phyllosticta* I. – Stud. Mycol. 5: 1–110.

Aa, van der, H.A. & S. Vanev (2002). A revision of the species described in *Phyllosticta*. A. Aptroot, R.C. Summerbell, & G.J. Verkley, Hrsg. – Centraalbureau voor Schimmelcultures, Utrecht, 510 S.

Abbott, S. P., L. Sigler & R. S. Currah (1998). *Microascus brevicaulis* sp. nov., the teleomorph of *Scopulariopsis brevicaulis*, supports placement of *Scopulariopsis* with the *Microascaceae*. – Mycologia 90: 297–302.

Alanio, A., J.L. Beretti, B. Dauphin et al. (2011). Matrix-assisted laser desorption ionization time-of-flight mass spectrometry for fast and accurate identification of clinically relevant *Aspergillus* species. – Clin. Microbiol. Infect. 17(5): 750–755.

Ames, L.M. (1963). A monograph of the *Chaetomiaceae*. – U. S. Army Res. Dev. Ser. 2, 125 S.

Anaissie, E.J., M.R. McGinnis & M.A. Pfaller (2009). Clinical Mycology. – Elsevier Health Sciences, 688 S.

Aoki, T., K. O'Donnell, D.M. Geiser (2014). Systematics of Key Phytopathogenic *Fusarium* Species: Current Status and Future Challenges. – J. Gen. Plant Pathol. 80(3): 189–201.

Apinis, A.E. & H.W.O. Eggins (1966). *Thermomyces ibadanensis* from oil palm kernel stacks in Nigeria. – Trans. Br. Mycol. Soc. 49: 629–632.

Arzanlou M., J.Z. Groenewald, W. Gams et al. (2007). Phylogenetic and morphotaxonomic revision of *Ramichloridium* and allied genera. – Stud. Mycol. 58: 57–93.

Aveskamp, M., H. de Gruyter, J. Woudenberg et al. (2010). Highlights of the *Didymellaceae*: a polyphasic approach to characterise *Phoma* and related pleosporalean genera. – Stud. Mycol. 65: 1–60.

Badali, H., V.O. Carvalho, V. Vicente et al. (2009). *Cladophialophora saturnica* sp. nov., a new opportunistic species of *Chaetothyriales* revealed using molecular data. – Med. Mycol. 47(1): 51–62.

Bader, O. (2013). MALDI-TOF-MS-based species identification and typing approaches in medical mycology. – Proteomics 13(5): 788–799.

Balajee, S.A., J. Houbraken, P.E. Verweij et al. (2007). *Aspergillus* species identification in the clinical setting. – Stud. Mycol. 59: 39–46.

Barkham, T. & M.B. Taylor (2002). Sniffing bacterial cultures on agar plates: a useful tool or a safety hazard? – J. Clin. Microbiol. 40(10): 3877.

Barron, G.L. (1968). The genera of hyphomycetes from soil. – Williams & Wilkins, Baltimore, 364 S.

Barron, G.L., R.F. Cain & J.C. Gilman (1961). The genus *Microascus*. – Can. J. Bot. 39: 1609–1631.

Bayne H. & H. Michener (1979). Heat resistance of *Byssochlamys* ascospores. – Appl. Environ. Microbiol. 37: 449–53.

Behrens, H., M. Ganter and T. Hiepe (2001). Lehrbuch der Schafkrankheiten: 41 Tabellen und Video auf CD-ROM. – Parey, 491 S.

Benjamin, C.R. & C.W. Hesseltine (1957). The genus *Actinomucor*. – Mycologia 49: 240–249.

Benjamin, C.R. & C.W. Hesseltine (1959). Studies on the genus *Phycomyces*. – Mycologia 51: 751–771.

Bensch, K., J.Z. Groenewald, J. Dijksterhuis et al. (2010). Species and ecological diversity within the *Cladosporium cladosporioides* complex (*Davidiellaceae*, *Capnodiales*). – Stud. Mycol. 67: 1–94.

Bensch, K., U. Braun, J.Z. Groenewald & P.W. Crous (2012). The genus *Cladosporium*. – Stud. Mycol. 72: 1–401.

Berbee, M.L. & J.W. Taylor (1995). From 18S ribosomal sequence data to evolution of morphology among the fungi. – Can. J. Bot. 73 (Suppl. 1): S677–S683.

Beyrde, R.J.W. & H.J. Willetts (1977). The brown rot fungi of fruit. Their biology and control. – Pergamon Press, 171 S.

Bilgrami, K.S. & A.K. Choudhary (1998). Mycotoxins in preharvest contamination of agricultural crops. In: Sinha, K. K. & D. Bhatnagar (Hrsg.). Mycotoxins in agriculture and food safety. – Marcel Dekker, Inc. New York, USA, 536 S: 1–43.

Bille, J. & G. Schär (2001). Medical mycology and the diagnostic laboratory. – Labolife, Schweiz. Ges. Mikrobiologie 2(1): 5–8.

Bille, E., B. Dauphin, J. Leto et al. (2012). MALDI-TOF MS Andromas strategy for the routine identification of bacteria, mycobacteria, yeasts, Aspergillus spp. and positive blood cultures. – Clin. Microbiol. Infect. 18(11): 1117–1125.

Bissett, J. (1979). Coelomycetes in Liliales: the genus *Phyllosticta*. – Can. J. Bot. 57: 2082–2095.

Bissett, J. (1984). A revision of the genus *Trichoderma*. I. Section *Longibrachiatum* sect. nov. – Can. J. Bot. 62: 924–931.

Bissett, J. (1986a). A note on the typification of *Guignardia*. – Mycotaxon 25: 519–522.

Bissett, J. (1986b). *Discochora yuccae* sp. nov. with *Phyllosticta* and *Leptodothiorella* synanamorphs. – Can J. Bot. 64: 1720–1726.

Bissett, J. (1991a). A revision of the genus *Trichoderma*. II. Infrageneric classification. – Can. J. Bot. 69: 2357–2372.

Bissett, J. (1991b). A revision of the genus *Trichoderma*. III. Section *Pachybasium*. – Can. J. Bot. 69: 2373–2417.

Bissett, J. (1991c). A revision of the genus *Trichoderma*. IV. Additional notes on section *Longibrachiatum*. – Can. J. Bot. 69: 2418–2420.

Bissett, J. & M.E. Palm (1989). Species of *Phyllosticta* on conifers. – Can. J. Bot. 67: 3378–3385.

Blaser, P. (1976). Taxonomische und physiologische Untersuchungen über die Gattung *Eurotium* Link : Fr. – Sydowia 28: 1–49.

Boedijn, K.B. & J. Reitsman (1950). Notes on the genus *Cylindrocladium*. – Reinwardtia 1: 51–60.

Boerema, G.H. (1976). The *Phoma* species studied in culture by Dr. R.W.G. Dennis. – Trans. Br. Mycol. Soc. 67: 289–319.

Boerema, G.H. (1993). Contributions towards a monograph of *Phoma* (Coelomycetes). II. Section *Peyronellaea*. – Persoonia 15: 197–221.

Boerema, G.H. & J. De Gruyter (1998). Contributions towards a monograph of *Phoma* (Coelomycetes) – VII – Section *Sclerophomella*: Taxa with thick-walled pseudoparenchymatous pycnidia. – Persoonia 17: 81–95.

Boerema, G.H. & M.M.J. Dorenbosch (1973). The *Phoma* and *Ascochyta* species described by Wollenweber & Hochapfel in their study on fruit-rotting. – Stud. Mycol. 3: 1–50.

Boerema, G.H., M.M.J. Dorenbosch & H.A. van Kesteren (1977). Remarks on species of *Phoma* referred to *Peyronellaea*, V. – Kew Bull. 31: 533–544.

Boerema, G.H., H.A. van Kesteren & W.M. Loerakker (1981). Notes on *Phoma*. – Trans. Br. Mycol. Soc. 77: 61–74.

Boerema, G.H., J. De Gruyter & H.A. van Kesteren (1994). Contributions towards a monograph of *Phoma* (Coelomycetes) – III: 1. Section *Plenodomus*: Taxa often with a *Leptosphaeria* teleomorph. – Persoonia 15: 431–487.

Boerema, G.H., W.M. Loerakker & M.E.C. Hamers (1996). Contributions towards a monograph of *Phoma* (Coelomycetes) – III: 2. Misapplications of the type species name and the generic synonyms of section *Plenodomus* (excluded species). – Persoonia 16: 141–190.

Boerema, G.H., J. De Gruyter & M.E. Noordeloos (1997). Contributions towards a monograph of *Phoma* (Coelomycetes) – IV. Section *Heterospora*: taxa with large sized conidial dimorphs, in vivo sometimes as *Stagonospora* synanamorphs. – Persoonia 16: 335–371.

Boerema, G.H., J. De Gruyter, M. Nordeloos & M. Hamers (2004). *Phoma* Identification Manual – CABI Publishing, Wallingford, U. K., 470 S.

Booth, C. (1959). Studies of Pyrenomycetes: IV. *Nectria* (Part I). – Mycological Papers 73: 1–115.

Booth, C. (1966). The genus *Cylindrocarpon*. – Mycological Papers 104: 1–56.

Booth, C. (1971a). Fungal culture media. In: Norris, J.R. & D.W. Ribbons (Hrsg.). Methods in Microbiology, Band IV. – Academic Press, London: 49–94.

Booth, C. (1971b). The genus *Fusarium*. – Commonwealth Mycological Institute, Kew Surrey, England, 237 S.

Booth, C. (1977). *Fusarium* Laboratory guide to the identification of the major species. – Commonwealth Mycological Institute, Kew Surrey, England, 58 S.

Brown, G. D., D. W. Denning, N. A. R. Gow et al. (2012). Hidden Killers: Human Fungal Infections. – Science Translational Medicine 4(165): 165rv13.

Brunner, F. & O. Petrini (1992) Taxonomy of some *Xylaria* species and xylariaceous endophytes by isozyme electrophoresis. – Mycological Research 96: 723–733.

Bruns, T.D., T.J. White & J.W. Taylor (1991). Fungal molecular systematics. – Annu. Rev. Ecol. Syst. 22: 525–564.

Buchanan, P.K. (1987). A reappraisal of *Ascochyta* and *Ascochytella* (Coelomycetes). – Mycological Papers 156: 1–83.

Bullerman, L.B. & A. Bianchini (2011). The Microbiology of cereals and cereal products. Food Quality and Safety (Feb/March): 1–8.

Burgess, L.W., C.M. Liddell & B.A. Summerell (1988). Laboratory manual for *Fusarium* research. – University of Sydney, Sydney, 2nd ed.

Cabañes F.J., D.A. Sutton & J. Guarro (2014). *Chrysosporium*-related fungi and reptiles: A fatal attraction. – PLoS Pathogens 10(10): e1004367. 10.1371/journal.ppat.1004367.

CABI databases. – http://www.indexfungorum.org/

Calderone, R.A. (ed.) (2002). *Candida* and candidiasis. – ASM Press, Washington, D.C.

Cannon, P.F. & D.L. Hawksworth (1982). A re-evaluation of *Melanospora* Corda and similar pyrenomycetes, with a revision of the British species. – J. Linn. Soc. (Bot.) 84: 115–160.

Carmichael, J.W. (1962). *Chrysosporium* and some other aleurosporic hyphomycetes. – Can. J. Bot. 40: 1137–1173.

Carter E. & C. Boudreaux (2004). Fatal cerebral phaeohyphomycosis due to *Curvularia lunata* in an immunocompetent patient. – J. Clin. Microbiol. 42(11): 5419–5423.

Castellani, E. & G. Germano (1977). Le Stagonosporae graminicole. – Ann. Fac. Sci. Agrar. Univ. Torino 10: 1–135.

Cavalier-Smith, T. (1981). Eukaryote kingdoms: seven or nine? – Biosystems 14(3-4): 461–81.

Cavalier-Smith, T. (1993). Kingdom protozoa and its 18 phyla. – Microbiol. Rev. 57(4): 953–94.

Cavalier-Smith, T. (1998). A revised six-kingdom system of life. – Biol. Rev. Camb. Philos. Soc. 73(3): 203–66.

Cavalier-Smith, T. (2004). Only six kingdoms of life. – Proc. Biol. Sci. 22: 1251–62.

Cavalier-Smith, T. (2006). Rooting the tree of life by transition analyses. – Biol. Direct. 1: 19.

CDC (Center for Disease Control and Prevention). 2009. Biosafety in microbiological and biomedical laboratories (BMBL). 5th ed. 415 S. – http://www.cdc.gov/biosafety/publications/bmbl5/BMBL.pdf

Cerdá-Olmedo, E. (2001). *Phycomyces* and the biology of light and color. – FEMS Microbiol. Rev. 25(5): 503–512.

Cerdá-Olmedo, E. & E.D. Lipson (1987). *Phycomyces*. – Cold Spring Harbor Laboratory Press, Cold Spring Harbor, New York, USA, 430 S.

Checa, J., J.M. Barrasa, M. Moreno et al. (1988). The genus *Coniochaeta* (Sacc.) Cooke (*Coniochaetaceae*, *Ascomycotina*) in Spain. – Cryptogamie Mycologie 9(1): 1–34.

Chaverri, P. & G.J. Samuels (2003). *Hypocrea/Trichoderma* (*Ascomycota*, *Hypocreales*, *Hypocreaceae*): species with green ascospores. – Stud. Mycol. 48: 1–116.

Chaverri, P., L.A. Castelbury, G.J. Samuels & D.M. Geiser (2003). Multilocus phylogenetic structure within the *Trichoderma harzianum/Hypocrea lixii* complex. – Mol. Phylogenet. Evol. 27: 302–313.

Chaverri, P., C. Salgado, Y. Hirooka et al. (2011). Delimitation of *Neonectria* and *Cylindrocarpon* (*Nectriaceae*, *Hypocreales*, *Ascomycota*) and related genera with *Cylindrocarpon*-like anamorphs. – Stud. Mycol. 68: 57–78.

Chelkowski, J. (Ed., 1989). *Fusarium*: Mycotoxins, taxonomy and pathogenicity. – Elsevier Science Publishers B.V., Amsterdam, Oxford, New York, Tokyo, 492 S.

Chiller T.M., M. Roy, D. Nguyen et al. (2013). Clinical findings for fungal infections caused by methylprednisolone injections. – N. Engl. J. Med. 369(17): 1610–1619.

Cleveland, W.S. (1994). The elements of graphing data. – Hobart Press, Summit, New Jersey, USA. 297 S.

CMI Descriptions of pathogenic Fungi and Bacteria No. 616: *Sclerotinia fructicola*.

CMI Descriptions of pathogenic Fungi and Bacteria No. 617: *Sclerotinia fructigena*.

CMI Descriptions of pathogenic Fungi and Bacteria No. 618: *Sclerotinia homoeocarpa*.

CMI Descriptions of pathogenic Fungi and Bacteria No. 619: *Sclerotinia laxa*.

Cole, G.T. & B. Kendrick (1973). Taxonomic studies of *Phialophora*. – Mycologia 65: 661–688.

Cole, R.J. & R.H. Cox (1981). Handbook of toxic fungal metabolites. – Academic Press, New York, 937 S.

Colwell, R.R. (1969). Numerical taxonomy of the flexibacteria. – J. Gen. Microbiol. 58: 207–215.

Colwell, R.R. (1970). Polyphasic taxonomy of the genus *Vibrio*: numerical taxonomy of *Vibrio cholerae*, *Vibrio parahaemolyticus*, and related *Vibrio* species. – J. Bacteriol. 104: 410–433.

Cooney, D.G. & R. Emerson (1965). Thermophilic fungi. – San Francisco, 188 S.

Corbaz, R. (1957). Recherches sur le genre *Didymella*. – Phytopath. Z. 28: 375–414.

Corlett, M. (1981). A taxonomic survey of some species of *Didymella* and *Didymella*-like species. – Can. J. Bot. 59: 2016–2042.

Cortez, K.J., C.E. Roilides, F. Quiroz-Telles et al. (2008). Infections Caused by *Scedosporium* spp. – Clin. Microbiol. Rev. 21: 157–197.

Crous, P.W. (2002). Taxonomy and pathology of *Cylindrocladium* (*Calonectria*) and allied genera. – APS Press, St. Paul, Minnesota, 294 S.

Crous, P.W. & M.J. Wingfield (1994). A monograph of *Cylindrocladium*, including anamorphs of *Calonectria*. – Mycotaxon 51: 341–435.

Crous, P.W., W. Gams, J.A. Stalpers et al. (2004a). MycoBank: an online initiative to launch mycology into the 21st century. – Stud. Mycol. 50: 19–22.

Crous P.W., J.Z. Groenewald, J.-M. Risède et al. (2004b). *Calonectria* species and their *Cylindrocladium* anamorphs: species with sphaeropedunculate vesicles. – Stud. Mycol. 50: 415–430.

Crous, P.W., U. Braun, K. Schubert & J.Z. Groenewald (2007). The genus *Cladosporium* and similar dematiaceous hyphomycetes. – Stud. Mycol. 58: 1–253.

Crous, P.W., G.J.M. Verkeley, J.Z. Groenewald & R. A. Samson (2009a). CBS Laboratory Manual Series 1: Fungal biodiversity. – Centraalbureau voor Schimmelcultures, Utrecht, 270 S.

Crous, P.W., B.A. Summerell, A.J. Carnegie et al. (2009b). Unravelling *Mycosphaerella*: Do You Believe in Genera? – Persoonia 23: 99-118.

Dabinett, P.E. & A.M. Wellman (1973). Numerical taxonomy of the genus *Rhizopus*. – Can. J. Bot. 51: 2053–2064.

Dakin, J.C. & A.C. Stolk (1968). *Moniliella acetoabutans*: some further characteristics and industrial significance. – J. Food Technol. 3: 49–53.

Damm, U., P.F. Cannon & P.W. Crous (2012). *Colletotrichum*: complex species or species complex? – Stud. Mycol. 73: 1–213.

Damm, U., R.J. O'Connell, J.Z. Groenewald and P.W. Crous (2015). The *Colletotrichum destructivum* species complex – hemibiotrophic pathogens of forage and field crops. – Stud. Mycol. 79: 49–84.

David, J.C. (1997). A contribution to the systematics of *Cladosporium*. – Mycological Papers 172: 1–157.

De Beer, Z.W., T.A. Duong, I. Barnes et al. (2014). Redefining *Ceratocystis* and allied genera. – Stud. Mycol. 79: 187–219.

De Bertoldi, M. (1976). New species of *Humicola*: an approach to genetic and biochemical classification. – Can. J. Bot. 54: 27–55.

De Gruyter, J. & M.E. Noordeloos (1992). Contributions towards a monograph of *Phoma* (Coelomycetes) – I: 1. Section *Phoma*: taxa with very small conidia in vitro. – Persoonia 15: 71–92.

De Gruyter, J., M.E. Noordeloos & G.H. Boerema (1993). Contributions towards a monograph of *Phoma* (Coelomycetes) – I: 2. Section *Phoma*: Additional taxa with very small conidia and taxa with conidia up to 7 µm long. – Persoonia 15: 369–400.

De Gruyter, J., M.E. Noordeloos & G.H. Boerema (1998). Contributions towards a monograph of *Phoma* (Coelomycetes) – I: 3. Section *Phoma*: Taxa with conidia longer than 7 µm. – Persoonia 16: 471–490.

De Gruyter, J., J.H.C. Woudenberg, M.M. Aveskamp et al. (2010). Systematic reappraisal of species in *Phoma* Section *Paraphoma*, *Pyrenochaeta* and *Pleurophoma*. – Mycologia 102(5): 1066–1081.

De Gruyter, J., J.H.C. Woudenberg, M.M. Aveskamp et al. (2013). Redisposition of *Phoma*-like anamorphs in *Pleosporales*. – Stud. Mycol. 75: 1–36.

De Hoog, G.S. (1977). *Rhinocladiella* and allied genera. – Stud. Mycol. 15: 1–140.

De Hoog, G.S. (1979). The black yeasts, II: *Moniliella* and allied genera. – Stud. Mycol. 19: 1–36.

De Hoog, G.S. (Hrsg., 1999). Ecology and evolution of black yeasts and their relatives. – Stud. Mycol. 43: 1–208.

De Hoog, G.S. & M. Grube (Hrsg., 2008). Black fungal extremes. – Stud. Mycol. 61: 1–194.

De Hoog, G.S. & E.J. Hermanides-Nijhof (1977). Survey of black yeasts and allied fungi. – Stud. Mycol. 15: 178–222.

De Hoog G.S. & M.Th. Smith. (2004). Ribosomal gene phylogeny and species delimitation in *Geotrichum* and its teleomorphs. – Stud. Mycol. 50: 489–516.

De Hoog, G.S., M.Th. Smith & E. Guého (1986). A revision of the genus *Geotrichum* and its teleomorphs. – Stud. Mycol. 29: 1–131.

De Hoog, G.S., J. Guarro, J. Gené & M.J. Figueras (2000a). Atlas of clinical fungi. – Centraalbureau voor Schimmelcultures, Baarn, 2nd ed., 1126 S.

De Hoog, G.S., F. Queiroz-Telles, G. Haase et al. (2000b). Black fungi: clinical and pathogenic approaches. – Med Mycol 38(Suppl. 1): 243–250.

De Respinis, S., G. Vogel, C. Benagli et al. (2010). MALDI-TOF MS of *Trichoderma*: A model system for the identification of microfungi. – Mycol. Prog. 9(1): 79–100.

De Respinis, S., M. Tonolla, S. Pranghofer et al. (2013). Identification of dermatophytes by matrix-assisted laser desorption/ionization time-of-flight mass spectrometry. – Med. Mycol. 51(5): 514–521.

De Respinis, S., V. Monnin, V. Girard et al. (2014). MALDI-TOF VITEK MS for the rapid and accurate identification of dermatophytes on solid cultures. – Journal of Clinical Microbiology 52(12): 4286–4292.

De Ruiter, G.A., S.H.W. Notermans & F.M. Rombouts (1993). Review: new methods in food mycology. – Trends Food Sci. Technol. 4: 91–97.

Desroches, T.C., D.R. McMullin & J.D. Miller (2014). Extrolites of *Wallemia Sebi*, a very common fungus in the built environment." Indoor Air 24(5): 533–542.

Degenkolb, T., R. Dieckmann, K.F. Nielsen et al. (2008). The *Trichoderma brevicompactum* clade: a separate lineage with new species, new peptaibiotics, and mycotoxins. – Mycol. Prog. 7: 177–219.

Desjardin, A.E. (2006). *Fusarium* mycotoxins, chemistry, genetics, and biology. – APS Press. St. Paul, Minnesota. USA, 260 S.

DiCosmo, F., T.R. Nag Raj & B. Kendrick (1983). Prodromus for a revision of the *Phacidiaceae* and related anamorphs. – Can. J. Bot. 61: 31–44.

DiCosmo, F., T.R. Nag Raj & B. Kendrick (1984). A revision of the *Phacidiaceae* and related anamorphs. – Mycotaxon 21: 1–234.

Dijksterhuis, J. & H. Wösten (Hrsg., 2013). Development of *Aspergillus niger*. – Stud. Mycol. 74: 1–85.

Dörge, T., J.M. Carsensen & J.C. Frisvad (2000). Direct identification of pure *Penicillium* species using image analysis. – J. Microbiol. Meth. 41: 121–133.

Doguet, G. (1955). Le genre *Melanospora*. – Botaniste 39: 1–313.

Doi, Y. (1972). Revision of the *Hypocreales* with cultural observations IV. The genus *Hypocrea* and its allies in Japan. – Bull. Natn. Sci. Mus. Tokyo 15: 649–751.

Doi, Y. & K. Yamatoya (1989). *Hypocrea pallida* and its allies (*Hypocreaceae*). – Memoirs New York Botanical Garden 49: 233–242.

Domsch, K.H., W. Gams & T.-H. Anderson (2007). Compendium of soil fungi, 2nd ed. – IHV-Verlag, Eching, 672 S.

Dorenbosch, M.M.J. (1970). Key to nine ubiquitous soil-borne *Phoma*-like fungi. – Persoonia 6: 1–14.

Dreyfuss, M. (1975). Taxonomische Untersuchungen innerhalb der Gattung *Chaetomium* Kunze. – Sydowia 28: 50–133.

Druzhinina, I.S., A.G. Kopchinskiy, M. Komon et al. (2005). An oligonucleotide barcode for species identification in *Trichoderma* and *Hypocrea*. – Fungal Genet. Biol. 42(10): 813–28.

Druzhinina, I.S., A.G. Kopchinskiy & C.P. Kubiček (2006). The first 100 *Trichoderma* species characterized by molecular data. – Mycosciences 47: 55–64.

Druzhinina, I.S., M. Komon-Zelazowska, L. Kredics et al. (2008). Alternative reproductive strategies of *Hypocrea orientalis* and genetically close but clonal *Trichoderma longibrachiatum*, both capable of causing invasive mycoses of humans. – Microbiology 154: 3447–3459.

Egmond, H.P. van (2000). Mycotoxins: detection, reference material and regulation. In: Samson, R.A., E.S. Hoekstra, J.C. Frisvad & O. Filtenborg (Hrsg.). Introduction to food- and air borne fungi. – Centraalbureau voor Schimmelcultures: 332–338.

Eikmann, T., G. Fischer, T. Gabrio et al. (2013). Gesundheitsrisiko Schimmelpilze im Innenraum. – Ecomed, 344 S.

Ellis, M.B. (1960). Dematiaceous Hyphomycetes. I. – Mycological Papers 76: 1–36.

Ellis, M.B. (1966). Dematiaceous hyphomycetes. VII: *Curvularia*, *Brachysporium* etc. – Mycological Papers 106: 1–57.

Ellis, M.B. (1971). Dematiaceous hyphomycetes. – Commonwealth Mycological Institute, Kew, 608 S.

Ellis, M.B. (1976). More dematiaceous hyphomycetes. – Commonwealth Mycological Institute, Kew, Surrey, England, 507 S.

Ellis, M.B. & J.P. Ellis (1988). Microfungi on miscellaneous substrates. – Croom Helm, London & Sydney, 244 S.

Eriksson, O. (1995). DNA and ascomycete systematics. – Can. J. Bot. 73 (Suppl. 1): S784–S789.

Fassatiová, O. (1967). Notes on the genus *Humicola*. – Česká Mykol. 21: 78–89.

Forrest, G. N., K. Mankes, M.A. Jabra-Rizk et al. (2006). Peptide nucleic acid fluorescence in situ hybridization-based identification of *Candida albicans* and its impact on mortality and antifungal therapy costs. – J. Clin. Microbiol. 44(9): 3381–3383.

Frisvad, J.C. & O. Filtenborg (1989). Terverticillate *Penicillia*: chemotaxonomy and mycotoxin production. – Mycologia 81: 837–861.

Frisvad, J.C. & R.A. Samson (2000). *Neopetromyces* gen. nov. and an overview of teleomorphs of *Aspergillus* subgenus *Circumdati*. – Stud. Mycol. 45: 201–207.

Frisvad, J.C. & U. Thrane (1987). Standardized high-performance liquid chromatography of 182 mycotoxins and other fungal metabolites based on alkylphenone retention indices and UV-VIS spectra (diode array detection). – J. Chromatography 404: 195–214.

Frisvad, J.C. & U. Thrane (1993). Liquid chromatography of mycotoxins. In: Betina, V. (Hrsg.). Chromatography of mycotoxins: techniques and applications. – J. Chromatography Library 54: 253–372.

Frisvad, J.C., O. Filtenborg & U. Thrane (1989). Analysis and screening for mycotoxins and other secondary metabolites in fungal cultures by thin-layer chromatography and high-performance liquid chromatography. – Arch. Environ. Contam. Toxicol. 18: 331–335.

Frisvad, J.C., O. Filtenborg, R.A. Samson & A.C. Stolk (1990). Chemotaxonomy of the genus *Talaromyces*. – Ant. van Leeuwenhoek 57: 179–189.

Frisvad, J.C., P.D. Bridge & D.K. Arora (Hrsg., 1998). Chemical fungal taxonomy. – Marcel Dekker Inc., New York, USA, 398 S.

Fröhlich, J., K.D. Hyde & O. Petrini (2000). Endophytic fungi associated with palms. – Mycological Research 104: 1202–1212.

Fungi Canadenses No. 38: *Monilinia fructicola*.

Gams, W. (1971a). *Cephalosporium*-artige Hyphomyceten. – Fischer, Stuttgart, 262 S.

Gams, W. (1971b). *Tolypocladium*, eine Hyphomycetengattung mit geschwollenen Phialiden. – Persoonia 6: 185–191.

Gams, W. (1976). Some new or noteworthy species of *Mortierella*. – Persoonia 9: 111–144.

Gams, W. (1977). A key to the species of *Mortierella*. – Persoonia 9: 381–391.

Gams, W. (2000). *Phialophora* and some similar morphologically little-differentiated anamorphs of divergent Ascomycetes. – Stud. Mycol. 45: 187–199.

Gams, W. (Hrsg., 2006). *Hypocrea* and *Trichoderma* studies marking the 90th birthday of Joan M. Dingley. – Stud. Mycol. 56: 1–179.

Gams, W. & R. Zare (2001). A revision of *Verticillium* sect. *Prostrata*. III. Generic classification. – Nova Hedwigia 72(3-4): 329–337.

Gams, W. & R. Zare (2002). New generic concepts in *Verticillium* sect. *Prostrata*. – Mycological Research 106: 130–131.

Geiser, D.M., M.A. Klich, J.C. Frisvad et al. (2007). The current status of species recognition and identification in *Aspergillus*. – Stud. Mycol. 59: 1–10.

Gerlach, W. (1959a). Beiträge zur Kenntnis der Gattung *Cylindrocarpon* Wr. II. *C. victoriae*. – Phytopath. Z. 35: 292–300.

Gerlach, W. (1959b). Beiträge zur Kenntnis der Gattung *Cylindrocarpon* Wr. III. *C. olidum* Wr. und seine phytopathologische Bedeutung. – Phytopath. Z. 35: 333–346.

Gerlach, W. & H. Nirenberg (1982). The genus *Fusarium* – a pictorial atlas. – Mitteilungen aus der biologischen Bundesanstalt für Land- und Forstwirtschaft Berlin-Dahlem 209: 1–406.

Gilgado, F., C. Serena, J. Cano et al. (2006). Antifungal susceptibilities of the species of the *Pseudallescheria boydii* complex. – Antimicrob. Agents Chemother. 50: 4211–4213.

Gräfenhan, T. (1998). Taxonomic Revision of the Genus *Piptocephalis* (Fungi). – M.S. Thesis. Greifswald, Germany, Ernst-Moritz-Arndt-Universität, 102 S.

Gräfenhan T., H.-J. Schroers, H.I. Nirenberg & K.A. Seifert (2011). An overview of the taxonomy, phylogeny, and typification of nectriaceous fungi in *Cosmospora*, *Acremonium*, *Fusarium*, *Stilbella*, and *Volutella*. – Stud. Mycol. 68: 79–113.

Gräser, Y., J. Scott, & R. Summerbell (2008). The new species concept in dermatophytes – a polyphasic approach. – Mycopathologia 166: 239–256.

Graham, J.H. & E.S. Luttrell (1961). Species of *Leptosphaerulina* on forage plants. – Phytopathology 51: 650–693.

Gravesen, S., J.C. Frisvad & R.A. Samson (1994). Microfungi. – Munksgaard, Copenhagen, 168 S.

Gravesen, S., P.A. Nielsen, R. Iversen & K.F. Nielsen (1999). Microfungal contamination of damp buildings – examples of risk constructions and risk materials. – Environmental Health Perspectives 107: 505–508.

GrazingInfo (2014). Facial-Eczema. Version 2.9, April 2014. – GrazingInfo Ltd, Hamilton, New Zealand, 14 S. http://www.grazinginfo.com/FreeDocuments/Facial%20Eczema.pdf

Greenacre, M.J. (1986). SimCA: a program to perform simple correspondence analysis. – Amer. Statistician 40: 230–231. (now available as a free downloadable R package).

Greenacre, M.J. (1989). Theory and applications of correspondence analysis. – Academic Press, London, U. K., 3. Ed., 364 S.

Greenacre, M.J. (1993). Correspondence analysis in practice. – Academic Press, London, UK.

Gregory, P.H. (1966). The fungus spore: what it is and what is does. In: Madelin, M.F. (Hrsg.). The fungus spore. – Butterworth, London: 1–13.

Guarro, J., A.S. Kantarcioglu, R. Horre et al. (2006). *Scedosporium apiospermum*: changing clinical spectrum of a therapy-refractory opportunist. – Med. Mycol. 44: 295–327.

Gupta, A. (2010). A prerequisite for maintenance of seed quality during storage. In: A. Arya & A. Perelló (Hrsg.) Management of fungal plant pathogens. – CABI: 329–344.

Hämmerli, U.A., U.E. Brändle, O. Petrini & J.M. McDermott (1992). Differentiation of *Discula umbrinella* (teleomorph: *Apiognomonia errabunda*) from beech, chestnut, and oak using randomly amplified polymorphic DNA markers. – Mol. Plant-Microbe Interact. 5: 479–483.

Hawksworth, D.L. (1971). A revision of the genus *Ascotricha*. – Mycological Papers 126: 1–28.

Hawksworth, D.L. (1991). The fungal dimension of biodiversity: magnitude, significance, and conservation. – Mycological Research 95 (6): 641–655.

Hawksworth, D.L. (2004). Fungal diversity and its implications for genetic resource collections. – Stud. Mycol. 50: 9–18.

Hawksworth, D.L. & J.I. Pitt (1983). A new taxonomy for *Monascus* species based on cultural and microscopical characters. – Austr. J. Bot. 31: 51–61.

Hawksworth, D.L. & H.Y. Yip (1981). *Coniochaeta angustispora* sp. nov. from roots in Australia, with a key to the species known in culture. – Austr. J. Bot. 29: 377–384.

Hawksworth, D.L., P.W. Crous, S.A. Redhead et al. (2011). The Amsterdam declaration on fungal nomenclature. – IMA Fungus 2(1): 105–112.

Hermanides-Nijhof, E.J. (1977). *Aureobasidium* and allied genera. – Stud. Mycol. 15: 141–177.

Hermet, A., D. Méheust, J. Mounier et al. (2012). Molecular systematics in the genus *Mucor* with special regards to species encountered in cheese. – Fungal Biology 116: 692–705.

Hesseltine, C.W. & P. Anderson (1956). The genus *Thamnidium* and a study of the formation of its zygospores. – Am. J. Bot. 43: 696–702.

Hesseltine, C.W., C.R. Benjamin & B.S. Mehrotra (1959). The genus *Zygorhynchus*. – Mycologia 51: 173–194.

Hesseltine, C.W., M.K. Mahoney & S.W. Peterson (1990). A new species of *Absidia* from an alkalai bee brood chamber. Mycologia 82: 523–526.

Hibbett, D.S. & J.W. Taylor (2013). Fungal systematics: is a new age of enlightenment at hand? – Nature Reviews – Microbiology 11: 129–133.

Hibbett, D.S., M. Binder, J.F. Bischoff et al. (2007). A higher-level phylogenetic classification of the Fungi. – Mycological Research 111: 509–547.

Hirooka, Y., A.Y. Rossman & P. Chaverri (2011). A morphological and phylogenetic revision of the *Nectria cinnabarina* species complex. – Stud. Mycol. 68: 35–56.

Hirooka, Y., A.Y. Rossman, G.J. Samuels et al. (2012). A Monograph of *Allantonectria*, *Nectria*, and *Pleonectria* (*Nectriaceae*, *Hypocreales*, *Ascomycota*) and their pycnidial, sporodochial, and synnematous anamorphs. – Stud. Mycol. 71: 1–210.

Ho, H.M. (2003). The merosporangiferous fungi from Taiwan (III): three new records of *Piptocephalidaceae* (*Zoopagales*, *Zygomycetes*). – Taiwania 48(1): 53–59.

Ho, H.M. (2004). The merosporangiferous fungi from Taiwan (IV): Two new records of *Piptocephalis* (*Piptocephalidaceae*, *Zoopagales*). – Taiwania 49(3): 188–193.

Ho, H.M. (2006). The merosporangiferous fungi from Taiwan (VI): Two new records of *Piptocephalis* (*Piptocephalidaceae*, *Zoopagales*, *Zygomycetes*). – Taiwania 51(3): 210–213.

Ho, M.H.-M., R.F. Castañeda, F.M. Dugan & S.C. Jong (1999). *Cladosporium* and *Cladophora* in culture: descriptions and an expanded key. – Mycotaxon 72: 115–157.

Hong, S.B., D.H. Kim, M. Lee et al. (2011). Taxonomy of *Eurotium* species isolated from meju. – J. Microbiol. 49(4): 669–674.

Houbraken, J. & R.A. Samson (2011). Phylogeny of *Penicillium* and the segregation of *Trichocomaceae* into three families. – Stud. Mycol. 70: 1–51.

Houbraken, J., J.C. Frisvad & R.A. Samson (2010a). Sex in *Penicillium* Series *Roqueforti*. – IMA Fungus 1(2): 171–180.

Houbraken, J., J.C. Frisvad & R.A Samson. (2010b). Taxonomy of *Penicillium citrinum* and related species. – Fungal Diversity 44(1): 117–133.

Houbraken, J., P.E. Verweij, A.J. Rijs et al. (2010c). Identification of *Paecilomyces variotii* in clinical samples and settings. – J. Clin. Microbiol. 48(8): 2754–2761.

Houbraken, J., J.C. Frisvad & R. A. Samson (2011). Taxonomy of *Penicillium* Section *Citrina*. – Stud. Mycol. 70: 53–138.

Houbraken, J., H. Spierenburg & J.C. Frisvad (2012a). *Rasamsonia*, a new genus comprising thermotolerant and thermophilic talaromyces and *Geosmithia* species. – Antonie van Leeuwenhoek 101(2): 403–421.

Houbraken, J., J.C. Frisvad, K.A. Seifert et al. (2012b). New penicillin-producing *Penicillium* species and an overview of Section *Chrysogena*. – Persoonia 29: 78–100.

Houbraken, J., R.P. de Vries & R.A. Samson. (2014a). Modern taxonomy of biotechnologically important *Aspergillus* and *Penicillium* species. – Adv. Appl. Microbiol. 86: 199–249.

Houbraken, J., C.M. Visagie, M. Meijer et al. (2014b). A taxonomic and phylogenetic revision of *Penicillium* section *Aspergilloides*. – Stud. Mycol. 78: 373–451.

Hsieh, W.H. (1979). The causal organism of sugarcane leaf blight. – Mycologia 71: 892–898.

Hubka, V., M. Kolařík, A. Kubátová & S.W. Peterson (2013). Taxonomic revision of *Eurotium* and transfer of species to *Aspergillus*. – Mycologia 105(4): 912–937.

Hubka, V., A. Nováková, M. Kolařík et al. (2015). Revision of *Aspergillus* section *Flavipedes*: seven new species and proposal of section *Jani* sect. nov. – Mycologia. 107(1):169-208.

Inderbitzin, P. & K.V. Subbarao (2014). *Verticillium* systematics and evolution: how confusion impedes *Verticillium* wilt management and how to resolve it. – Phytopathology 104(6): 564–574.

Jaklitsch, W.M. (2009). European species of *Hypocrea*. Part I. The green-spored species. – Stud. Mycol. 63: 1–91.

Jaklitsch, W.M. (2011). European Species of *Hypocrea* Part II: Species with hyaline ascospores. – Fungal Diversity 48: 1–250.

Jaklitsch, W.M., G.J. Samuels, S.J. Dodd et al. (2006). *Hypocrea rufa*/*Trichoderma viride*: a reassessment, and description of five closely related species with and without warted conidia. – Stud. Mycol. 56: 135–177.

Jaklitsch, W.M., C.P. Kubiček & I.S. Druzhinina (2008a). Three European species of *Hypocrea* with reddish brown stromata and green ascospores. – Mycologia 100: 796–815.

Jaklitsch W.M., K. Põldmaa & G.J. Samuels (2008b). Reconsideration of *Protocrea* (*Hypocreales*, *Hypocreaceae*). – Mycologia 100: 962–984.

Jarvis, W.R. (1977). *Botryotinia* and *Botrytis* species: taxonomy, physiology and pathogenicity. – Res. St. Can. Dep. Agric. Harrow, Monogr. 15: 1–195.

Joffe, A.Z. (1986). *Fusarium* species: their biology and toxicology. – John Wiley & Sons, Inc. New York, Chichester, Brisbane, Toronto, Singapore, 588 S.

Johnston, A. & C. Booth (1983). Plant pathologist's pocketbook. 2nd Ed. – Commonwealth Mycological Institute, Kew, Surrey, 439 S.

Jong, S.C. & G.F. Yuan (1985). *Actinomucor taiwanensis* sp. nov., for manufacture of fermented soybean food. – Mycotaxon 23: 261–264.

Jurjević, Z., S.W. Peterson & B.W. Horn (2012a). *Aspergillus* Section *Versicolores*: nine new species and multilocus DNA sequence based phylogeny. – IMA Fungus 3(1): 59 – 79.

Jurjević, Z., S.W. Peterson, G. Stea et al. (2012b). Two novel species of *Aspergillus* Section *Nigri* from indoor air. – IMA Fungus 3(2): 159–173.

Kantarcioglu, A.S. & G.S. de Hoog (2004). Infections of the central nervous system by melanized fungi: a review of cases presented between 1999 and 2004. – Mycoses 47(1–2): 4–13.

Kendrick, B. (1992). The fifth Kingdom. 2nd Ed. – Ontario, Mycologic Publications, 406 S.

Kiffer, E. & M. Morelet (1997). Les deuteromycètes: classification et clés d'identification générique. – INRA, Paris, 306 S.

Kiffer, E. & M. Morelet (1999). The Deuteromycetes, mitosporic fungi: classification and generic keys. – Science Publishers, Inc., Enfield, NH, USA, 273 S.

Kindermann, J., Y. El-Ayouti, G.J. Samuels & C.P. Kubiček (1998). Phylogeny of the genus *Trichoderma* based on sequence analysis of the internal transcribed spacer region 1 of the rDNA cluster. – Fungal Genet. Biol. 24: 298–309.

Kinderlerer, J.L. (1997). *Chrysosporium* species, potential spoilage organisms of chocolate. – J. Appl. Microbiol. 83: 771–888.

Kirk, P.M., P.F. Cannon, J.A. Stalpers & D.W. Minter (2011). Dictionary of the fungi. 10th Ed. – Commonwealth Scientific and Industrial Research Organisation (CSIRO), 784 S.

Kirk, P.M., J.A. Stalpers, U. Braun et al. (2014). A without-prejudice list of generic names of fungi for protection under the International Code of Nomenclature for algae, fungi, and plants. – IMA Fungus 4(2): 381–443.

Klein, D. & D.E. Eveleigh (1998). Ecology of *Trichoderma.* In: Harman, G.E. & C.P. Kubiček (Hrsg.). *Trichoderma* and *Gliocladium*. – Taylor & Francis, London: 57–74.

Klich, M.A. (1993). Morphological studies of *Aspergillus* section *Versicolores* and related species. – Mycologia 85: 100–107.

Klich, M.A. (2002). Identification of common *Aspergillus* species. – Centraalbureau voor Schimmelcultures, Utrecht, 116 S.

Klich, M.A. (2009). Health effects of *Aspergillus* in food and air. – Toxicol. Ind. Health 25(9–10): 657-667.

Kohn, L.M. (1992). Developing new characters for fungal systematics: an experimental approach for determining the rank of resolution. – Mycologia 84: 139–153.

Komon-Zelazowska, M., J. Bissett, D. Zafari et al. (2007). Genetically closely related but phenotypically divergent *Trichoderma* species cause green mold disease in oyster mushroom farms worldwide. – Appl. Environ. Microbiol. 73: 7415–7426.

Kotzekidou P. (1997). Heat resistance of *Byssochlamys nivea, Byssochlamys fulva* and *Neosartorya fischeri* isolated from canned tomato paste. – J. Food Sci. 62: 410–412.

Kozakiewicz, Z. (1989). *Aspergillus* species on stored products. – Mycological Papers 161: 1–188.

Kraus, G.F., I.S. Druzhinina, W. Gams et al. (2004). *Trichoderma brevicompactum* sp. nov. – Mycologia 96: 1059-1073.

Kubiček, C.P. & G.E. Harman (Hrsg., 1998). *Trichoderma* and *Gliocladium*. – Taylor & Francis, London, Vol. I: 278 S.; Vol. II: 393 S.

Kubiček, C.P., M. Komon-Zelazowska & I.S. Druzhinina (2008). Fungal genus *Hypocrea /Trichoderma*: from barcodes to biodiversity. – J. Zhejiang Univ. Sci. B9: 753–763.

Kuhls, K., E. Lieckfeldt, G.J. Samuels et al. (1997). Revision of *Trichoderma* sect. *Longibrachiatum* including related teleomorphs based on analysis of ribosomal DNA internal transcribed spacer sequences. – Mycologia 89: 442–460.

Lahoti, S. & J.R. Berger (2013). Iatrogenic fungal infections of central nervous system. – Curr. Neurol. Neurosci. Reports 13(11): 399.

Leong, S.L., O.V. Pettersson, T. Rice, A.D. Hocking & J. Schnürer (2011). The extreme xerophilic mould *Xeromyces bisporus* – growth and competition at various water activities. – Int. J. Food Microbiol. 145(1): 57–63.

Leslie, J.F., B.A. Summerell (2006). The *Fusarium* laboratory manual. – Blackwell Publishing, Oxford, UK, 400 S.

Leuchtmann, A., O. Petrini, L.E. Petrini & G.C. Carroll (1992). Isozyme polymorphism in six endophytic *Phyllosticta* species. – Mycological Research 96: 287–294.

Liu, X.-Y., Huang H. & Zheng R.-Y. (2007). Molecular phylogenetic relationships within *Rhizopus* based on combined analyses of ITS rDNA and pyrG gene sequences. – Sydowia 59(2): 235–253.

Lombard, L., P.W. Crous, B.D. Wingfield & M.J. Wingfield (2010). Systematics of *Calonectria*: a genus of root, shoot and foliar pathogens. – Stud. Mycol. 66: 1–71.

Lu, B., I.S. Druzhinina, P. Fallah et al. (2004). *Hypocrea/Trichoderma* species with *Pachybasium*-like conidiophores: teleomorphs for *T. minutisporum* and *T. polysporum* and their newly discovered relatives. – Mycologia 96: 310–342.

Ludwig, J.A. & J.F. Reynolds (1988). Statistical ecology. A primer on methods and computing. – J. Wiley and Sons, New York, USA, 337 S.

Lundqvist, N. (1972). Nordic *Sordariaceae* s. lat. – Symbolae Botanicae Upsalienses 20: 1–374.

Lutzoni, F. & R. Vilgalys (1995). Integration of morphological and molecular data sets in estimating fungal phylogenies. – Can. J. Bot. 73 (1): S649–S659.

Machida, M. & K. Gomi (2010). *Aspergillus*: Molecular Biology and Genomics. – Caister Academic Press.

Maertens, J., J. Van Eldere, J. Verhaegen et al. (2002). Use of circulating galactomannan screening for early diagnosis of invasive aspergillosis in allogeneic stem cell transplant recipients. – J. Infect. Dis. 186(9): 1297–1306.

Maharachchikumbura, S.S.N., K.D. Hyde, J.Z. Groenewald et al. (2014). *Pestalotiopsis* revisited. – Stud. Mycol. 79: 121–186.

Malloch, D. & R.F. Cain (1972). The *Trichocomataceae*: Ascomycetes with *Aspergillus*, *Paecilomyces*, and *Penicillium* states. – Can. J. Bot. 50: 2613–2628.

Malloch, D. & R.F. Cain (1973). The genus *Thielavia*. – Mycologia 65: 1055–1077.

Manamgoda, D.S., A.Y. Rossman, L.A. Castlebury et al. (2014). The genus *Bipolaris*. – Stud. Mycol. 79: 221–288.

Marasas, W.F.O., P.E. Nelson & T.A. Toussoun (1984). Toxigenic *Fusarium* species. Identity and mycotoxicology. – The Pennsylvania State University Park. University Park and London, 328 S.

Marklein, G., M. Josten, U. Klanke et al. (2009). Matrix-assisted laser desorption ionizationtime of flight mass spectrometry for fast and reliable identification of clinical yeast isolates. – J. Clin. Microbiol. 47 (9): 2912–2917.

Martin, G. S., D. M. Mannino, S. Eaton & M. Moss (2003). The epidemiology of sepsis in the United States from 1979 through 2000. – N. Engl. J. Med. 348: 1546–1554.

McDonald, M.C., M. Razavi, T.L. Friesen et al. (2012). Phylogenetic and population genetic analyses of *Phaeosphaeria nodorum* and its close relatives indicate cryptic species and an origin in the Fertile Crescent. – Fungal Genetics Biol. 49: 882–895.

McLaughlin, D.J., M.E. Berres & L.J. Szabo (1995). Molecules and morphology in basidiomycete phylogeny. – Can. J. Bot. 73: S684–S692.

McNeill, J., F.R. Barrie, W.R. Buck et al. (2012). International code of nomenclature for algae, fungi, and plants (Melbourne Code). Königstein, Koeltz Scientific Books.

Mel'nik, V.A. (1977). Key to fungi of the genus *Ascochyta* Lib. – Leningrad, Russland, 245 S. (In Russian).

Monod, M. (1983). Monographie taxonomique des *Gnomoniaceae*. – Beihefte zur Sydowia 9: 1–315.

Monte, E., P.D. Bridge & B.C. Sutton (1990). Physiological and biochemical studies in Coelomycetes. *Phoma*. – Stud. Mycol. 32: 1–28.

Moreau-Froment, M. (1956). Les *Neurospora*. – Bull. Soc. Bot. Fr. 103: 678–738.

Morton, F.J. & G. Smith (1963). The genera *Scopulariopsis* Bainier, *Microascus* Zukal, and *Doratomyces* Corda. – Mycological Papers 86: 1–96.

Mücke, W. & Ch. Lemmen (2005). Schimmelpilze. Vorkommen – Gesundheitsgefahren – Schutzmassnahmen. – Ecomed, 3. Aufl., 184 S.

Müller, E. & W. Löffler (1992). Mykologie. – Thieme, Stuttgart, 5. Ausg., 367 S.

Nag Raj, T.R. (1993). Coelomycetous anamorphs with appendage-bearing conidia. – Mycologue Publications, Waterloo, 1101 S.

Nelson, P.E., T.A. Toussoun & W.F.O. Marasas (1983). *Fusarium* species. An illustrated manual for identification. – The Pennsylvania State University Park. University Park and London, 193 S.

Nguyen, M.H., H. Leather, C.J. Clancy et al. (2011). Galactomannan testing in bronchoalveolar lavage fluid facilitates the diagnosis of invasive pulmonary aspergillosis in patients with hematologic malignancies and stem cell transplant recipients. – Biol. Blood Marrow Transplant 17(7). 1043–1050.

Nielsen, K.F., M. Østergaard, T.O. Larsen & U. Thrane (1998a). Production of mycotoxins on water damaged gypsum boards. – International Biodeterioration & Biodegradation 42: 1–7.

Nielsen, K.F., U. Thrane, T.O Larsen et al. (1998b). Production of mycotoxins on artificially inoculated building materials. – International Biodeterioration & Biodegradation 42: 8–15.

Nielsen, K.F., S. Gravesen, P.A. Nielsen et al. (1999). Production of Mycotoxins on artificially and naturally infested building materials. – Mycopathologia 145: 43–56.

Nielsen, K.F., P.A. Nielsen & G. Holm (2000). Growth of moulds on building materials under different humidities. – Proceedings of Healthy Buildings 2000, Espoo 3: 283–288.

Norvell, L.L. (2011). Fungal nomenclature. 1. Melbourne approves a new Code. – Mycotaxon 116: 481–490.

Okada, G., K.A. Seifert, A. Takematsu et al. (1998). A molecular phylogenetic reappraisal of the *Graphium* complex based on 18S rDNA sequences. – Can. J. Bot. 76: 1495–1506.

Okada, G., K. Jacobs, T. Kirisits et al. (2000). Epitypification of *Graphium penicilloides*

Corda with comments on the phylogeny and taxonomy of *Graphium*-like fungi. – Stud. Mycol. 45: 169–188.

Orr, G.F. (1979). The genus *Pseudogymnoascus*. – Mycotaxon 8: 165–173.

Orr, G.F., H.H. Kuehn & O.A. Plunkett (1963). The genus *Gymnoascus* Baranetzky. – Mycopathol. Mycol. Appl. 21: 1–18.

Osweiler, G.D. (2012). Mycotoxicoses – Facial Eczema. – Merck Veterinary Manual. http://www.merckmanuals.com/vet/toxicology/mycotoxicoses/facial_eczema.html

Palm, M.E., W. Gams & H.I. Nirenberg (1995). *Plectosporium*, a new genus for *Fusarium tabacinum*, the anamorph of *Plectosphaerella cucumerina*. – Mycologia 87: 397–406.

Pankhurst, R.J. (1991). Practical taxonomic computing. – Cambridge University Press, Cambridge, UK, 202 S.

Peberdy, J.F. (Hrsg., 1987). *Penicillium* and *Acremonium*. – Plenum Press, New York und London, 297 S.

Peerally, A. (1991). The classification and phytopathology of *Cylindrocladium* species. – Mycotaxon 40: 323–366.

Peever, T.L. (2007). Role of host specificity in the speciation of *Ascochyta* pathogens of cool season food legumes. – Eur. J. Plant Pathol. 119: 119–126.

Peever, T.L., M.P. Barve, L.J. Stone & W.J. Kaiser (2007). Evolutionary relationships among *Ascochyta* species infecting wild and cultivated hosts in the legume tribes *Cicereae* and *Vicieae*. – Mycologia 99: 59–77.

Perkins, D.D., A. Radford & M.S. Sachs (2000). The *Neurospora* Compendium. – Academic Press, London, UK, 350 S.

Peterson, S.W. (2008). Phylogenetic analysis of *Aspergillus* Species using DNA sequences from four loci. – Mycologia 100(2): 205–226.

Peterson, S.W., Z. Jurjevic, G.F. Bills et al. (2010). Genus *Hamigera*, six new species and multilocus DNA sequence based phylogeny. – Mycologia 102(4): 847–864.

Petrini, L.E. (1992). *Rosellinia* species of the temperate zones. – Sydowia 44: 169–281.

Petrini, L.E., O. Petrini & T.N. Sieber (1987). Host specificity of *Hypoxylon fuscum*: A statistical approach to the problem. – Sydowia 40: 227–234.

Petrini, L.E., O. Petrini, A. Leuchtmann & G.C. Carroll (1991). Conifer inhabiting species of *Phyllosticta*. – Sydowia 43: 148–169.

Petrini, O. (1986). Taxonomy of endophytic fungi of aerial plant tissues. In: Fokkema, N.J. & J. van den Heuvel (Hrsg.). Microbiology of the phyllosphere. – Cambridge University Press: 175–187.

Petrini, O. & L.E. Petrini (1996). Polyphasische Taxonomie: Probleme und Methoden. – Mycologia Helvetica 8(2): 83–90.

Petrini, O. & T.N. Sieber (2000). Computer assisted taxonomy and documentation. Chapter 8. In: McLaughlin, D.J., E.G. Mclaughlin & P.A. Lemke (Hrsg.). The Mycota VII. – Springer-Verlag Berlin Heidelberg: 203–215.

Petrini, O., J. Stone & F.E. Carroll (1982). Endophytic fungi in evergreen shrubs in Western Oregon: a preliminary study. – Can. J. Bot. 60: 789–796.

Petrini, O., L.E. Petrini, G. Laflamme & G.B. Ouellette (1989). Taxonomic position of *Gremmeniella abietina* and related species: a reappraisal. – Can. J. Bot. 76: 2805–2814.

Pettersson, O.V., S.-I.L. Leong, H. Lantz et al. (2011). Phylogeny and intraspecific variation of the extreme xerophile, *Xeromyces bisporus*. – Fungal Biology 115(11): 1100–1111.

Pfaller, M.A. & D.J. Diekema (2010). Epidemiology of invasive mycoses in North America. – Crit. Rev. Microbiol. 36: 1–53.

Pieckova, E. & R.A. Samson (2000). Heat resistance of *Paecilomyces variotii* in sauce and juice. – J. Ind. Microbiol. Biotechnol. 24(4): 227–230.

Pimentel J.D., K. Mahadevan, A. Woodgyer et al. (2005). Peritonitis due to *Curvularia inaequalis* in an elderly patient undergoing peritoneal dialysis and a review of six cases of peritonitis associated with other *Curvularia* spp. – J. Clin. Microbiol. 43(8): 4288–4292.

Pitt, J.I. (1974). A synoptic key to the genus *Eupenicillium* and to sclerotigenic *Penicillium* species. – Can. J. Bot. 52: 2231–2236.

Pitt, J.I. (1979). The genus *Penicillium* and its teleomorphic states *Eupenicillium* and *Talaromyces*. – Academic Press, London, 634 S.

Pitt, J.I. (2000). A laboratory guide to common *Penicillium* species. – CSIRO Division of food processing, Sydney, 3rd ed., 197 S.

Pitt, J.I. & A. D. Hocking (1983). *Xeromyces*. – CSIRO Food Res. Q. 42: 1.

Pitt, J.I. & R.A. Samson (1993). Species names in current use in the *Trichocomaceae* (Fungi: Eurotiales). – Regnum Vegetabile 128: 13–57.

Pitt, J.I. & J.W. Taylor (2014). *Aspergillus*, its sexual states, and the new International Code of Nomenclature. – Mycologia 106(5): 1051–1062.

Pitt, J.I., H. Lantz, O.V. Pettersson & S.L. Leong (2013). *Xerochrysium* gen. nov. and *Bettsia*, genera encompassing xerophilic species of *Chrysosporium*. – IMA Fungus 4: 229–241.

Phillips, A.J.L., A. Alves, J. Abdollahzadeh et al. (2013). The *Botryosphaeriaceae*: genera and species known from culture. – Stud. Mycol. 76: 51–167.

Powell, K.A., A. Renwick & J.F. Peberdy (Hrsg., 1994). The genus *Aspergillus*: from taxonomy and genetics to industrial application. – Plenum Press, New York, London, 394 S.

Prusky, D., S. Freeman & M. Dickman (2000). *Colletotrichum*: host specificity, pathology, and host-pathogen interaction. – APS Press, St. Paul, Minnesota, USA, 400 S.

Pugh, G.J.F., J.P. Blakeman & G. Morgan-Jones (1964). *Thermomyces verrucosus* and *T. lanuginosus*. – Trans. Br. Mycol. Soc. 47: 115–121.

Punithalingam, E. (1974). Studies on Sphaeropsidales in culture II. – Mycological Papers 136: 1–63.

Punithalingam, E. (1979). Graminicolous *Ascochyta* species. – Mycological Papers 142: 1–214.

Punithalingam, E. (1981). Studies on Sphaeropsidales in culture III. – Mycological Papers 149: 1–42.

Punithalingam, E. (1988). *Ascochyta* II. Species on monocotyledons (excluding grasses), cryptogams and gymnosperms. – Mycological Papers 159: 1–235.

Quaedvlieg, W., G.J.M. Verkley, H.D. Shin et al. (2013). Sizing up *Septoria*. Stud. Mycol. 75: 307-390.

Ramirez, C. (1982). Manual and atlas of the *Penicillia*. – Elsevier Biomedical, New York and Oxford, 874 S.

Rao, V. & G.S. De Hoog (1975). Some notes on *Torula*. – Persoonia 8: 199–206.

Rao, V. & G.S. De Hoog (1986). New or critical hyphomycetes from India. – Stud. Mycol. 28: 1–84.

Raper, K.B. & D.I. Fennell (1965). The genus *Aspergillus*. – Williams & Wilkins, Baltimore, 686 S.

Rifai, M.A. (1969). A revision of the genus *Trichoderma*. – Mycological Papers 116: 1–56.

Robert,V., G. Stegehuis & J. Stalpers (2005). The MycoBank engine and related databases. – http://www.mycobank.org

Rodrigues, P., C. Santos, A. Venancio & N. Lima (2011). Species identification of *Aspergillus* section *Flavi* isolates from Portuguese almonds using phenotypic, including MALDI-TOF ICMS, and molecular approaches. – J. Appl. Microbiol. 111(4): 877-892.

Rogers, S.O., J.M. McKemy & C.J.K. Wang (1999). Molecular assessment of *Exophiala* and related hyphomycetes. – Stud. Mycol. 43: 122–133.

Rossman, A.Y. (1983). The phragmosporous species of *Nectria* and related genera. – Mycological Papers 150: 1–164.

Rossman, A.Y. (1989). A synopsis of the *Nectria cinnabarina*-group. – Memoirs of the New York Botanical Garden 49: 253–265.

Rossman, A. Y. (2014). Lessons learned from moving to one scientific name for fungi. – IMA Fungus 5(1): 81–89.

Rossman, A.Y., G.J. Samuels, C.T. Rogerson & R. Lowen (1999). Genera of *Bionectriaceae, Hypocreaceae* and *Nectriaceae* (Hypocreales, Ascomycetes). – Stud. Mycol. 42: 1–248.

Rotem, J. (1994). The genus *Alternaria*, biology, epidemiology and pathogenicity. – APS Press, St. Paul, Minnesota, USA, 326 S.

Samson, R.A. (1969). Revision of the genus *Cunninghamella* (Fungi, Mucorales). – Proc. K. Ned. Akad. Wet., C. 72: 322–335.

Samson, R.A. (1972). Notes on *Pseudogymnoascus*, *Gymnoascus* and related genera. – Acta Bot. Neerl. 21: 517–527.

Samson, R.A. (1974). *Paecilomyces* and some allied hyphomycetes. – Stud. Mycol. 6: 1–119.

Samson, R.A. (1979). A compilation of the Aspergilli described since 1965. – Stud. Mycol. 18: 1–38.

Samson, R.A. (1992). Current taxonomic schemes of the genus *Aspergillus* and its teleomorphs. In: Bennett, J.W. & M.A. Klich (Hrsg.). *Aspergillus*: biology and industrial applications. – Butterworth-Heinemann, Stoneham, Massachusetts: 335–390.

Samson, R.A. (1994). Current systematics of the genus *Aspergillus*. In: Powell, K. A., A. Renwick & J. F. Peberdy (Hrsg.). The genus *Aspergillus*: from taxonomy and genetics to industrial application. – Plenum Press, London: 261–276.

Samson, R.A. & J.C. Frisvad (2004). *Penicillium* subgenus *Penicillium*: new taxonomic schemes, mycotoxins and other extrolites. – Stud. Mycol. 49: 1–260.

Samson, R.A. & W. Gams (1985). Typification of the species of *Aspergillus* and associated teleomorphs. In: Samson, R.A. & J.I. Pitt (Hrsg.). Advances in *Penicillium* and *Aspergillus* systematics. – Plenum Press, New York, London: 31–54.

Samson, R.A. & J. Houbraken (Hrsg., 2011). Phylogenetic and taxonomic studies on the genera *Penicillium* and *Talaromyces*. – Stud. Mycol. 70(1): 1–183.

Samson, R.A. & J.I. Pitt (Hrsg., 1985). Advances in *Penicillium* and *Aspergillus* systematics. – Plenum Press, New York, London, 483 S.

Samson, R.A. & J.I. Pitt (Hrsg., 1990). Modern concepts in *Penicillium* and *Aspergillus* classification. – Plenum Press, New York, London, 478 S.

Samson, R.A. & J.I. Pitt (Hrsg., 2000). Integration of modern taxonomic methods for *Penicillium* and *Aspergillus* classification. – Harwood Academic Publishers, Amsterdam, 510 S.

Samson, R.A. & J. Varga (Hrsg., 2007). *Aspergillus* systematics in the genomic aera. – Stud. Mycol. 59: 1–206.

Samson, R.A., A.C. Stolk & R. Hadlok (1976). Revision of the subsection fasciculata of *Penicillium* and some allied species. – Stud. Mycol. 11: 1–47.

Samson, R.A., P.V. Nielsen & J.C. Frisvad (1990). The genus *Neosartorya*: differentiation by scanning electron microscopy and mycotoxin profiles. In: Samson, R.A. & J.I. Pitt (Hrsg.). Modern concepts in *Penicillium* and *Aspergillus* classification. – Plenum Press, New York, London: 455–467.

Samson, R.A., A.D. Hocking, J.I. Pitt & A.D. King (1992). Modern methods in food mycology. – Developments in Food Science 31: 1–388.

Samson, R.A., B. Flannigan, M.E. Flannigan et al. (1994). Health implications of fungi in indoor environments. – Elsevier, Amsterdam, 602 S.

Samson, R.A., E.S. Hoekstra & J.C. Frisvad (Hrsg., 2004). Introduction to food- and airborne fungi. 7. Ed. – Centraalbureau voor Schimmelcultures, Utrecht, 389 S.

Samson, R.A., S. Hong, S.W. Peterson, J.C. Frisvad & J. Varga (2007). Polyphasic taxonomy of *Aspergillus* section *Fumigati* and its teleomorph *Neosartorya*. – Stud. Mycol. 59: 147–203.

Samson R.A., J. Houbraken, J. Varga & J.C. Frisvad (2009). Polyphasic taxonomy of the heat resistant ascomycete genus *Byssochlamys* and its *Paecilomyces* anamorphs. Persoonia 22: 14–27.

Samson, R.A., J. Houbraken, U. Thrane et al. (2010). CBS Laboratory Manual Series 2: Food and indoor fungi. – Centraalbureau voor Schimmelcultures, Utrecht, 390 S.

Samson, R.A., J. Varga & J.C. Frisvad (Hrsg., 2011a). Taxonomic studies on the genus *Aspergillus*. – Stud. Mycol. 69: 1–97.

Samson, R.A., S.W. Peterson, J.C. Frisvad and J. Varga (2011b). New species in *Aspergillus* Section *Terrei*. – Stud. Mycol. 69: 39–55.

Samson, R.A., N. Yilmaz, J. Houbraken et al. (2011c). Phylogeny and nomenclature of the genus *Talaromyces* and taxa accommodated in *Penicillium* subgenus *Biverticillium*. – Stud. Mycol. 70: 159–183.

Samson, R.A., C.M. Visagie, J. Houbraken et al. (2014). Phylogeny, identification and nomenclature of the genus *Aspergillus*. Stud. Mycol. 78: 141–173.

Samuels, G.J. (1976). A revision of the fungi formerly classified as *Nectria* subgenus *Hyphonectria*. – Memoirs of the New York Botanical Garden 26: 1–126.

Samuels, G.J. (1988). Species of *Nectria* (Ascomycetes, Hypocreales) having orange perithecia and colourless, striate ascospores. – Brittonia 40: 306–331.

Samuels, G.J. (1989). *Nectria* and *Sesquicillium*. – Memoirs of the New York Botanical Garden 49: 266–285.

Samuels, G.J. (2006). *Trichoderma*: systematics, the sexual state, and ecology. – Phytopathology 69: 195–206.

Samuels, G.J. & A. Ismaiel (2009). *Trichoderma evansii* and *T. lieckfeldtiae*: two new *T. hamatum*-like species. – Mycologia 101: 142–156.

Samuels, G.J. & K.A. Seifert (1995). The impact of molecular characters on systematics of filamentous ascomycetes. – Annu. Rev. Phytopathol. 33: 37–67.

Samuels, G.J., A.Y. Rossman, R. Lowen & C.T. Rogerson (1991). A synopsis of *Nectria* subgen. *Dialonectria*. – Mycological Papers 164: 1–48.

Samuels, G.J., O. Petrini, K. Kuhls et al. (1998). The *Hypocrea schweinitzii* complex and *Trichoderma* sect. *Longibrachiatum*. – Stud. Mycol. 41: 1–54.

Samuels, G.J., E. Lieckfeldt & H. I. Nirenberg (1999). *Trichoderma asperellum*, a new species with warted conidia, and redescription of *T. viride*. – Sydowia 51: 71–88.

Samuels, G.J., S.L. Dodd, W. Gams et al. (2002). *Trichoderma* species associated with the green mold epidemic of commercially grown *Agaricus bisporus*. – Mycologia 94: 146–170.

Samuels, G.J., S.L. Dodd, B.-S. Lu et al. (2006a). The *Trichoderma koningii* aggregate species. – Stud. Mycol. 56: 67–133.

Samuels, G.J., A.Y. Rossman, P. Chaverri et al. (2006b). Hypocreales of the Southeastern United States: an identification guide. – CBS Biodiversity Series 4: 1–145.

Samuels, G.J., A. Ismaiel, M.C. Bon et al. (2010). *Trichoderma asperellum sensu lato* consists of two cryptic species. – Mycologia 102 (4): 944–966.

Sant'ana, A.S., A. Rosenthal and P.R. Massaguer (2009). Heat resistance and the effects of continuous pasteurization on the inactivation of *Byssochlamys fulva* ascospores in clarified apple juice. – J. Appl. Microbiol. 107(1): 197–209.

Scaramuzza, N. & E. Berni (2014). Heat-resistance of *Hamigera avellanea* and *Thermoascus crustaceus* isolated from pasteurized acid products. – Int. J. Food Microbiol. 168–169: 63-68.

Schipper, M.A.A. (1978a). 1. On certain species of *Mucor* with a key to all accepted species. – Stud. Mycol. 17: 1–52.

Schipper, M.A.A. (1978b). 2. On the genera *Rhizomucor* and *Parasitella*. – Stud. Mycol. 17: 53–71.

Schipper, M.A.A. (1984). The *Rhizopus stolonifer*-group and *Rh. oryzae*. – Stud. Mycol. 25: 1–19.

Schipper, M.A.A. (1990). Notes on Mucorales. I. Observations on *Absidia*. – Persoonia 14: 133–149.

Schipper, M.A.A. & J.A. Stalpers (1984). The *Rhizopus microsporus*-group. – Stud. Mycol. 25: 20–34.

Schol–Schwarz, M.B. (1970). Revision of the genus *Phialophora* (Moniliales). – Persoonia 6: 59–94.

Schroers, H.-J. (2001). A monograph of *Bionectria* (Ascomycota, Hypocreales, *Bionectriaceae*) and its *Clonostachys* anamorphs. – Stud. Mycol. 46: 1–214.

Schroers, H.-J., G.J. Samuels, K.A. Seifert & W. Gams (1999). Classification of the mycoparasite *Gliocladium roseum* in *Clonostachys* as *C. rosea*, its relationship to *Bionectria ochroleuca*, and notes on other *Gliocladium*-like fungi. – Mycologia 91: 365–385.

Schroers, H.-J., M. Žerjav, A. Munda et al. (2008). *Cylindrocarpon pauciseptatum* sp. nov., with notes on *Cylindrocarpon* species with wide, predominantly 3-septate macroconidia. – Mycological Research 112: 82–92.

Schroers, H.-J., K. O'Donnell, S.C. Lamprecht et al. (2009). Taxonomy and phylogeny of the *Fusarium dimerum* species group. – Mycologia 101(1): 44–70.

Schroers, H.-J., T. Gräfenhan, H.I. Nirenberg and K.A. Seifert (2011). A revision of *Cyanonectria* and *Geejayessia* gen. nov., and related species with *Fusarium*-like anamorphs. – Stud. Mycol. 6: 115–138.

Schubert K., J.Z. Groenewald, U. Braun et al. (2007). Biodiversity in the *Cladosporium herbarum* complex (*Davidiellaceae*, Capnodiales), with standardisation of methods for *Cladosporium* taxonomy and diagnostics. – Stud. Mycol. 58: 105–156.

Seifert, K.A. (1985). A monograph of *Stilbella* and some allied Hyphomycetes. – Stud. Mycol. 27: 1–235.

Seifert, K.A. & G. Okada (1993). *Graphium* anamorphs of *Ophiostoma* and similar anamorphs of other ascomycetes. In: Wingfield, M.J., K.A. Seifert & J.F. Webber (Hrsg.). *Ceratocystis* and *Ophiostoma*. – APS Press, 25–42.

Seifert, K.A., B.D. Wingfield & M.J. Wingfield (1995). A critique of DNA sequence analysis in the taxonomy of filamentous *Ascomycetes* and ascomycetous anamorphs. – Can. J. Bot. 73 (Suppl. 1): S760–S767.

Seifert, K.A., R.A. Samson, J.R. Dewaard et al. (2007). Prospects for fungus identification using *CO1* DNA barcodes, with *Penicillium* as a test case. – Proc. Nat. Acad. Sci. USA 104: 3901–3906.

Seifert, K.A., G. Morgan-Jones, W. Gams, & B. Kendrick (2011). The Genera of Hyphomycetes. – CBS Biodiversity Series 9: 1–997.

Seng, P., M. Drancourt, F. Gouriet et al. (2009). Ongoing revolution in bacteriology: routine identification of bacteria by matrix-assisted laser desorption ionization time-of-flight mass spectrometry. – CID 49(4): 543–551.

Sieber, T.N., F. Sieber-Canavesi, O. Petrini et al. (1991). Characterization of Canadian and European *Melanconium* from some *Alnus* species by morphological, cultural, and biochemical studies. – Can. J. Bot. 69: 2170–2176.

Sieber, T.N., O. Petrini & M. J. Greenacre (1998). Correspondence analysis as a tool in fungal taxonomy. – Syst. Appl. Microbiol. 21: 433–441.

Sieber-Canavesi, F., O. Petrini & T.N. Sieber (1991). Endophytic *Leptostroma* species on *Picea abies*, *Abies alba*, and *Abies balsamea*: a cultural, biochemical, and numerical study. – Mycologia 83: 89–96.

Sigler, L. & J.W. Carmichael (1976). Taxonomy of *Malbranchea* and some other hyphomycetes with arthroconidia. – Mycotaxon 4: 349–488.

Sigler L., T. Allan, S. R. Lim et al. (2005). Two new *Cryptosporiopsis* species from roots of ericaceous hosts in western North America. – Stud. Mycol. 53: 53–62.

Simmons, E.G. (1967). Typification of *Alternaria*, *Stemphylium* and *Ulocladium*. – Mycologia 59: 67–92.

Simmons, E.G. (1969). Perfect states of *Stemphylium*. – Mycologia 61: 1–26.

Simmons, E.G. (1985). Perfect states of *Stemphylium* II. – Sydowia 38: 284–293.

Simmons, E.G. (1996a). *Alternaria* themes and variations (145–149). – Mycotaxon 57: 391–409.

Simmons, E.G. (1996b). *Alternaria* themes and variations (150). – Mycotaxon 59: 319–335.

Simmons, E.G. (1997). *Alternaria* themes and variations (151–223). – Mycotaxon 65: 1–91.

Simmons, E.G. (1998). *Alternaria* themes and variations (224–225). – Mycotaxon 68: 417–427.

Simmons, E.G. (2007). *Alternaria*. An identification manual. – CBS Biodiversity series 6: 1–775.

Singh, K., J.C. Frisvad, U. Thrane & S.B. Mathur (1991). An illustrated manual on identification of some seed-borne *Aspergilli*, *Fusaria*, *Penicillia*, and their mycotoxins. – Danish Government, Institute of Seed Pathology, Hellerup, Denmark, 133 S.

Sinha, K.K. & D. Bhatnagar (1998). Mycotoxins in agriculture and food safety. – Marcel Dekker, Inc. New York, USA, 536 S.

Sivanesan, A. (1977). The taxonomy and pathology of *Venturia* species. – Bibliotheca Mycologica 59: 1–139.

Sivanesan, A. (1984). The bitunicate ascomycetes and their anamorphs. – J. Cramer, Vaduz, 701 S.

Sivanesan, A. (1987). Graminicolous species of *Bipolaris*, *Curvularia*, *Drechslera*, *Exserohilum* and their teleomorphs. – Mycological Papers 158: 1–261.

Smiley, R.W., P.H. Dernoeden & B.B. Clarke (2000). Compendium of turfgrass diseases. – APS Press, St. Paul, Minnesota, USA, 4th ed., 98 S.

Smith, J.E. & R.S. Henderson (1991). Mycotoxins and animal foods. – CRC Press, Inc., Boca Raton, FL, 875 S.

Smith, J.E. & M.O. Moss (1985). Mycotoxins: formation, analysis and significance. – John Wiley & Sons, Chichester, 148 S.

Smith, M.T., G.A. Poot & A.W. de Cock (2000). Re-examination of some species of the genus *Geotrichum* Link: Fr. – Antonie van Leeuwenhoek 77: 71–81.

Smith, R.M., M.K. Schaefer, M.A. Kainer et al. (2013). Fungal infections associated with contaminated methylprednisolone injections. – NEJM 369(17): 1598–1609.

Sneath, P.H.A. (1989). Analysis and interpretation of sequence data for bacterial systematics: the view of a numerical taxonomist. – Syst. Appl. Microbiol. 12: 15–31.

Sneath, P.H.A. (1995). Thirty years of numerical taxonomy. – Syst. Biol. 44: 281–298.

Sneath, P.H.A. & R.R. Sokal (1973). Numerical taxonomy; the principles and practice of numerical classification. – Freeman, San Francisco, 573 S.

Splittstoesser, D.F., J.M. Lammers, D.L. Downing & J.J. Churey (1989). Heat resistance of *Eurotium herbariorum*, a xerophilic mold. – J. Food Sci. 54: 683–685.

St-Germain, G. & R. Summerbell (2011). Identifying fungi. 2nd Ed. – Star Publishing Company, Belmont, USA, 378 S.

Stadler, M., H. Wollweber, A. Mühlbauer et al. (2001a). Secondary metabolic profiles, genetic fingerprints and taxonomy of *Daldinia* and allies. – Mycotaxon 77: 379–429.

Stadler, M., H. Wollweber, A. Mühlbauer et al. (2001b). Molecular chemotaxonomy of *Daldinia* and other Xylariaceae. – Mycological Research 105: 1191–1205.

Stchigel A.M., J. Cano, S.K. Abdullah & J. Guarro (2004). New and interesting species of *Monascus* from soil, with a key to the known species. – Stud. Mycol. 50(2): 299–303.

Stolk, A.C. (1965). Thermophilic species of *Talaromyces* and *Thermoascus*. – Antonie van Leeuwenhoek 21: 262–276.

Stolk, A.C. & R.A. Samson (1971). Studies on *Talaromyces* and related genera. I. *Hamigera* gen. nov. and *Byssochlamys*. – Persoonia 6: 341–357.

Stolk, A.C. & R.A. Samson (1972). The genus *Talaromyces*. – Stud. Mycol. 2: 1–65.

Stolk, A.C. & R.A. Samson (1983). The ascomycetous genus *Eupenicillium* and related *Penicillium* anamorphs. – Stud. Mycol. 23: 1–149.

Streiblová, E. (1988). Cytological methods. In: Campbell, I. & J. H. Duffus (Hrsg.). Yeast – A practical approach. – IRL Press, Washington: 9–49.

Subramanian, C.V. (1972). The perfect states of *Aspergillus*. – Curr. Sci. 41: 755–761.

Sulahian, A., R. Porcher, A. Bergeron et al. (2014). Use and Limits of (1-3)-β-d-Glucan assay (Fungitell), compared to Galactomannan determination (Platelia Aspergillus), for diagnosis of invasive aspergillosis. – J. Clin. Microbiol. 52(7): 2328–2333.

Summerbell R.C., I. Weitzman & A.A. Padhye. (2002). The *Trichophyton mentagrophytes* Complex: Biological species and mating type prevalences of North American isolates, and a review of the worldwide distribution and host associations of species and mating types. – Stud. Mycol. 47: 75–86.

Summerbell, R.C., C. Gueidan, H.-J. Schroers et al. (2011). *Acremonium* phylogenetic overview and revision of *Gliomastix*, *Sarocladium*, and *Trichothecium*. – Stud. Mycol. 68: 139–162.

Summerell, B.A., J.F. Leslie, D. Backhouse et al. (Hrsg., 2001). *Fusarium*: Paul E. Nelson Memorial Symposium. – APS Press, 392 S.

Summerell, B.A., B. Salleh & J.F. Leslie (2003). A utilitarian approach to *Fusarium* identification. – Plant Dis. 89: 117-128.

Summerell, B.A., M.H. Laurence, E.C.Y. Liew & J.F. Leslie (2010). Biogeography and phylogeography of *Fusarium*: a review. – Fungal Diversity 44(1): 3-13.

Sung, G.H., J.W. Spatafora, R. Zare et al. (2001). A revision of *Verticillium* sect. *Prostrata*. II. Phylogenetic analyses of SSU and LSU nuclear rDNA sequences from anamorphs and teleomorphs of the Clavicipitaceae. – Nova Hedwigia 72(3-4): 311–328.

Sung, G.H., N.L. Hywel-Jones, J.M. Sung et al. (2007). Phylogenetic classification of *Cordiceps* and the clavicipitaceous fungi. – Stud. Mycol. 57: 5–59.

Sutton, B.C. (1980). The Coelomycetes. – Commonwealth Mycological Institute Kew, Surrey, England, 696 S.

Sutton, B.C. & I.A.S. Gibson (1977). CMI descriptions of pathogenic fungi and bacteria nos 535, 536, 258.

Svendsen, A. & J.C. Frisvad (1994). A chemotaxonomic study of the terverticillate *Penicillia* based on high-performance liquid chromatography of secondary metabolites. – Mycological Research 98: 1317–1328.

Tanriover, M.D., S. Ascioglu, B. Altun & O. Uzun (2010). Galactomannan on the stage: prospective evaluation of the applicability in routine practice and surveillance. – Mycoses 53(1): 6-25.

Taylor, J.W. (2011). One Fungus = One Name: DNA and fungal nomenclature twenty years after PCR. – IMA Fungus 2(2): 113–120.

Theler, A. (1995). Morphological data, molecular data, and total evidence in phylogenetic analysis. – Can. J. Bot. 73 (Suppl. 1): S667–S683.

Thompson, G.R., J. Cadena & T.F. Patterson (2009). Overview of antifungal agents. – Clin. Chest Med. 30: 203–215.

Tjamos, E.C., R.C. Rowe, J.B. Heale & D.R. Fravel (2000). Advances in *Verticillium*: Research and Disease management. – APS Press, St. Paul, Minnesota, 376 S.

Tonolla M., C. Benagli, S. De Respinis et al. (2009). Mass spectrometry in the diagnostic laboratory. – Pipette 3: 20–25.

Triest, D., D. Stubbe, K. De Cremer et al. (2015a). Use of Matrix-Assisted Laser Desorption Ionization–Time of Flight Mass Spectrometry for identification of molds of the *Fusarium* genus. – J. Clin. Microbiol. 53(2): 465–476.

Triest, D., D. Stubbe, K. De Cremer et al. (2015b). Banana infecting fungus, *Fusarium musae*, is also an opportunistic human pathogen: Are bananas potential carriers and source of fusariosis? – Mycologia, 107(1):46-53.

Truckess, M.W. & A.E. Pohland (Hrsg., 2000). Mycotoxin protocols. – Meth. Mol. Biol. 157: 1–256.

Tubaki, K. (1955). Studies on Japanese Hyphomcetes. II. Fungicolous group. – Nagaoa 5: 11–40.

Tukey, J.W. (1977). Exploratory data analysis. – Adddison-Wesley, Reading, MA, USA, 688 S.

Udagawa, S. & S. Uchiyama (2002). *Neocarpenteles*: a new ascomycete genus to accommodate *Hemicarpenteles acanthosporus*. – Mycoscience 43: 3–6.

Uecker, F.A. (1988). A world list of *Phomopsis* names with notes on nomenclature, morphology and biology. – Mycologia Mem. 13: 1–231.

Uecker, F.A. (1993). Development and cytology of *Plectosphaerella cucumerina*. – Mycologia 85: 470–479.

Ulloa, M. & R.T. Hanlin (2000). Illustrated dictionary of mycology. – APS Press, St. Paul, Minnesota, USA, 448 S.

Untereiner, W.A., N.A. Straus & D. Malloch (1995). A molecular-morphotaxonomic approach to the systematics of the *Herpotrichiellaceae* and allied black yeasts. – Mycological Research 99: 897–913.

van Oorschot, C.A.N. (1980). A revision of *Chrysosporium* and allied genera. – Stud. Mycol. 20: 1–89.

Varga, J. & R.A. Samson (2008). *Aspergillus* in the genomic era. – Wageningen, Academic Publishers.

Varga J., M. Due, J.C. Frisvad & R.A. Samson (2007). Taxonomic revision of *Aspergillus* section *Clavati* based on molecular, morphological and physiological data. – Stud. Mycol. 59: 89–106.

Varga, J., J.C. Frisvad and R.A. Samson (2010a). *Aspergillus* Sect. *Aeni* sect. nov., a new section of the genus for *A. karnatakaensis* sp. nov. and some allied fungi. – IMA Fungus 1(2): 197–205.

Varga, J., J.C. Frisvad and R.A. Samson (2010b). Polyphasic taxonomy of *Aspergillus* Section *Sparsi*. – IMA Fungus 1(2): 187–195.

Verkley, G.J.M. (1999). A monograph of the genus *Pezicula* and its anamorphs. – Stud. Mycol. 44: 1–180.

Verwer, P.E., W.B. van Leeuwen, V. Girard et al. (2014). Discrimination of *Aspergillus lentulus* from *Aspergillus fumigatus* by Raman spectroscopy and MALDI-TOF MS. – Eur. J. Clin. Microbiol. Infect. Dis. 33(2): 245–251.

Vesper, S., C. McKinstry, R.A. Haugland et al. (2007a). Development of an Environmental Relative Moldiness index for US homes. – J. Occup. Environ. Med. 49(8): 829–833.

Vesper, S.J., C. McKinstry, R.A. Haugland et al. (2007b). Relative moldiness index as predictor of childhood respiratory illness. – J. Expo. Sci. Environ. Epidemiol. 17(1): 88–94.

Vidal, P. & J. Guarro. (2002). Identification and phylogeny of *Chrysosporium* species using RFLP of the rDNA PCR-ITS Region. – Stud. Mycol. 47: 189–199.

Vidal, P., M.A. Vinuesa, J. M. Sánchez-Puelles & J. Guarro. (2000). Phylogeny of the anamorphic Genus *Chrysosporium* and related taxa based on rDNA internal transcribed spacer sequences. In: Kushwaha R.K.S. & J. Guarro (Hrsg.): Biology of dermatophytes and other keratinophilic fungi. – Revista Iberoamericana de Micología: 22–29.

Visagie, C.M., J. Houbraken, C. Rodriques et al. (2013). Five new *Penicillium* species in Section *Sclerotiora*: a tribute to the Dutch Royal Family. – Persoonia 31: 42–62.

Visagie, C.M., Y. Hirooka, J.B. Tanney et al. (2014a). *Aspergillus*, *Penicillium* and *Talaromyces* isolated from house dust samples collected around the world. – Stud. Mycol. 78: 63–139.

Visagie, C.M., J. Varga, J. Houbraken et al. (2014b). Ochratoxin production and taxonomy of the yellow *Aspergilli* (*Aspergillus* Section *Circumdati*). – Stud. Mycol. 78: 1–61.

Visagie, C.M., J. Houbraken, J.C. Frisvad et al. (2014c). Identification and nomenclature of the genus *Penicillium*. – Stud. Mycol. 78: 343–371.

von Arx, J.A. (1957). Die Arten der Gattung *Colletotrichum* Corda. – Phytopath. Z. 29: 413–468.

von Arx, J.A. (1970). A revision of the fungi classified as *Gloeosporium*. – Bibliotheca Mycologica 24: 1–203.

von Arx, J.A. (1975a). Revision of *Microascus* with the description of a new species. – Persoonia 8: 191–197.

von Arx, J.A. (1975b). On *Thielavia* and some similar genera of ascomycetes. – Stud. Mycol. 8: 1–29.

von Arx, J.A. (1981a). On *Monilia sitophila* and some family of ascomycetes. – Sydowia 34: 13–29.

von Arx, J.A. (1981b). The genera of fungi sporulating in pure culture. – 2nd Ed., Cramer, Vaduz, 424 S.

von Arx, J.A. (1982). A key to the species of *Gelasinospora*. – Persoonia 11: 443–449.

von Arx, J.A. (1984). Notes on *Monographella* and *Microdochium*. – Trans. British Mycol. Soc. 83: 373–374.

von Arx, J.A. (1986). The ascomycete genus *Gymnoascus*. – Persoonia 13: 173–183.

von Arx, J.A., M. Dreyfuss & E. Müller (1984). A revaluation of *Chaetomium* and the Chaetomiaceae. – Persoonia 12: 169–179.

von Arx, J.A., J. Guarro & M.J. Figueras (1986). The ascomycete genus *Chaetomium*. – Nova Hedwigia, Beiheft 84: 1–162.

Wang, Y., Y. Geng, Y.-F. Pei and X.-G. Zhang (2010). Molecular and morphological description of two new species of *Stemphylium* from China and France. – Mycologia 102(3): 708–717.

Warren, C. (1977). Extrinsic allergic alveolitis: a disease commoner in non-smokers. – Thorax 32(5): 567–569.

Watanabe, T. (2002). Pictorial atlas of soil and seed fungi. Morphologies of cultured fungi and key to species. – CRC Press, Boca Raton, FLA. 2. Ausg., 486 S.

Weber, E. (2002). The *Lecythophora-Coniochaeta* complex: I. Morphological studies on *Lecythophora* species isolated from *Picea abies*. – Nova Hedwigia 74: 159–185.

Weber, H. (Hrsg., 1993). Allgemeine Mykologie. – Gustav Fischer Verlag, Jena-Stuttgart, 541 S.

Wechtl, E.E. (1990). *Phomopsis* (Coelomycetes) species on Compositae and Umbelliferae: a critical evaluation of characters with keys. – Linzer Biol. Beitr. 22: 161–173.

Whalley, A.J.S. & G.N. Greenhalgh (1971). Chemical races of *Hypoxylon rubiginosum*. – Trans. Br. mycol. Soc. 57: 161–162.

Whalley, A.J.S. & R.L. Edwards (1995). Secondary metabolites and systematic arrangement within the *Xylariaceae*. – Can. J. Bot. 73 (Suppl. 1): S802–S810.

Whalley, A.J.S. & M.A. Whalley. (1977). Stromal pigments and taxonomy of *Hypoxylon*. – Mycopathologia 61: 99–103.

White, J.F. & G. Morgan-Jones (1983). Studies in the genus *Phoma*. II. Concerning *Phoma sorghina*. – Mycotaxon 18: 5–13.

White, J.F. & G. Morgan-Jones (1986). Studies in the genus *Phoma*. V. Concerning *Phoma pomorum*. – Mycotaxon 25: 461–466.

White, J.F. & G. Morgan-Jones (1987). Studies in the genus *Phoma*. VII. Concerning *Phoma glomerata*. – Mycotaxon 28: 437–445.

Williams, J.G.K., A.R. Kubelik, K.J. Livak et al. (1990). DNA polymorphism amplified by arbitrary primers are useful as genetic markers. – Nucleic Acids Res. 18: 6531–6535.

Wiltshire, S.P. (1947). Species of *Alternaria* on *Brassica*. – Mycol. Pap. 20: 1–15.

Woudenberg, J.H.C., J.Z. Groenewald, M. Binder & P.W. Crous (2013). *Alternaria* redefined. – Stud. Mycol. 75: 171–212.

Woudenberg, J.H.C., M. Truter, J.Z. Groenewald and P.W. Crous (2014). Large-spored *Alternaria* pathogens in section *Porri* disentangled. – Stud. Mycol. 79: 1–47.

Xu, J., S.S. Ebada and P. Proksch (2010). *Pestalotiopsis* a highly creative genus: chemistry and bioactivity of secondary metabolites. – Fungal Diversity 44(1): 15–31.

Yilmaz, N., J. Houbraken, E.S. Hoekstra et al. (2012). Delimitation and characterisation of *Talaromyces purpurogenus* and related Species. – Persoonia 29: 39–54.

Yilmaz, N., C.M. Visagie, J. Houbraken et al. (2014). Polyphasic taxonomy of the genus *Talaromyces*. – Stud. Mycol. 78: 175–341.

Zalar, P., G.S. de Hoog, H.J. Schroers et al. (2005). Taxonomy and phylogeny of the xerophilic genus Wallemia (Wallemiomycetes and Wallemiales, cl. et ord. nov.). – Antonie van Leeuwenhoek 87: 311–328.

Zalar, P., G.S. de Hoog, H.-J. Schroers et al. (2007). Phylogeny and ecology of the ubiquitous saprobe *Cladosporium sphaerospermum*, with descriptions of seven new species from hypersaline environments. – Stud. Mycol. 58: 157–183.

Zalar, P., J.C. Frisvad, N. Gunde-Cimerman et al. (2008a). Four new species of *Emericella* from the Mediterranean region of Europe. – Mycologia 100: 779–795.

Zalar, P., C. Gostincar, G.S. de Hoog et al. (2008b). Redefinition of *Aureobasidium pullulans* and its varieties. – Stud. Mycol. 61: 21–38.

Zambettakis, E.C. (1954). Recherche sur la systématique des „Sphaeropsidales – Phaeodidymae". – Bull. Soc. Mycol. France 70: 219–350.

Zare, R. & W. Gams (2001). A revision of *Verticillium* section *Prostrata*. IV. The genera *Lecanicillium* and *Simplicillium* gen. nov. – Nova Hedwigia 53: 1–50.

Zare, R. & W. Gams (2003). *Lecanicillium aphanocladii*. – IMI descriptions of Fungi and Bacteria 157: sheet 1563.

Zare, R. & W. Gams (2004). A monograph of *Verticillium* section *Prostrata*. – Rostaniha Supplement, Nr. 3, Plant Pests and Diseases Research Institute, Teheran, 188 S.

Zare, R., W. Gams and H.C. Evans (2001). A revision of *Verticillium* Section *Prostrata*. V. The genus *Pochonia*, with notes on *Rotiferophthora*. – Nova Hedwigia 73(1-2): 51–86.

Zhelifonova, V.P., T.V. Antipova & A.G. Kozlovsky (2010). Secondary metabolites in taxonomy of the *Penicillium* fungi. – Microbiology 79(3): 277–286.

Zheng, R.-Y. & G.-Q. Chen (2001). A monograph of *Cunninghamella*. – Mycotaxon 80: 1–75.

Zheng, R.-Y., G.-Q. Chen, H. Huang & X.Y. Liu (2007). A monograph of *Rhizopus*. – Sydowia 59(2): 273–372.

Zycha, H., R. Siepmann & G. Linnemann (1969). Mucorales, eine Beschreibung aller Gattungen und Arten dieser Pilzgruppe. – J. Cramer, Lehre, 355 S.

XIV. Index

A

Absidia 19, 68, 71, ***105***, 132, 181
Acervulus 11, 51
Acremonium 36, 89, 98, ***105***, 156, 170
Actinomucor 68, ***106***
Agaricomycotina 1, 21
Agaricus 1, 20, 21, 158
Ajellomyces ***114***
akroblastisch 54
Albonectria ***125***
Aleurospore 7, 54
Alternaria 22, 30, 34, 36, 87, 96, ***106***, 115, 159
Amauroascus ***114***
Amerosporae 56
Anamorph 10
Anellokonidie 55
anthropophil 36
Aphanoascus ***114***
Aphanocladium 89, ***131***
Apinisia ***114***
Apiognomonia 81, ***120***
Aplanospore 12
Apophyse 48
Apothecium 48
Armillaria 1, 9
Arthroderma 19, 114, 121, 134, 158
Ascochyta 83, ***107***, 119
Ascoma(ta) 13, 48
Ascospore 13
Ascotricha 76, ***107***
Ascus (-i) 49
asexuell 10
Aspergillus 2, 7, 10, 11, 23–40, 74, 75, 78, 79, 80, 85, 101, ***107***, 108, 109, 110, 119–124, 129, 138, 143, 163, 164, 176
Aureobasidium 90, 96, ***110***, 123, 130, 135, 149

B

Basidioma(ta) 13
Basidiospore 13
basipetal 55
Basipetospora 74, 79, 86, ***111***, 134
Baumwollblau 63, 165, 169
Beta-Glucan 40
Bettsia 91, 114
Bionectria 115
Bipolaris 93, ***111***
bitunikat 49, 76
blastisch 52
Blastomyces 7
Blumeria 20
Boletus 13, 21
Borsten 8
Botryodiplodia 82
Botryokonidie 53
Botryotinia 111
Botryotrichum 113
Botrytis 22, 91, 97, ***111***
Byssochlamys 23, 30, 74, 78, ***112***, 139, 140, 182

C

Calcofluor 63, 165
Calonectria 118
Candida 6, 7, 33, 35, 36, 39, 40
Capronia 114, 123, 144, 149
Cephalotrichum 84, 100, ***112***
Ceratocystis 156
Ceuthospora 83, ***113***
Chaetomium 8, 30, 76, 80, ***113***, 192
Chaetosartorya 107, 108
Chemotaxonomie 39
Chlamydospore 8
Chromista 15, 17
Chrysonilia 87, ***113***, 139
Chrysosporium 91, ***114***, 128
Chytridiomycota 15, 16
Cladophialophora 88, 90, ***114***
Cladosporium 87, 96, ***115***
Claviceps 19, 20, 30, 32
Clonostachys 89, 98, ***115***
Coccidioides 36
Cochliobolus 111, 117
Coelomycetes 51, 82
Colletotrichum 8, 22, 81, 83, ***116***, 128, 168
Conidiomata 11
Coniochaeta 77, ***116***, 145
Creatinagar 163
Cristaspora 107, 108
Cryptococcus 36
Cryptosporiopsis 81, 83, ***116***, 117
Cryptostroma 34
Ctenomyces 114
Cunninghamella 69, 71, ***117***
Curvularia 30, 93, ***117***

Cyanonectria 125
Cylindrocarpon 90, 99, ***118***, 137
Cylindrocladium 90, ***118***
Czapek Agar 163
Czapek-Hefe Agar 163

D

DAPI 165
Davidiella 115
Dermatophyten 36
Deuteromycetes 22
Diaporthe 146
Dichlaena 75, 107, ***119***
Dichotomomyces 107, 108
Dictyosporae 56
Dictyospore 49
Dicyma 107
Didymella 77, 81, 107, ***119***, 145, 153
Didymosporae 56
Dimorphismus 7
Diplodia 82, ***119***
Dipodascus 126
Direktmikroskopie 25
Discohainesia 129
Discosphaerina 110
Discula 81, 83, ***120***
Dolipore 21
Doratomyces 84, 112
Dothichiza 130
Dothiora 130
Drechslera 93, 111, ***120***, 124, 171

E

Ein-Pilz-ein-Name 23
Einsporkultur 26
Elaphocordyceps 2, 157
Emericella 30, 75, 78, 107, 108, ***120***, 121
endogen 12
Endogone 19
enteroarthrisch 52
enteroblastisch 55
Entomophthora 19
Entomophthorales 19
Epicoccum 84, 94, ***121***
Epidermophyton 36, 92, 104, ***121***, 134, 159
Erysiphe 19, 20
Eupenicillium 30, 75, ***122***, 130, 141, 203, 210
Eurotium 10, 11, 23, 75, 79, 107, 108, ***122***, 123, 164
euryök 26
eurythermisch 27
exogen 12
Exophiala 88, 90, 110, ***123***
Exserohilum 93, ***123***, 124

F

Faenia 34
Fennellia 75, 107, 108, ***124***
FISH 38
Fraseriella 86, ***124***, 161
Fungal Tree of Life 38
Fungi 15, 18
Fungi imperfecti 22
Fusarium 2, 29, 30, 32, 39, 77, 89, 90, 99, ***125***, 126, 127, 164, 173

G

Galactomannan 40
Galactomyces 87, 95, 126
Geejayessia 125
Gelasinospora 77, ***126***
Genomik 38
Geomyces 148
geophil 36
Geotrichum 87, 95, ***126***, 135
Gibberella 30, 77, 125, ***127***
Gliocladium 89, 98, 115, ***127***, 158
Gloeosporium 116
Glomerella 77, 81, 116, ***127***
Glomeromycota 16
Graphium 84, ***128***
Guignardia 2, 147
Gymnoascus 76, ***128***, 173
Gymnothecium 48

H

Haare 8
Haematonectria 125
Hainesia 82, ***129***
Hamigera 122, ***129***
Hemicarpenteles 75, ***129***, 141
Herpotrichia 148
Histoplasma 7
holoarthrisch 52
holoblastisch 52
Holomorph 10
holothallisch 52
Hormonema 90, 110, ***130***
Humicola 92, 96, ***130***
Hyalosporae 56
Hymenium 49

Hypersensitivität 33
Hyphomycetes 51, 82
Hypocrea 77, ***131***, 157
Hypomyces 137, 151

I

Ilyonectria 118
Immunologie 39
Infektionshyphen 9

J

Jochpilze *siehe Zygomycota*

K

Keratinomyces 134
Keratinophyton 114
Klassifizierung 15
Kleistothecium 48
Ködermethode 26
Kolumella 46
Konidienbildung *siehe* Konidiogenese
Konidienketten 56
Konidienträger 12
konidiogener Locus 52
Konidiogenese 12
konidiogene Zelle 12, 52

L

Lactophenol 63, 165
Lasiodiplodia 82
Laufhyphen 46
Lecanicillium 89, ***131***
Lecythophora 116, 145
Leptosphaerulina 77, ***131***, 148
Lewia 106
Lichtheimia 19, 36, 68, ***132***
Lufthyphen 6

M

Magnusiomyces 135
Malbranchea 128
MALDI-TOF MS 39
Malzagar 164
Mammaria 92, 97, ***132***
Melanconis 132
Melanconium 41, 84, 94, ***132***
Melanospora 76, ***133***
Memnospore 28
Merimbla 129, 154
meristematisch 52
Merosporangium 46
mesophil 27
Microascus 76, 128, ***133***, 151
Microdochium 136
Microsporidia 16
Microsporum 36, 91, 104, 121, ***134***, 158
Mikrohyphen 9
Milchsäure 61, 62, 63, 165
Monascus 74, 79, 86, 111, ***134***, 161, 180
Monilia ***135***, 139
Moniliella 87, 110, ***135***
Monilinia 87, ***135***
Monoblastokonidie 54
Monochaetia 144
Monocillium 34
Monographella 27, 90, 98, ***136***
Morchella 20
Mortierella 69, 71, ***136***
Mucor 12, 19, 36, 68, 72, ***136***, 149, 150, 161
Mucoromycotina 16
Myceliophthora 156
Mycogone 90, 97, ***137***
Mycosphaerella 119
Mycosporine 27
Mykosen 33, 35
Mykotoxikosen 32
Mykotoxine 29
Myxomycota 16
Myzel 6

N

Nannizziopsis 114
Nectria 77, 115, 137
Neocarpenteles 75, 107, 108, 130, ***138***
Neofabraea 116, 145
Neonectria 118
Neopetromyces 75, 107, 108, ***138***
Neosartorya 75, 80, 107, 108, ***138***, 139
Neoxenophila 114
Neurospora 77, 113, ***139***
Nigrospora 92
Nodulisporium 107

O

Oatmeal agar 164
Oidium 126
Oomycota 5, 12, 16, 17, 18, 37
Opportunistische Mykose 35

P

Paecilomyces 23, 30, 74, 75, 78, 86, 102, 112, ***139***, 140, 155, 182
Paracoccidioides 7
Parastagonospora 83, ***140***, 153
Pectinotrichum 114
Penicillium 2, 7, 12, 14, 20–39, 74, 75, 84–89, 103, 122, 127, 129, 130, ***140***, 141–143, 154, 163, 164, 169, 176, 177, 182
Perforationshyphen 9
Perithecium 48
Peronospora 37
Pestalosphaeria 143
Pestalotia 143, 144
Pestalotiopsis 84, ***143***, 144
Petromyces 75, 107, 108, ***143***
Phacidium 113
Phaeosphaeria 27, 140
Phaeosporae 56
Phialide 55
Phialokonidie 55
Phialophora 88, 98, ***144***, 145
Phlyctema 83, ***145***
Phoma 30, 82, 94, 119, ***145***, 146
Phomopsis 83, 94, ***146***
Phragmosporae 56
Phragmospore 49
Phycomyces 68, ***146***, 147
Phyllosticta 83, ***147***
Phylogenie 15
Phytophthora 17, 18, 40
Pilobolus 27
Piptocephalis 69, 70, ***147***
Pithomyces 30, 92, 97, ***148***
Plasmopara 18
Plectosphaerella 136
pleomorphisch 10
Pleospora 27, 153
Pleurotus 20
Polypaecilum 155
polyphasisch 40
Porokonidie 54
PDA 164
Primäre Mykose 35
Proteomik 39
Protista 5, 6, 12, 13, 15, 17, 66
Protocrea 127
prototunikat 49
Protozoa 15, 16
Pseudallescheria 128, 150
Pseudocercophora 132
Pseudogymnoascus 76, ***148***, 173
Pseudohyphen 7
Pseudomyzel 6
Pseudothecium 48
psychrophil 27
Puccinia 21
Pucciniomycotina 1, 21
Pyknidium 11, 51
Pyrenochaeta ***148***
Pyrenophora 120
Pythium 18, 40

R

Ramichloridium 90, 110, ***149***
Reinkultur 25
Renispora 114
Rhinocladiella 90, 110, ***149***
Rhizoiden 6, 46
Rhizomorphe 9
Rhizomucor 19, 36, 68, 72, ***149***
Rhizopus 7, 12, 19, 34, 36, 68, 73, 132, ***150***, 181
Risikogruppe 60
Rugonectria 118

S

Saprochaete 135
Saprolegnia 18
Scedosporium 85, 91, ***150***
Schizophyllum 36
Sclerocleista 107, 130
Sclerotinia 111, 135
Scopulariopsis 74, 75, 76, 85, 91, 102, 133, 150, ***151***
Seimatosporium 144
Seiridium 144
sekundäre Mykose 35
Sepedonium 91, ***151***
Serpula 9
Setae 8
Setosphaeria 124
sexuell 10
Sklerotien 10
Sordaria 13, 77, 80, ***151***, 152
Sphaeropsis 82
Sphaerostilbella 127
Spilocaea 152
Sporangienträger 46
Sporangiole 46
Sporangiospore 46
Sporangium 46
Spore 10

Sporothix 36
Sprosskolonien 6
Stachybotrys 29, 30, 88, 98, ***152***, 153
Stagonospora 83, 140, ***153***
Stemphylium 92, ***153***
stenök 26
Stolonen 6
Stroma(ta) 10, 51, 75, 82, 119
Subiculum 48
Substrathyphen 6
Sympodulokonidie 52
Synanamorph 10
Syncephalastrum 69, ***154***
Synnemata 12
Systematik 15

T

Talaromyces 74, 103, 142, ***154***, 155
Taphrina 19, 20
Taxonomie 15
Teleomorph 10
thallisch 52
Thallus 6
Thamnidium 68, 70, ***155***
Thelonectria 118
Thermoascus 27, 75, ***155***
Thermomyces 92, ***156***
thermophil 27
Thielavia 76, ***156***
Thielaviopsis 85, 100, ***156***
Thysanophora 86
Tolypocladium 2, 88, ***157***
Torula 87, ***157***
Torulopsis 6
Trichoderma 37, 77, 89, 98, 100, 131, ***157***, 158, 164
Trichophyton 36, 91, 92, 104, 121, 122, 134, ***158***, 159
Trichothecium 86, 89, 100, ***159***, 180
Tropismus 27
Truncatella 144

U

Ulocladium 93, 97, ***159***
Uncinula 20
unitunikat 49, 76
Uromyces 21
Ustilago 21

V

Venturia 19, 20, 93, ***152***
Verdünnungsreihen 25
Verticillium 30, 89, 98, 137, ***160***

W

Wallemia 87, 95, 160
Wangiella 88, 90
Wardomyces 92, 133

X

Xenospore 28
Xerochrysium 91, 114
Xeromyces 86, 125, ***161***
Xylaria 30

Y

Yeast sucrose agar 164

Z

zoophil 36
Zygorhynchus 13, 67, 72, ***161***
Zygosporangium 13, 46
Zygospore 13

Part 2/1

Photoautotrophic eukaryotic Algae

Glaucocystophyta, Cryptophyta, Dinophyta/Dinozoa, Haptophyta, Heterokontophyta/Ochrophyta, Chlorarachniophyta/Cercozoa, Euglenophyta/Euglenozoa, Chlorophyta, Streptophyta p.p.

Wolfgang Frey (Editor)

Syllabus of Plant Families 13th ed.

A. Engler's Syllabus der Pflanzenfamilien

2/1 Photoautotrophic eukaryotic Algae

Glaucocystophyta, Cryptophyta, Dinophyta/Dinozoa, Haptophyta, Heterokontophyta/Ochrophyta, Chlorarachniophyta/Cercozoa, Euglenophyta/Euglenozoa, Chlorophyta, Streptophyta p.p.

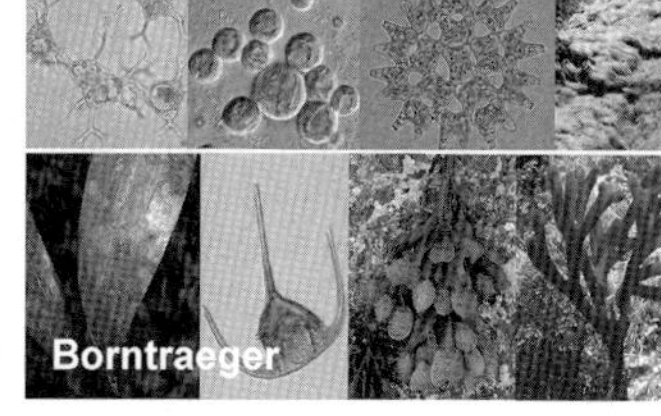

Syllabus of Plant Families 13th ed.
Wolfgang Frey (Editor)
2015. X, 324 pp., 67 plates and figures (partly colored), hardcover
ISBN 978-3-443-01083-6 € 89,–

Part 2/1 of Engler's Syllabus of Plant Families (Included are heterotrophic genera, e.g., species of dinoflagellates and euglenids.) provides a thorough treatise of the world-wide morphological and molecular diversity of the photoautotrophic eukaryotic Algae (The Rhodobionta will be treated in Part 2/2).

Recent DNA sequence data and advances in phylogenetic analysis brought tremendous changes to the interpretation of evolutionary relationships in every taxonomic rank, even in the lowermost plant groups. As in Part 1/1 (Blue-green Algae, Myxomycetes and Myxomycete-like organisms, Phytoparasitic protists, Heterotrophic Heterokontobionta and Fungi p.p.) and Part 3 of the Syllabus (Bryophytes and seedless Vascular Plants) the authors followed the tradition of A. Engler with morphological-anatomical data, but are now incorporating the results from molecular phylogenies. This up-to-date overview of the photoautotrophic eukaryotic Algae will be of service in the reference literature for a long time.

Engler's Syllabus of Plant Families has since its first publication in 1887 aimed to provide both the researcher, and particularly the student with a concise survey of the plant kingdom as a whole, presenting all higher systematic units right down to families and genera of plants and fungi. In 1954, more than 60 years ago, the 12th edition of the well-known „Syllabus der Pflanzenfamilien" ("Syllabus of Plant Families"), set a standard.

Now, the completely restructured and revised 13th edition of Engler's Syllabus published in 5 parts and in English language for the first time also considers molecular data, which have only recently become available in order to provide an up-to-date evolutionary and systematic overview of the plant groups treated.

Syllabus of Plant Families is a mandatory reference for students, experts and researchers from all fields of biological sciences, particularly botany.

Borntraeger Science Publishers
Johannesstr. 3A, 70176 Stuttgart, Germany. Tel. +49 (711) 351456-0, Fax. +49 (711) 351456-99
order@borntraeger-cramer.de www.borntraeger-cramer.de